俄罗斯核科技初探

许春阳　著

中国原子能出版社

图书在版编目（CIP）数据

俄罗斯核科技初探 / 许春阳著. —北京：中国原子能出版社，2022.2

ISBN 978-7-5221-0984-8

Ⅰ. ①俄… Ⅱ. ①许… Ⅲ. ①原子能工业–工业体系–研究–俄罗斯 Ⅳ. ①F451.262

中国版本图书馆 CIP 数据核字（2022）第 030295 号

俄罗斯核科技初探

出版发行 中国原子能出版社（北京市海淀区阜成路 43 号　100048）
责任编辑 胡晓彤
装帧设计 崔　彤
责任印制 赵　明
印　　刷 北京厚诚则铭印刷科技有限公司
经　　销 全国新华书店
开　　本 787 mm×1092 mm　1/16
印　　张 13.75
字　　数 260 千字
版　　次 2022 年 2 月第 1 版　2022 年 2 月第 1 次印刷
书　　号 ISBN 978-7-5221-0984-8　　**定　价** **88.00 元**

网址：http://www.aep.com.cn　　**E-mail：atomep123@126.com**
发行电话：010-88828678

序　言

俄罗斯（苏俄）的核科技开始于一批科学家的早期探索，发展于美苏竞争下研制核武器的国家使命，又向发电、供热、动力、科研、医学、工业等应用领域不断扩大创新，形成了目前对俄罗斯战略、经济、能源、科学等具有举足轻重作用的一支工业力量。俄罗斯核科技与工业范围广泛，规模非常庞大，发展历程错综复杂，科技成果积淀深厚数量繁多，目前在世界上独树一帜。无论历史和当今，对各种新技术和新应用的探索又体现极强的原创胆识。在我国将科技自立自强作为国家发展的战略支撑，谋求高科技领域自主创新之际，俄罗斯核科技发展的历史与经验教训十分值得关注和借鉴。

《俄罗斯核科技初探》是对俄罗斯核科技以及其中众多工业角色的全貌进行的一次考察研究。作者对俄罗斯核技术各个领域的众多发展线索进行了详细梳理，呈现出俄罗斯核科技的整体面貌构成，揭露了俄罗斯许多核科技成就背后的积累和进步。难能可贵的是，作者放眼历史全景，搜集了许多俄罗斯科研单位和科技工作者的一手文献信息，以大量科研单位为关注主体，探索俄罗斯核科技发展的复杂动态，发现其中的创新动力。书中对几十家核领域科研单位的历史演变和业务构成一一进行了解说概括，揭示出以往容易被忽略的大量细节，考据扎实，内容详实，是深入研究俄罗斯核技术发展特点、理解俄罗斯核工业形成当前面貌的背后原因所不可或缺的一部参考书。

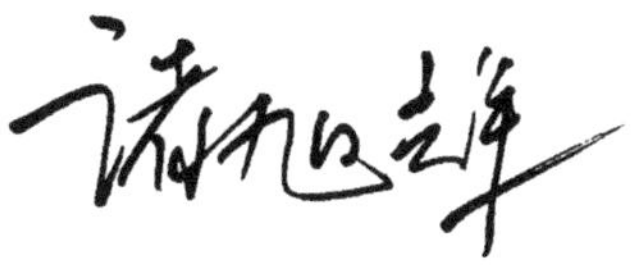

引　言

俄罗斯于第二次世界大战时期为研制核武器而开始组建核工业，在20世纪40年代末研制成功原子弹，建成了核武器研制生产的基本能力，50年代开始在核武器、军用核材料、军用核动力、核燃料循环、核能发电等领域开展全面建设和发展，建成了一大批科研生产单位，还围绕核武器科研生产基地建立了10座封闭行政区域。核武器、核动力潜艇、核动力破冰船、核动力军事侦察卫星、核电厂等为国防建设和工业发展发挥巨大作用。到80年代，核工业从业人数曾达到72万人。1991年苏联解体后经历了一段困难时期，2007年，俄罗斯成立国家原子能公司，整合了核工业领域的绝大部分科研生产力量，实行集中统一规划和管理，俄罗斯核工业发展进入了新的全面发展时期。

目前，俄罗斯拥有世界规模最大、体系最完整、技术先进、国际竞争力强的核工业体系，军品科研生产满足国家安全需要，核电和核燃料产业除满足本国需要外，还在国际市场上取得显著经济收益。俄罗斯还正实施一批新技术、新装备项目，研发新型战略武器、新型应用技术、大型科研设施，并建立基于快堆和热堆的二元闭合燃料循环工业体系，打造清洁、高效、资源充分利用的未来核工业。

本书系统描述了俄罗斯核工业的发展历程、发展现状，梳理了俄罗斯核工业构成、管理体系，对核武器、核材料、核动力、核电、核燃料循环几大领域的技术发展进行了全面分析，追溯了近100个主要科研生产单位的发展历程与现状，深入刻画俄罗斯核工业的整体面貌和能力格局。本书所反映俄罗斯情况截止时间为2021年。

目 录

第一章　核工业概况

俄罗斯核科学研究开始于20世纪初。20世纪40年代，为与主要大国竞争，尽早研制出核武器，斯大林集中力量迅速组建起一支核工业科研生产力量，1949年成功爆炸了第一枚原子弹。核武器曾是冷战时期美苏竞争的重要领域。苏联还将核能技术推广到各种国防和民用的动力、能源等用途，组建起一大批科研院所和生产单位，建立了完整配套、规模庞大、技术先进的科研生产能力。1991年苏联解体后，核工业遭遇了国防订单大幅减少、经济困难、业务转型等危机。2007年，俄罗斯成立国家原子能公司（Rosatom），逐步将核工业300多家机构企业囊括旗下，一方面继续开展核武器、舰船核动力、空间核动力研制，满足国防武器装备建设需求，另一方面大力发展大、中、小型核电厂和浮动核电厂、核动力破冰船、核燃料等民用领域，在国内推动闭合核燃料循环工业建设，同时不断扩大海外市场，在世界核能产业中扮演重要角色。

一、发展历程

1. 组建初期

苏联科学界从20世纪20年代以前就已开展原子核的科学研究。1940年，苏联科学院成立了铀问题委员会，负责协调国内核物理学研究，调查铀矿藏，研究铀矿石处理和铀同位素分离，探索天然铀链式反应的可能性等。此时核领域科学研究刚刚起步，主要开展理论研究。

1941年，卫国战争爆发后，国外情报表明，英、美、德等国正在加紧研制原子弹。斯大林1942年9月28日签署了苏联国防委员会第2352号命令《组织铀工作》，筹建原子能工业，将发展原子弹作为“第一目标”，投入大量经费资源和人力，仅比美国组建曼哈顿计划晚一个半月[1]。1945年8月，美国向日本广岛和长崎投掷原子弹后，斯大林又在8月20日签署了苏联国家国防委员会的第 9887 号提案，决定成立领导核武器研制的特别委员会“人民委员会第一总局”（PGU），进行组织机构调整，动员一切力量尽快制造原子弹。1945 年到 1949 年，苏联的国家规划委员会（Gosplan）给核工业创立了特别安排，为核工业提供材料和技术资产。核工业在财务上也和其他预算相对独立。到 1948 年，第一总局下属机构的工作人员已达 6.8 万人[2]。

在较短时间内，苏联吸收了大量科学家、工程师进入核工业，建起包括开采铀资源、生产武器级钚和铀、研制和设计原子弹在内的核心工业和研究能力。1943 年，苏联科学院在莫斯科成立 2 号实验室（库尔恰托夫研究院的前身），由库尔恰托夫领导，负责攻克原子弹技术[3]，1946 年又在萨罗夫成立 2 号实验室第 11 设计部（KB-11），负责原子弹设计和样弹制造。1946 年 12 月，2 号实验室运行了欧洲第一座试验堆 F-1 反应堆。苏联同时开展高浓铀和钚材料生产研发，但高浓铀生产遇到技术困难，首枚原子弹采用了钚材料。完成一系列非核测试后，1949 年 8 月 29 日，苏联第一枚代号为 RDS-1 原子弹在塞米巴拉金斯克试验场爆炸，当量 22 千吨[4]，打破美国的“核垄断”。

2. 全面建设期

1949 年第一颗原子弹研制成功后，苏联核工业逐步进入了全面建设与发展时期。为适应扩大发展的要求，苏联着手对核工业进行改组，成立第二总局接管了铀原料生产，成立第三总局负责民用核活动。1953 年斯大林逝世后，苏联政治结构发生大范围变动，6 月 26 日，苏联武装部队主席团下达命令，以第二总局为基础成立中型机械制造部（Minsredmash）[5]。该部 7 月又合并第一总局和第三总局，作为苏联核工业的集中领导机构，一直到 1989 年。中型机械制造部是当时苏联最大的政府部门，其部长同时也是当时最高国家管理机关苏联部长会议的副主席，仅向苏联总理格奥尔基 • 马林科夫和新的国家领导人赫鲁晓夫负责。斯拉夫斯基（E.P.Slavsky）从 1957 年到 1986 年担任中型机械部部长长达 30 年。在此期间，苏联核工业科技与生产能力不断增强，在国家经济中占据领先地位，成为苏联重要的科技与工业力量[6]。

这一时期，核工业最重要的任务是发展核武器装备。随着美苏冷战较量不断升级，中型机械制造部全面建立起一批核武器研发设计、材料生产、弹头制造装配基地，并围绕这些基地形成了 10 个“封闭行政区域”（见表 1-1），又称“封闭城市”。这些地区工资高、生活标准高、消费品丰富，进入受到严格限制，为核军工科研生产创造优越条件。到 80 年代顶峰时期，苏联拥有核弹头 3.5 万～4 万枚[7]，建造作战核潜艇约 250 艘。

表 1-1　苏联核武器研发生产的十个封闭行政区域

现地名	旧地名	主要机构	冷战时期的主要核武器活动
萨洛夫	阿尔扎马斯-16	全俄实验物理科学研究院	武器研发、生产
斯涅金斯克	车里雅宾斯克-70	全俄技术物理科学研究院	武器研发
列斯诺依	斯维尔德洛夫斯克-45	电化学装置联合企业	武器批量生产
扎列齐内	奔萨-19	“启动”生产联合企业	武器批量生产
特列赫戈尔内	兹拉托乌斯特-36	装置制造工厂	武器批量生产
奥焦尔斯克	车里雅宾斯克-40/65	马亚克生产联合企业	钚材料生产；核弹头高浓铀、钚、氚部件制造
谢韦尔斯克	托木斯克-7	西伯利亚化学联合企业	钚材料生产、高浓铀材料生产；核弹头高浓铀、钚部件制造
热列兹诺戈尔斯克	克拉斯诺亚尔斯克-26	采矿与化学联合企业	钚材料生产
新乌拉尔斯克	斯维尔德洛夫斯克-44	乌拉尔电化学联合企业	高浓铀材料生产
泽列诺格尔斯克	克拉斯诺亚尔斯克-45	电化学工厂生产联合企业	高浓铀材料生产

图 1-1　苏联核武器研发生产的十个封闭行政区

民用核能也取得显著成就。苏联 1954 年建成世界上第一座核电厂，20 世纪 60 年代建成了首批商用规模的核电厂，到 80 年代共运行 25 座核电机组，民用铀浓缩业务从 70 年代进入海外市场。中型机械制造部负责核反应堆设计制造、核燃料生产以及提供技术指导[8]。核电厂建造与运行由能源与电力部

（Minenergo）下属的原子电厂建造总局（Glavatomenergo）管理。

核能安全监管方面，苏联在 1963 年到 1964 年批准了首个核安全监管法规，1968 年批准了首个核电厂设计安全原则。在一些生产企业和科研院所发生多次涉及核临界的事故后，苏联中型机械制造部于 1972 年成立了核安全控制特别视察团，负责核安全监督。1983 年，苏联部长会议第 653-27 号决议将该机构独立出来，建立了独立的原子能工作安全监督的国家委员会（Gosatomenergonadzor）负责全国范围核电厂、核燃料与放射性废物、实验堆与研究堆等的核安全监管。此外，苏联保健部（Ministry of Heatlh）负责监督辐射安全问题，国防部负责核武器生产中易裂变材料登记和库存的监督[9]。

3. 转折期

1986 年 4 月 26 日，切尔诺贝利核电厂 4 号机组发生的特大事故，给核工业带来深远影响。1991 年 12 月 15 日苏联解体后，俄罗斯经济形势急剧恶化，国防预算大幅削减，核工业也经历了一段困难时期。

切尔诺贝利事故后，政府对核工业进行了整合调整。1986 年 7 月，苏联成立原子能部管理民用核电厂。1989 年 7 月 27 日，苏联政府又合并了中型机械制造部和原子能部，组成了原子能与工业部，将整个核工业纳入一个组织之下。

苏联解体后，核工业的主要能力留在了俄罗斯境内。1992 年 1 月 21 日，俄罗斯联邦政府建立新原子能部“俄罗斯联邦原子能部”（Minatom），接替了苏联的原子能与工业部[10]。原子能部成立时继承了苏联核工业 80%的企业[11]，约有 150 个生产设施和研究院所。1991 年，俄罗斯政府还建立了负责民用核监管的核与辐射安全监督国家委员会（Gosatomnadzor），该机构 2004 年合并到新成立的联邦环境、工业和核监管局（Rostekhnadzor）。2004 年，原子能部改组为联邦原子能机构（Rosatom）。

20 世纪 90 年代，俄罗斯核工业国防预算大幅削减，国防生产任务显著下降，民用核能也出现经济危机，巴拉科沃核电厂甚至宣告破产，核工业人才大量流失。在国际形势变化和美俄核裁军的背景下，核军工生产也面临转型。苏联政府 1989 年宣布停止生产武器用高浓铀，1990 年停止核试验，1994 年宣布不再将新生产的钚材料用于核武器。美俄《战略攻击武器裁减条约》（SORT）2003 年 7 月 1 日生效，要求到 2012 年把战略武器核弹头缩减到 1 700～2 200 枚。在此期间，为降低过剩材料和装备的核扩散和环境风险，高浓铀低浓化、核潜艇退役处置、核场址与核材料安保等活动相继在国际合作框架下开展起来。部分核电机组、核动力破冰船、离心机研制项目仍得以持续开展，向西方国家出口铀浓缩产品和服务也得到扩大，许多核工业企业还发展了非核民品。

4. 整合发展期

2006 年到 2008 年，俄罗斯政府对核工业再次进行了重组整合，其重点是校正苏联式工业管理存在的弊端，调整科研生产机构结构与所有权，理顺核工业结构，形成产业合力，充分发挥核工业的技术和经济潜力。2006 年的《俄罗斯原子能综合体发展联邦目标计划》提出，到 2015 年，将至少新建 10 台核电机组并获得全世界 20%核能市场。同时，俄罗斯一系列新型核武器装备研制计划也陆续启动和或取得了进展。

2006 年 2 月，联邦原子能机构（Rosatom）负责人基里延科宣布了核工业改革计划。2007 年 2 月 5 日，俄罗斯总统普京签署《管理和处理原子能应用领域运行的相关组织的资产与股份的专项条款联邦法律》，对民用核领域企业的公司化和潜在的部分私有化给出条款，为后续改革措施打下基础。2007 年 4 月 27 日，普京签署命令《调整俄罗斯核能发电综合体》，2007 年 5 月 26 日，俄罗斯政府又公布第 319 号决议《建立原子能发电股份公司》，成立了政府所有的超大型垂直化一体化公司“原子能工业综合体”（Atomenergoprom，AEP）[12]，将一批指定企业改制为股份制公司，整合到 AEP。AEP 覆盖从民用核燃料循环前端到核能发电的广泛领域，成为整合俄罗斯民用核工业关键能力的基础。

2007 年年底，联邦原子能机构又改组成为国家原子能公司（Rosatom），AEP 也成为了其主管核能发电和核燃料前端的下属公司。2007 年 12 月 1 日联邦法案第 317-FZ 号《国家原子能公司法案》规定了国家原子能公司的地位、建立、行动目标、职能和权利[13]。国家原子能公司全权继承了原子能部、联邦原子能机构的核工业政府管理权力与职能，代表俄罗斯政府开展核工业科研生产活动并履行和平利用核能和防扩散的义务[14]，主要职能包括管理核工业国有资产、国家合同与计划、核材料等，履行国防订单和联邦目标计划，开展相关军事领域核活动的监管与许可（1999 年第 1007 号政府令）等。

国家原子能公司成立后，逐步把核武器与军用核材料、核燃料、核动力、核能发电、乏燃料与放射性废物管理、核领域科研等各领域的企业机构按照几大板块组织起来，在政府支持下，大力发展出口，产业逐渐振兴。

二、现状规模

俄罗斯国家原子能公司整合了绝大部分核工业科研生产力量，不断优化调整核工业结构，对内振兴新技术，支持国防军备建设，发展新业务和新市场，对外持续开拓海外市场，取得了显著的经济和社会效益。核工业成为俄罗斯重要产业领域，是俄罗斯经济的“旗舰”[15]。俄罗斯国家原子能公司也成为目前世界上经营最好的核能企业。

1. 总体规模

俄罗斯核工业的绝大部分集中在国家原子能公司。国家原子能公司 2018 年年底拥有 335 家各种组织，从业人数 25.5 万人。主要业务部门包括核武器部、核动力破冰船队、采矿部、燃料部、工程部（核电厂设计建设）、机械工程部（反应堆研发设计）、动力工程部（核电厂运行）、贸易与销售部、海外部、寿期后端部、创新管理机构等。国家原子能公司成立以来核工业经济形势逐渐好转，2007 年刚成立时，其获得的国家补贴是收入的 2 倍，现在其成为全国排名前 10 名以内的纳税人，2018 年营业额 150 亿美元，向国家和地方财政贡献约 4 亿美元。

俄罗斯有少数核领域科研机构和制造企业不属于国家原子能公司。主要有独立科研机构库尔恰托夫研究院，包括其 2011 年以来陆续合并的从事核领域基础研究的科研单位；隶属俄罗斯科学院的科研单位和其他独立科研单位；拥有核专业的高校；一些具有核级设备研制能力的企业等。

2. 军用核工业

俄罗斯 2020 年核武库包括约 1 570 枚布署的战略核弹头、870 枚库存战略核弹头、1 870 枚非战略核弹头，还有近 2 060 枚已退役但尚未拆除的核弹头，总数约 6 370 枚。俄罗斯正推进其核武器运载工具更新换代，用新型装备替代苏联时期制造的老旧装备，预计 2020 年底完成 87%，同时不断提升新型核武器的战术和技术指标。俄罗斯已不再为核武器生产新的易裂变材料，估计现有库存武器级钚 128 吨、高浓铀 679 吨，分离的反应堆级钚也有 61.3 吨。

2020 年初，俄罗斯现役战略核潜艇 12 艘、攻击型核潜艇和巡航导弹核潜艇 16 艘。正陆续建造的第四代核潜艇采用了新型核动力装置，实现在核潜艇整个寿期内持续运行而不需要更换燃料。第五代核潜艇的核动力装置也在研制当中。俄罗斯还积极开发和应用多种新型核动力装备。“波塞冬”核动力鱼雷和“海燕”核动力巡航导弹都处在研制的关键阶段，并列入《2018—2027年国家武器装备计划》。

3. 民用核工业

俄罗斯国内 2020 年运行 10 座核电厂（36 台机组，21 座压水堆，13 座石墨反应堆，2 座钠冷快堆）和 1 座浮动核电厂（2 台压水堆机组），总装机容量 30.35 吉瓦，在建 4 台机组，已永久关闭 8 台机组。2019 年全年，俄罗斯核能发电约 2 088 亿千瓦时，占全国总发电量 19%。核电技术发展主要有三个趋向，大型压水堆核电机组 VVER-TOI 支持核电规模扩大和出口，铅冷快堆 BREST-OD-300 和钠冷快堆 BN-1200 等支持建立闭合燃料循环，各式小型核电机组支持偏远地区能源供应和资源开发。

核动力方面，俄罗斯 2020 年运行 5 艘核动力破冰船，支持北极海域货运通航，“北极”级新一代核动力破冰船也即将投入使用，“领袖”级破冰船已在筹建。兆瓦级空间核动力装置预计在 2030 年完成研制，还提出将研发月球表面反应堆电源支持月球基地的计划。

俄罗斯国内铀资源储量 52 万吨，海外铀资源 20 万吨，2018 年全年产量 7 289 吨。包括海外资源和生产在内，其铀资源占有和生产都居世界第二。六氟化铀生产产能每年 1.2 万吨。俄罗斯拥有四家大型铀浓缩基地，总分离能力约 2.8 万吨分离功/年，满足国内外核燃料需求，占世界铀浓缩市场 36%。其离心机不断更新换代，目前正批量装备第九代和第九代+离心机。俄罗斯境内现有两家大型传统核燃料生产企业和一家大型锆产品生产企业，核燃料生产能力共计每年 2 760 吨，包括压水堆、石墨水冷堆、研究堆、船用反应堆等各种类型的核燃料。核燃料制造占世界市场 17%（以堆的数目计算）。核电反应堆燃料重点提升可靠性裕量并实现反应堆功率提升。俄罗斯 2014 年建成 MOX 燃料商业生产设施，每年可制造燃料组件 400 套，快堆 MOX 燃料正逐步应用，压水堆耐事故燃料、快堆混合氮化物燃料等新型燃料也在研发中。

俄罗斯运行一座后处理工厂，处理能力 400 吨/年，对核电、船用堆、研究堆等各种乏燃料进行后处理，通过不断改进技术流程，2017 年以来正式具备了 VVER-1000 乏燃料处理能力，近期还将具备快堆 MOX 乏燃料处理能力。俄罗斯目前还在发展第三代水法后处理、先进高温化学后处理等新工艺。俄罗斯正推进历史遗留设施退役和放射性废物处理处置，建设放射性废物管理国家统一体系，中低放废物近地表处置设施正逐步投入运行，高放废物地质处置地下实验室也进入建设阶段。

4. 海外业务

俄罗斯 20 世纪 70 年代就进入了世界铀浓缩市场，核能领域出口取得了很好的经济效益。目前在政府大力支持下，海外核电项目不但获得较高的经济收益，而且扩大了俄罗斯的政治影响力。核工业海外业务包括三个主要方面，即海外铀矿开采、铀产品和核燃料出售、核电厂建设，其他产品还包括中小型反应堆和研究堆、后端技术与产品、核电厂维修保养、同位素等（见表 1-2）。

表 1-2　俄罗斯海外在建和计划核电项目现状（截至 2020 年）

国家	现状	说明
亚美尼亚	计划 1 座	计划 1 座，未开工。总价估计 50 亿美元
孟加拉	在建 2 座	鲁布尔（Rooppur）核电厂 2017 年开工建造 2 座 VVER-1200（AES-2006）机组，计划 2023 年和 2024 年试运行，总造价 130 亿美元，其中俄罗斯借款 114 亿美元
白俄罗斯	在建 2 座	2013 年开工建造白俄罗斯核电厂的 2 座 VVER-1200（AES-2006）机组，首座机组 2019 年 12 月冷态试验（未装入核燃料），第二座计划 2020 年建成，总造价 110 亿美元，其中俄罗斯借款 100 亿美元
匈牙利	在建 2 座	正在升级 4 座 20 世纪七八十年代建造的 VVER-440 反应堆。2014 年签署建保克什（Paks）核电厂 2 座 VVER-1200 反应堆的合同，2019 年开始建造[18]，总价 125 亿美元，其中俄罗斯借款 100 亿美元
土耳其	在建 1 座 计划 3 座	2010 年签署协议，计划建阿库于（Akkuyu）核电厂 4 座 VVER-1000 机组，2018 年开始建造首堆。造价 220 亿美元，由俄罗斯国家原子能公司出资建造、所有、运行，以固定价格出售电力
印度	在建 2 座 计划 2 座	2017 年启动古丹古勒姆（Kudankulam）核电厂 3 号和 4 号机组 VVER-1000 反应堆建造。5 号和 6 号机组施工计划 2020 年启动。3 号和 4 号总价 64 亿美元，含俄罗斯借款 34 亿美元。5 号和 6 号总价超过 50 亿美元，含俄罗斯借款 42 亿美元
埃及	计划 4 座	2017 年签署埃尔达巴（El Dabaa）核电厂 4 座 VVER-1200 机组初步合同，总价 300 亿美元，包括俄罗斯借款 250 亿美元
伊朗	在建 1 座 计划 1 座	2018 年签署布什尔核电厂 2 号和 3 号 VVER-1000 机组合同，总造价 100 亿美元，2 号机组 2019 年启动建造
中国	计划 4 座	2018 年签署田湾 7 号和 8 号机组合同、徐大堡 2 台机组合同
芬兰	计划 1 座	2013 年签署汉希基维（Hanhikivi）核电厂 1 台 VVER-1200 机组的合同，施工尚未启动，总价 70 亿欧元，其中俄罗斯投资 24 亿欧元
尼日利亚	无	2017 年签署合作协议，尚未签署项目合同，设想建造 2 座机组

铀矿开采。俄罗斯国家原子能公司 2009—2010 年通过现金和资产交换取

得加拿大铀一公司（Uranium One）51%股权[16]。铀一公司主要铀矿位于哈萨克斯坦、美国、坦桑尼亚、阿根廷，目前占有海外铀资源19.71万吨，2018年海外铀矿开采生产量4 385吨。

铀浓缩。俄罗斯占世界铀浓缩市场份额25%，为世界第一，出口到欧洲、美国、墨西哥、日本、韩国、阿联酋等国家。TENEX公司负责海外铀浓缩服务和产品出口业务，2018年销售额17亿美元。

核燃料出口。TVEL公司向多个国家出口核燃料产品，占全球核燃料制造市场份额17%，居世界第三。产品包括俄罗斯堆型核燃料、西方国家压水堆核燃料、各种成分的研究堆核燃料、核燃料锆合金零件、二氧化铀粉末和芯块等，出口到欧洲、亚美尼亚、埃及、印度、伊朗、哈萨克斯坦、乌克兰、乌兹别克斯坦、韩国、越南等。2018年销售额9.6亿美元。

核电出口。俄罗斯核电技术先进、出口价格低，且销售方案灵活，提供独特的“一体化方案”，不仅建造核电机组，而且可针对资金不足、基础能力短缺的国家，满足核电厂的终生维护、燃料供应、乏燃料管理、融资、人员培训等全方位需求，因此俄罗斯核电技术在世界市场上有很大优势。如匈牙利核电厂项目125亿美元，俄罗斯出资达100亿美元。俄罗斯还在土耳其全资建造核电厂，建成后将以固定价格出售电力。目前，俄罗斯国家原子能公司宣称海外在建机组总计30多个，2020年实际正在施工的机组有10座，已签署合同计划建造的15座，还有一些项目尚未签合同[17]。俄罗斯还在多个国家开展核电厂延寿和维修保养项目。

新业务领域。近年来发展的海外业务新领域包括后端业务、核研究与技术中心建造、医用同位素供应等。国家原子能公司和保加利亚、赞比亚签署建立核研究与技术中心的合同，并和蒙古、塞尔维亚、乌干达等达成意向。玻利维亚核研究与技术中心将建一座200千瓦VVER型研究堆，2019年，管理与居住设施施工的详细设计文件获批。俄罗斯还是世界上主要的同位素生产国，最主要同位素产品包括工业用钴-60、钼-99等，2018年同位素产品收入超过1亿美元。

5. 非核业务

俄罗斯国家原子能公司旗下企业在非核民用领域有各类产品。目前，国家原子能公司继续创造条件充分利用其工业潜力和优势，对各类有前景的业务领域进行投资，扩大新型产品和服务市场。近年来重点发展的一些新领域如下：

碳纤维复合材料基于20世纪80年代核工业发展的技术，TVEL核燃料公司组织相关研究中心和企业，成立了碳纤维专业企业UMATEX集团，目前是俄罗斯最大碳纤维生产企业。

TVEL还在2018年组建了子公司Rusatom增材技术公司（RusAT）发展3D打印，业务包括建立3D打印机及其部件生产线、生产3D打印材料和金属粉末、开发相关软件并开展维护服务，并批量生产第二代3D打印机，目标到2025年占有世界市场1.5%。主要生产设施位于离心机技术科学与生产联合企业（Centrotech）和乌拉尔电化学联合企业。

国家原子能公司还在2016年进入风电市场，并在2017年成立风电公司NovaVind，整合国家公司内相关技术能力，建立全新的风电研制与管理技术能力，组织批量化生产和售后服务。

6. 规划目标

俄罗斯政府2020年3月16日发布第289-13号联邦政府令《“发展原子能工业综合体”的俄联邦国家计划》，提出了直至2027年的发展规划。该规划提出了如下主要目标：核能发电量2020年至少达到2 076亿度，2027年至少达到2 217亿度；核工业劳动生产率2020年至少达到2011年的287.1%，2027年至少达到524.7%；核工业民品销售量2020年至少比2011年增加157.2%，2027年至少比2011年增加199.5%；核工业国外核技术市场收入2020年至少比2011年增加153%，2027年至少比2011年增加247.7%；核工业能耗每年至少降低0.5%；累计核材料与放射性废物安全处理处置数量，2020年至少完成2016年积累量的13.01%，2027年至少完成29.72%；在34个国家获得的专利数量，2020年底达到2 360项，2027年底达到3 460项。

三、国家原子能公司

1. 组织形式与职责

俄罗斯国家原子能公司（Rosatom）全权继承了原子能部、联邦原子能机构核工业政府管理权力与职能，代表俄罗斯联邦政府行使联合股份公司的股东权力，对核工业行业管理和产业发展进行管理。国家原子能公司具有“国家公司”这一特殊的地位和组织形式。在俄罗斯法律体系中，“国家公司”是一种特殊的经济组织形式，由俄联邦出资组建，目的是使其发挥“社会的、管理的和其他有利于社会的功能”。国家公司虽然名为“公司”，但并非商业机构。其享有特殊权力，直接拥有国家资产所有权。在建立时，联邦所出资金和资产即转为国家公司所有，国家公司可以对资产实行完全控制，拥有极大的自主权。国家公司属于非商业机构，不以盈利为目的，有权从事经营活动，但不接受一般税务检查，获取利润只用于专项法律规定的经营活动。俄罗斯联邦、联邦主体、地方自治机构无权直接干预国家公司的活动[19]。

国家原子能公司的管理层包括监事会、总经理、管理委员会。监事会是最高决策管理机构，成员主要由总统和总理任命的政府高官担任，目前担任监事会主席的是俄罗斯总统行政办公室第一副主任谢尔盖·基里延科，他曾在2005到2016年期间担任国家原子能公司/联邦原子能机构负责人；国家原子能公司总经理由俄罗斯总理提名，总统任命，负责日常管理，贯彻监事会决策，目前担任总经理的是利哈乔夫（Alexey Likhachev）；管理委员会是常务执行机构，主席由总经理担任，委员由总经理任命，负责制定战略、政策与目标。

国家原子能公司下属企业和机构有多种类型，包括国家原子能公司内部机构、联邦国家单一制企业、国家原子能公司持股的公司等，其管理方式为：（1）对于国家原子能公司持股企业，以及联邦政府所有并由国家原子能公司行使持股者权力的公司实体：国家原子能公司行使股票持有者（参与性的）权力，国家原子能公司派代表参加这些公司的董事会，如果国家原子能公司是唯一持股者，那么由国家原子能公司董事会做出决策；（2）对原子能工业综合体股份公司（Atomenergoprom，AEP）持股的子公司、分公司，国家原子能公司根据服务合同或作为AEP唯一持股人，协调AEP代表在股东大会的投票立场，国家原子能公司也派代表出席其董事会；（3）对于联邦国家单一制企业（FSUE），国家原子能公司代表俄罗斯联邦行使资产所有人权力，对企业进行管理；（4）对国家原子能公司内部机构，国家原子能公司行使资产所有人权力进行管理。

国家原子能公司依据其创建法律，其承担两项国家职能：（1）国防核科研生产监管。国家原子能公司负责对为国防目的利用原子能的领域使用核材料与放射性物质的相关组织进行许可与监管，包括核武器与军用核动力装置的开发、制造、测试、运输、运行、贮存、清除和处置。（2）对联邦核组织设施的建造和重建进行国家监督。2017年12月，俄罗斯联邦委员会通过了国家原子能公司的有关法律的修正案，扩大其权力。根据修正案，国家原子能公司监事会有权力批准核电项目的启动和各阶段，不需要再寻求议会批准

（但监管许可程序不变），并有权在封闭行政区发放核设施建造和运行许可，并负责封闭行政区的社会经济发展[20]。

2. 主要业务板块与管理公司

俄罗斯国家原子能公司 2018 年年底拥有 335 家各种组织，从业人数 25.5 万人，成立以来一直持续进行结构调整，其主要业务划分到几个板块，大部分业务板块采取持股公司管理的形式[21]。

（1）核武器部

负责核武器和军用核动力开发、制造、测试、运输、运行、贮存、清除和处置等相关活动。主要下属单位包括全俄实验物理科学研究院（VNIIEF）、全俄技术物理科学研究院（VNIITF）、马亚克生产联合企业等。

（2）核动力破冰船舰队

负责核动力破冰船运行，由核船队（Atomflot）联邦国家单一制企业作为管理公司。Atomflot 从 2008 年 8 月 28 日开始集中管理核动力破冰船运营，成为俄罗斯民用核动力舰船的统一运行与维护企业，主要活动包括支持北极地区资源开采项目、北海航线和俄罗斯港口、俄罗斯海军在北极地区的行动，并对核动力舰船开展维护和维修，安全处理核材料和放射性废物等。

（3）核能发电与核燃料生产

由俄罗斯原子能工业综合体股份公司（Atomenergoprom，AEP）运营，分为采矿、燃料生产、核电厂设计与建造运行、海外业务等多个业务板块。

AEP 于 2007 年成立，是一个超大型垂直一体化结构公司，100%股份归国家原子能公司。AEP 成立时吸收了核工业的 89 家企业以及 3 家国家级教育机构[22]。2018 年年底，AEP 旗下已有 145 家各种形式的公司[23]。

采矿部

负责天然铀生产，“原子稀有金属金”（Atomredmetzoloto，ARMZ）股份公司为管理公司。ARMZ 隶属于原子能工业综合体股份公司（AEP）。

ARMZ 成立于 1991 年，当时被称为“原子稀有金属金（Atomredmetzoloto）国家康采恩”，接替苏联中型机械制造部下属的第一总局，隶属于俄罗斯联邦原子能部（Minatom），1995 年改制为开放式股份公司。ARMZ 目前拥有正在运行的采矿企业 PPGHO（PIMCU）、Khiagda 和 Dalur 三家以及一批正在筹建的新采矿企业，还有领先工业技术设计勘探研究院（VNIPIpromtechnologii）、RUSBURMASH 等采矿设备设施的研发建设企业。AMRZ 还开展稀有金属、稀土金属、贵金属及其合金开采和生产。目前主要新业务领域为钪开采生产。

燃料部

负责铀转化、铀浓缩与核燃料产业，管理公司是 TVEL 公司。

TVEL 公司于 1996 年成立，2007 年随 AEP 归属到新成立的国家原子能公司。TVEL 的燃料循环核心板块有 4 个，为铀转化与铀浓缩综合体、核燃料制造综合体、气体离心机研制综合体、研究开发综合体，主要研发与生产企业包括博奇瓦无机材料高技术研究院（VNIINM）、离心机技术科学与生产联合企业（NPO Centrotech）、安加尔斯克电解化学联合企业（AECC）、MSZ 机械制造厂等。TVEL 近年来开拓非核技术创新领域，主要是 3D 打印（RusAT）和储能系统。

工程部

负责国内外核电厂设计与建造，管理公司为核建造出口集团（Atomstroyexport，ASE）。

ASE 集团公司于 2016 年组建，整合了 4 家原有的核电设计和建设公司，即下诺夫哥罗德核建造出口公司（ASE EC）、莫斯科核建造出口公司（Atomstroyexport）、莫斯科核能项目公司（Atomenergoproekt）、圣彼得堡核项目公司（Atomproekt）。目前下属公司共计 28 家，职员人数超过 1.6 万人，业务领域包括核电厂设计、土建和安装工程、设备与材料采购管理、试运行工作等。ASE 占有全球核电厂建设市场大约 30%，其 80%营业收入来源于海外项目，海外业务遍及欧洲、中东、北非、太平洋地区，在 15 个国家设有办事机构。ASE 还包括一些从事后端业务的企业，开展放射性废物与乏燃料管理设施的建造[24]。

机械工程部

负责核电技术研发和设备制造，管理公司为核能机械股份公司（Atomenergomash，AEM）。

AEM 是俄罗斯最大动力工程公司之一，2019 年旗下共有大约 30 家国内外公司，核心业务领域拥有工程设计机构 6 家、冶金与钢厂 1 家、反应堆容器设备制造厂 3 家、汽轮机设备制造厂 1 家、动力用管道厂 2 家、动力用泵制造厂 2 家[25]，这些机构主要分布在俄罗斯，还有一些位于乌克兰、捷克共和国、匈牙利。AEM 除全面控制核岛关键设备生产链，业务领域还遍及热能、石油与天然气、造船工业和特种钢材料等领域。其制造的设备销往 20 多个国家，覆盖世界上 14%的核电厂，以及俄罗斯联邦和苏联国家 40%的热电厂。

动力工程部

负责核电厂运行以及核能发电与供热，管理公司为俄罗斯核电厂电能与热能生产股份公司（Rosenergoatom）。

Rosenergoatom 于 1992 年依据总统令成立，是俄罗斯核电厂运营公司，也是俄罗斯最大发电企业之一。法令规定，俄罗斯所有运行、在建、项目设计阶段、已结束寿期的核电厂都归联邦政府所有，实际由 Rosenergoatom 完全负责。Rosenergoatom 负责独立或通过外包完成核电厂从选址、建造、试运行、运行、退役的整个周期以及其他运营职能。Rosenergoatom 还作为电力市场上的独立实体出售核电厂生产的电力。Rosenergoatom 的下属部门包括：作为分支公司的俄罗斯的 10 个核电厂（36 台机组，包括 20 台 VVER 反应堆、14 台石墨水冷堆、2 台钠冷快堆）；设在各个在建核电厂的管理处；核电厂应急响应的科研中心；科学与工程中心；退役示范工程中心；工程设计部办公室；技术部办公室、浮动核电厂建造运营处等[26]。

销售与贸易部

负责向海外销售铀转化和铀浓缩产品和服务，并出口乏燃料和放射性废物管理、核设施退役技术等，管理公司是技术供应出口（Techsnabexport，TENEX）股份公司。

TENEX 公司源于 1949 年苏联对外贸易部的全苏技术出口联合会下设的负责向东欧国家铀矿开采企业供应设备和材料的 10 人工作组，1963 年成立为全苏 TENEX 进出口局并扩大了出口业务范围，1975 年又改组为全苏 TENEX 联合会，主要负责向海外供应铀产品，苏联解体后成为开放式股份公司，全部股份为国家所有，2007 年并入 AEP。1989 年以来，TENEX 先后在德国、韩国、日本、伦敦、美国、瑞士等国家建立了分支机构。近年来，TENEX 的收入占俄罗斯国家原子能公司海外业务收入的三分之一以上，其最主要业务为铀浓缩服务出口。

海外部

负责在海外市场推广核电厂以及核科学与技术中心项目。管理公司是“Rusatom 海外”（RAOS）股份公司。

RAOS 于 2011 年成立，为了向经济条件不足、工业基础薄弱的国家推广项目，采取一体化销售方式，除了核电厂建造，还配套整合了基础能力开发、项目融资、人力资源培养、燃料供应保障、运行维护、乏燃料操纵与后处理、退役方案等。2015 年，RAOS 拆分出 Rusatom 能源国际公司（REIN），该公司负责国外核电厂建造项目管理与海外电站运行。

（4）寿期后端部

负责为俄罗斯以及外国客户开展乏燃料与放射性废物管理、核设施退役和场地恢复等活动，开发乏燃料与放射性废物管理基础设施，并解决遗留核废物问题。管理公司为联邦核与辐射安全中心（FCNRS）。

寿期后端部于 2014 年在联邦核与辐射安全中心基础上成立。联邦核与辐射安全中心（FCNRS）负责协调放射性废物和乏燃料管理技术与核设施退役的相关科学技术活动，其下属主要业务公司包括赫洛平镭学研究院、铀一石墨反应堆实验示范中心（UGR UDC）、采矿与化学联合企业、RosRAO 放射性废物管理企业、RADON 科学与生产联合体等。

（5）创新管理机构

负责协调科学创新，支持核工业各领域发展。国家原子能公司 2011 年成立管理公司“科学与创新”公司，协调国家原子能公司下属各机构的科学研究活动，其管理的主要科研机构包括莱布恩斯基物理与动力工程研究院（IPPE）、特洛伊茨克创新与热核研究院（TRINITI）、卢奇科研与生产联合企业、装置科学研究院（NIIP）、卡尔波夫物理化学研究院（NIFHI）、原子反应堆研究院（NIIAR）、反应堆材料研究院（IRM）、全俄化学技术研究院（VNIIHT）、稀有金属工业科研与开发研究院（Giredmet）、技术物理与自动化科学研究院（NIITFA）等。

四、政府管理

俄罗斯总统和议会作为核工业发展的最高决策者，把握核工业的产业布局、主要方针、重大决策。涉及核工业科研生产管理的政府部门，主要有负责武器装备采购的国防部，以及负责民用核能利用监管的联邦环境、工业和核监管局（Rostekhnadzor）。

1. 总统和议会

俄罗斯总统对核工业发展建设进行顶层领导，负责审议、批准、颁布联邦法律、总统令、国家政策、战略、规划、预算、重要人事任免以及其他相关的重大决策，为核工业发展确定战略方向和实施路线，对涉及科研生产、工业改革、对外合作等方面的重大问题做出指示。俄罗斯总统决策体系以联邦总统为核心，包括总统直接领导的重大决策和咨议机构、办事机构等。这些机构还在起草编制总统决策文件（如总统令）、监督决策落实等方面发挥重要作用。总统办公厅是总统决策的支持和办事机构，负责协调落实总统决策。

俄联邦议会是最高立法权力机构，由联邦委员会（上院）和国家杜马（下院）组成，对核工业领域，审议和批准相关法律法规，审核国家开支，监督相关法案的执行情况。联邦委员会下设专门问题委员会，如国防与安全问题委员会、国防工业立法保障委员会等。国家杜马也下设国防委员会、科技委员会、工业委员会等。这些机构在核领域的联邦立法和法律监督方面发挥作用。

俄总统和议会发布的总统令、立法、规划文件等，涉及核工业的包括以下几种情况：（1）核领域的总体性法律，对核领域活动的基本原则、组织方式、安全监管等给出规定。核领域的总体法是 1995 年 11 月 21 日的联邦法案第 170-FZ 号《原子能利用法》和 2013 年的《修订“原子能利用法”第 25 条和 26 条》。（2）核工业改革改组，部署核工业的产业结构，组建负责行业运营的公司机构，确定各单位的类型和法律地位，建立核工业发展机制，建立核安全监管机制，核工业单位的建立与调整改革等。（3）任命国家原子能公司的最高管理层，也即监事会和总经理。（4）建立了“战略企业”“联邦核机构”等工业政策，给予重点核工业资产以特殊保障。（5）发布“俄联邦国家计划”“联邦目标计划”“国家武器装备计划”等重大规划，部署核工业重点领域的发展方向。

在武器装备发展领域，“国家武器装备计划”是俄罗斯确定长期武器装备采购类型和数量、决定新型武器装备研制投资金额的基础性文件。该规划的实施一方面加强俄罗斯军队现代化，另一方面推动国防工业综合体全面革新。俄罗斯总统 2017 年年底批准了《2018—2027 年国家武器装备计划》，该计划拨款总额 19 万亿卢布（约 3 060 亿美元），涵盖装备采购、现代化改造与维修、研究与开发，优先事项为“三位一体”战略核力量的现代化更新。2018 年 9 月，俄总统普京又宣布将编制《2024—2033 年国家武器装备计划》。

俄罗斯政府针对核技术发展与基础能力建设，推出“俄联邦国家计划”和“联邦目标计划”等规划。2014 年俄罗斯政府批准《“发展原子能工业综合体”的俄联邦国家计划》（俄罗斯联邦政府令 2014 年第 506-12 号），规定国家原子能公司作为实施机构，多个政府部门以及库尔恰托夫研究院作为参与机构，实施到 2020 年，提出核能发电产能、核与辐射安全、民用核工业创新发展与扩大核技术应用、确保国家原子能公司对原子能应用的公共管理职能、核武器综合体可持续发展等五个子计划，非涉密部分的总投资约 9 000 亿卢布。2020 年 3 月 16 日，俄罗斯联邦政府令第 289-13 号又发布了新版的《“发展原子能工业综合体”的俄联邦国家计划》，提出了直至 2027 年的发展规划[27]（见表 1-3）。

表 1-3　俄罗斯“发展原子能工业综合体”国家计划年度投入

（单位：亿卢布）

年度	2012	2013	2014	2015	2016	2017	2018	2019
经费投入	1 125	1 201	1 472	1 706	812	700	625	662
年度	2020	2021	2022	2023	2024	2025	2026	2027
经费投入	1 020	1 044	1 360	1 030	1 055	1 055	838	829
合计	16 532							

注：

1　此表包含了核工业的联邦目标计划和其他国家计划的所有政府拨款和企业自主拨款；

2　俄罗斯在 2015 年经济大幅下滑，对 2016 年以后的拨款额度产生显著影响。

国家原子能公司近年来负责实施的核领域联邦目标计划主要包括：《2016 年及直至 2030 年的核与辐射安全》（上一版为《2008 年及直至 2015 年的核与辐射安全》）、《2010 年到 2015 年直至 2020 年的新一代核能技术》、《2007 年到 2015 年直至 2020 年发展俄罗斯联邦核武器综合体》、《2011 年到 2015 年直至 2020 年核综合体工业利用武器与军事装备》等。2018 年年底，俄政府宣布从 2019 年 1 月提前停止《2010 年到 2015 年直至 2020 年的新一代核能技术》联邦目标计划的实施，原计划开展的活动将纳入新的“发展原子能工业综合体”计划中。

2. 国防装备管理

国防部作为武器装备的用户，与国家原子能公司签订国防订单，采购军事装备。国防部还负责核军队及其核武器贮存系统，并负责对核武器和军用核设施从开发到贮存和处置过程的核和辐射安全监督。

国防部组织编制国家武器装备计划等文件，交军事工业委员会审议，由联邦议会和总统批准实施。该文件是俄罗斯武器装备发展的指导性文件，目前版本为《2018—2027 年国家武器装备计划》。国防部全面负责武器装备订货管理。武装力量装备司和国家采购司负责规划计划，包括制定政策、论证需求、起草计划和订货文件、制定程序等。国家合同审计司和国防订货保障司负责订货执行，包括价格论证鉴定、合同招标、分配、监督等。技术监察机构和军代表管理处负责订货监督，包括武器装备验收和全寿期监督活动。

国防部下属的第 12 总局（12th GUMO）负责核武器装备管理。第 12 总局可追溯到 1948 年，当时是苏联武装部队总参谋部建立的特殊部门，也是苏联首个涉及核问题的军事部门[28]，负责组织并建立核试验场，开展核试验活动，测试核武器，研究核武器毁伤因素。后来几经变迁，1993 年成为俄罗斯国防部第 12 总局。2000 年，为了将国防部范围内核弹头的安全和保安工作标准化，俄罗斯海军、空军和战略火箭部队的核弹头管理责任，全部转移至第 12 总局。

第 12 总局任务有核武器测试、库存与作战，以及核毁伤防护等，还拥有大型核武器贮存库、核武器运输部队，以及下属的研发和支持设施，包括从事核武器贮存、衡算、安全、运输、诊断和服务的军事单位、科学研究机构和各种培训中心，还有监测各国地下核试验的地震台网。第 12 总局对其贮存和运输的核武器采取多重安保措施[29]。第 12 总局还负责根据军事需求，制定核装备发展和改进的详细计划，对核武器设计提出性能指标，与工业生产部门签署订购合同。

核武器研制阶段，首先由第 12 总局给出核武器计划的性能指标规范，对新研发核弹头的总体要求给出指标，包括当量、重量、尺度等。随后，第 12 总局和核武器设计机构合作，得出核武器的战术与技术要求，包括预期当量、重量与尺度、可靠性、寿期参数（有效期和维护周期）、安全性与控制特征等，并得到国防部批准。第 12 总局还派出代表对核武器研发与批量制造进行监控。

新型核弹头获得认证后，装入运输容器送到国防部第 12 总局的贮存设施，并在需要时交给各军兵种部署。第 12 总局在全国各个核弹头库存场址设有网络机构，这些库存基地通常位于核武器使用部队附近，大多是洲际弹道导弹部队，也有短程、战区和战术导弹部队、海军和航空兵部队和其他有关部队。第 12 总局发挥了和平时期保管核弹头的作用，仅在真正需要、最高政治领导人授权的情况下才将核武器交给使用部队，还负责从使用部队接管需要更换或升级的核弹头，并进行技术维护[30]。核弹头有效期结束后，各军种负责核武器的机构将核弹头返回第 12 总局，第 12 总局再将其送到原组装工厂的拆除工厂的贮存库，随后在拆除室进行拆除。

3. 民用核安全监管

俄罗斯联邦环境、工业和核监管局（Rostekhnadzor）依照 1995 年《原子能利用法》，负责对民用领域核能利用活动进行安全监管。监管活动包括发放核设施许可证、设备许可证，确保核设施运行、核材料运输的安全性，保护核材料与放射性材料，材料衡算，还对多项国际条约义务的履行进行管理，包括《核安全公约》、联合国《乏燃料管理安全和放射性废物管理安全联合公约》、《核材料实物保护公约》（修订案）等。该局直接对俄罗斯联邦政府负责，保证监管的权威性和独立性。

联邦环境、工业和核监管局依据俄罗斯总统令组建于 2004 年 5 月 20 日，合并了当时联邦工业监督局和联邦核监管局（前身为 Gosatomnadzor），以及联邦环境与自然管理监督局当中环境管理的职能，总部位于莫斯科，设有 31 个地方处、7 个跨地方处、16 个下属机构。下属的核与辐射安全科学与工程中心（SEC NRS）开展核安全的科学技术研究，并与欧盟、国际原子能机构、美国能源部等组织开展合作。

在核安全监管方面，俄罗斯联邦出台一系列法律、条例、法规。主要法律包括 1996 年《公众辐射安全法》、2011 年《有关放射性废物管理以及修订部分俄联邦法案的法案》。条例方面，联邦环境、工业和核监管局公布的条例包括：总则类 17 项；涉及核电厂 31 项；涉及研究堆与临界装置 16 项；涉及舰船 8 项；涉及航天器和飞机 1 项；涉及核燃料与核材料制造、使用、处理、运输 26 项；涉及辐射源与放射性物质 2 项；涉及核材料与放射性物质、废物运输 2 项；涉及设施与核材料、放射性物质实体保护 4 项；涉及核材料、放射性物质与废物的衡算 4 项。此外还针对具体事项和程序，公布了一系列行政条例与程序、安全导则等。

五、核工业单位的类型和特殊地位

俄罗斯国家原子能公司的科研生产单位绝大部分为股份公司（JSC）或联邦国家单一制企业（FSUE）。股份公司是主导的组织形式，大批苏联时期的国有企业改制为股份公司加入 AEP 垂直一体化公司，实现民用核工业力量的整合。联邦国家单一制企业继承了苏联时期的企业性质，为政府所有，由联邦或联邦主体设立，资产不能分割分配。一些主要从事军工科研生产、放射性废物管理的企业目前仍为联邦国家单一制企业，确保政府对战略资产的控制。

俄罗斯国家原子能公司下属企业原子能工业综合体股份公司（AEP）和 TVEL 股份公司都是**“垂直一体化公司”**。一体化公司是俄罗斯政府推动工业部门走集团化发展道路重要手段。垂直一体化公司，就是在已有布局清晰的工业基础上，将原本分散的科研生产单位整合起来，形成供应链完整、多元化经营的工业集团，从而提高产业集中度，优化生产供应链，保持稳定的科研生产关系，提高资金使用效率，优化产业结构。

俄罗斯政府还给一些重要科研生产授予特殊地位，并采取一定措施，以保证战略性科研生产领域优先发展。

战略企业。战略企业/战略股份公司是保障国防能力和国家安全等战略意义的联邦国家单一制企业或股份公司。列入战略企业和战略股份公司清单的军工企业，可得到多种形式的国家支持，引入和使用外资方面也受到严格监管。根据2008年5月俄罗斯联邦法案第No.57-FZ号《战略投资法》，与核材料和放射性同位素操作相关的活动，都属于战略活动，开展此类战略活动的公司都属于“战略企业”。

联邦核组织。俄罗斯政府2007年法令规定，俄罗斯总统可向从事优先领域科研生产的联邦国家单一制企业授予联邦核组织地位，有效期25年。这些优先领域包括核武器研制、生产和处置；核材料长期贮存；武器和军事装备领域科研；核武器综合体技术发展；核武器综合体科研生产、技术、实验等基础能力；核武器作战准备、可靠性和安全性；军用核动力装置研制和退役等。2014年，俄罗斯总统普京首次授予8家核军工核心企业以联邦核组织地位[31]。2016年，核船队（Atomflot）联邦国家单一制企业也获得联邦核组织地位。

2014年获得联邦核组织地位的8家企业及其主要职责为：

1. 杜霍夫全俄自动化技术科学研究院（核武器非核部件设计）；
2. 采矿与化学联合企业（军用核材料管理）；
3. 电化学装置联合企业（核武器生产）；
4. 亚历山德罗夫科研技术研究院（海军陆上模式堆运行）；
5. 装置制造工厂（核武器生产）；
6. 马亚克生产联合企业（军用核材料管理、产氚、核武器部件制造）；
7. 扎巴巴欣全俄技术物理科学研究院（核武器设计）；
8. 全俄实验物理科学研究院（核武器设计）。

联邦核中心。开展核武器研制，研究和平利用核能问题的联邦国家单一制企业。1992年时任总统叶利钦授予两家单位联邦核中心地位，即扎巴巴欣全俄技术物理科学研究院（VNIITF）和全俄实验物理科学研究院（VNIIEF）。

国家科学中心。俄罗斯为促进科学技术发展，建立了国家科学中心体系，向集中独特科研人才和硬件、大型实验设施、具有国际影响的科研组织授予“国家科学中心”地位。获得国家科学中心的企业或机构可获得政府投入的特别支持和政策优先保障。核领域的主要国家科学中心包括[32]：

1. 稀有金属工业研发研究院；
2. 特洛伊茨克创新与热核研究院；
3. 原子反应堆研究院；
4. 博奇瓦无机材料高技术研究院；
5. 高能物理学研究院；
6. 理论与实验物理学研究院；
7. 莱布恩斯基物理与动力工程研究院；
8. 卡尔波夫物理化学研究院。

国家研究中心。国家研究中心作为最重要科学研究机构，在有前景的科技领域取得突破、获得新知识并加速科学发展成果的应用，开展包括工业设计在内的全流程研发活动。2010 年，库尔恰托夫研究院成为俄罗斯唯一的国家研究中心。2011 年以来，俄政府逐步将政府出资的一批基础科学研究院合并到库尔恰托夫研究院，形成统一组织管理的科研院所集群。

其他类似特殊称号还有“联邦科研与生产中心”“国家研究与生产中心”“联邦研究中心”等。

第二章　核武器

俄罗斯和美国是世界上两个核武库规模最大的国家。在冷战美苏竞争期间，苏联核军备迅速增长，20 世纪 80 年代高峰时期核武器部署和储备总数估计达 3.5 万～4 万枚，包括各类战略武器 1 万多枚和战术武器约 2.5 万枚，同时，核武器科研生产工业规模庞大，包括 2 家核武器核心设计机构、3 个钚材料生产基地、3 个高浓铀生产基地以及一批非核设计、部件生产和弹头组织企业。以重点科研生产基地为核心，苏联建立了 10 个“封闭行政区域”（ZATO），对核武器工业给予基础设施和资源保障。冷战结束后，俄罗斯部署和储备核武库规模逐渐缩小到目前的 4 000 多枚。核武器仍是俄罗斯的国防基石，核力量现代化改造仍持续进行。国家原子能公司核武器部管理核武器科研生产机构组成的核武器综合体，调整并精简结构，提高效能，满足核力量建设需求，并利用技术能力积极发展民品和常规武器装备。

一、核武器技术与装备

1. 核武器装备

俄罗斯总统普京曾在 2014 年 1 月表示，由战略轰炸机、洲际弹道导弹和潜射弹道导弹组成的传统意义上的核“三位一体”，仍是俄罗斯军事防御的基石。2018 年初，普京又在国情咨文讲话中宣布研发新型武器装备，包括核动力鱼雷和核动力巡航导弹。俄罗斯持续对其战略核力量和非战略核力量进行现代化更新，用新一代装备更换苏联时期研制的老旧装备。2019 年年末新装备占比达到 82%，预计 2020 年底达到 87%。

核弹头数量。俄罗斯战略火箭部队总司令卡拉卡耶夫曾在 2013 年 12 月表示，俄罗斯战略威慑任务需要约 1 500 枚核弹头，从而与美国大体对等并顾及到其他核武器国家的战略核力量。《原子科学家公报》2020 年年初统计[33]，俄罗斯核武库约有 4 310 枚核弹头，其中约 1 570 枚战略核弹头部署在弹道导弹和重型轰炸机基地，870 枚战略核弹头为贮存状态，还有 1 870 枚各种非战略核弹头。此外，俄罗斯还有近 2 060 枚已退役但尚未拆除的核弹头，因此其核弹头总库存量估计达 6 370 枚。根据美俄《新削减战略武器条约》要求，俄罗斯一直在减少战略武器装备部署的核弹头数量[34]。

洲际弹道导弹。俄罗斯部署洲际弹道导弹 302 枚，弹头估计数量 1 136 枚。战略火箭部队有三支导弹部队，共计 11 个师，39 个导弹团（第 40 导弹团未装备核武器）。俄罗斯正推进现代化计划，俄罗斯战略火箭部队总司令卡拉卡耶夫 2019 年 12 月称，计划 2024 年将苏联时期的导弹全面替换成新型导弹。到 2019 年底，俄罗斯战略火箭部队现代导弹系统比例已经达到 76%。

目前仍在役的苏联时期洲际弹道导弹有 3 种，SS-18、SS-19、SS-25。俄罗斯早先研制的新型洲际弹道导弹一种是“白杨”M（SS-27 Mod 1），包括公路机动 18 枚和井基 60 枚，于 2012 年完成部署，未来还将被“亚尔斯”型代替。“白杨”的改进型 RS-24“亚尔斯”（SS-27 Mod 2）2010 开始部署，目前仍在持续增加。目前在研的 SS-29“萨尔马特”（RS-28）仍在测试阶段，预计 2021 年启动批量化生产并开始部署。“先锋”高超声速助推滑翔飞行器 2018 年 12 月完成最后测试，能以超高声速躲避导弹防御系统，将先装备到 SS-19 M4，未来还可能装备 SS-29“萨尔马特”。

此外，RS-26“亚尔斯”M（“边界”）的研制推迟到当前装备计划 2027 年完成以后。铁路机动洲际弹道导弹“巴尔古津”项目已取消。

潜射弹道导弹。俄罗斯海军在役 12 艘核动力弹道导弹潜艇：7 艘“德尔塔”Ⅳ级（项目 667BDRM）携带“轻舟”（SS-N-23）潜射弹道导弹；1 艘“德尔塔”Ⅲ级（项目 667BRD）携带“浦鱼”（SS-N-18）导弹；3 艘“北风”级（项目 955）携带“布拉瓦”（SS-N-32）导弹；还有 1 艘“台风”级核潜艇“德米特里・东斯科伊”号，2005 年以来一直用于进行“布拉瓦”导弹测试。除“德米特里・东斯科伊”号外，每艘潜艇携带 16 枚潜射弹道导弹，全部潜艇最大可携带的弹头总数超过 700 枚，实际数量可能在 600 枚左右。俄罗斯新型“布拉瓦”潜射弹道导弹（代号：R-30、3M30、RSM-56、SS-NX-32 等）20 世纪 90 年代开始开发，因设计和制造等问题，本世纪初多次试射失败，2011 年才初步取得成功[35]，并开始批量生产，2017 年以来新建的“北风”级核潜艇试射该导弹连续取得成功。

战略轰炸机。俄罗斯目前在役两型可携带核武器的重型轰炸机图-160“海盗旗”和图-95MS“熊”，携带 AS-15（Kh-55）空射巡航导弹和升级型的 AS-23B（Kh-102）巡航导弹。俄罗斯正对绝大部分老旧战略轰炸机进行升级。2019

年 11 月，首架深度升级机图-160M 离开车间开始试验[36]。升级后重型轰炸机可装备新型的 AS-23B（Kh-102）巡航导弹。2020 年 3 月，图-95MS 第一批完成升级，升级后的飞机配备新的控制系统和 Kh-101 导弹。俄罗斯还计划部署一种隐身性能更好的图-160M2 改进型飞机，预计 2023 年以后启动生产，2030 年左右完成交付。下一代轰炸机 PAK-DA 也已启动研制，预计 2025 年到 2026 年进行首次飞行，2028 年到 2029 年启动批量生产。

非战略核武器。俄罗斯正对多种非战略的短程武器系统进行升级，以新型武器替代苏联时期的武器系统。俄罗斯非战略核武器部署于海军、战术空军、防空和导弹防御系统、短程弹道导弹，目前数量约 1 880 枚，用于抵消北约国家的常规军事力量。俄罗斯非战略核武器绝大部分部署在核常兼备平台上，且许多平台正进行大修，并不能发射核武器。

俄罗斯海军部署非战略核武器数量最多，包括对陆打击导弹、反舰巡航导弹、反潜导弹、反飞机导弹、鱼雷、水深炸弹等，装备在潜艇、航空母舰、巡洋舰、驱逐舰、护卫舰、轻巡洋舰、海军飞机上估计超过 900 枚。俄罗斯正陆续建造“亚森”级新一代攻击型核潜艇。该级潜艇携带的非战略核武器装备包括“口径”对陆打击海上发射巡航导弹（SS-N-30A）、SS-N-26（3M-55）反舰/对陆打击巡航导弹、SS-N-16 反潜核导弹以及核鱼雷。俄罗斯还提出在 2027 年以后研制新型巡航导弹潜艇“北风”K 的设想，这种潜艇可能也将携带核巡航导弹。

空军的非战略核武器数量排在其次，包括装备图-22M3 中远程轰炸机、苏-24M 战斗轰炸机、苏-34 战斗轰炸机以及米格-31K 战机的核重力弹、Kh-22（AS-4）空射巡航导弹等。俄罗斯还在开发新型 Kh-32 导弹代替 Kh-22。其他可能携带核武器的包括制导炸弹、空对面导弹、空对空导弹等。俄还开发了一种新型远程核常兼备空对地“匕首”导弹（Kh-47M2），据称射程 2 000 千米，可用米格-31K 空中拦截机发射。俄罗斯空天军还将接收首批 12 架苏-57 战斗机，该战机据称将携带“特性与‘匕首’相似的”超高声速导弹。

俄罗斯防空和反导部队、陆军短程弹道导弹也装备核弹头。目前俄罗斯正逐步用装备 SA-21 拦截器的 S-400 更替装备 SA-20 拦截器的 S-300 系统，二者可能都是核常兼备。莫斯科周边的携带核弹头的 A-135 反弹道导弹防御系统也正逐步升级为 A-235。俄罗斯在 2019 年 12 月完成了新型“伊斯坎德尔”-M（SS-26）短程弹道导弹装备，该导弹射程 350 千米以上。其他可能携带核武器的还有 SSC-7（9M728 或 R-500）陆上发射巡航导弹以及多种火箭炮。美国政府还在 2017 年 11 月透露，俄罗斯部署的 9M729（SSC-8）核常兼备陆上发射巡航导弹违反了《中导条约》该条约在 2019 年随着美国退出而失效。俄在四个军区共部署近 100 枚这种导弹。

新型武器。新型水下战略武器“波塞冬”核动力远程核鱼雷在 2018 年 12 月开始进行海试，预计 2027 年交付。项目 09852“别尔哥罗德”号核潜艇 2019 年 4 月下水，计划 2020 年交付海军。项目 09851“哈巴罗夫斯克”号预计 2020 年 6 月下水。这两艘潜艇每艘可携带 6 枚核动力鱼雷。核动力巡航导弹“海燕”（代号和别称：9M730、SSC-X-9、Skyfall 等）2016 年 6 月以来一直在进行测试。

俄罗斯力量及战略核力量如表 2-1 和图 2-1 所示。

表 2-1　《原子科学家公报》统计的俄罗斯力量（2020 年年初）

北约代号	俄罗斯代号	发射工具数量	部署年份	弹头×当量（千吨）	弹头总数
进攻性战略武器					
洲际弹道导弹					
SS-18 M6 撒旦	RS-20V	46	1988	10×500/800（MIRV）	460
SS-19 M3 匕首	RS-18（UR-100NUTTH）	0	1980	6×400（MIRV）	0
SS-19 M4	—（“先锋”载体）	2	（2019）	1×HGV	2
SS-25 镰刀	RS-12M（白杨）	36	1988	1×800	36
SS-27Mod 1（机动）	RS-12M1（白杨-M）	18	2006	1×800	18
SS-27Mod 1（井）	RS-12M2（白杨-M）	60	1997	1×800	60
SS-27Mod 2（机动）	RS-24（亚尔斯）	126	2010	4×100（MIRV）	504
SS-27Mod 2（井）	RS-24（亚尔斯）	14	2014	4×100（MIRV）	56
SS-X-28（机动）	RS-26（亚尔斯-M）	—	—	4×100（MIRV）	—
SS-X-29（井）	RS-28（萨尔马特）	—	（2020）	1×500（MIRV）	—
小计	—	302	—	—	1 136
潜射弹道导弹					
SS-N-18 M1 浦鱼	RSM-50	1/16	1978	3×50（MIRV）	48
SS-N-23 M1	RSM-54（轻舟）	6/96	2007	4×100（MIRV）	384
SS-N-32	RSM-56（布拉瓦）	3/48	2014	6×100（MIRV）	288
小计	—	10/160	—	—	720
轰炸机					
熊-H	图-95 MS	21/30	1984	6～16×AS-15A 空射巡航导弹	196

续表

北约代号	俄罗斯代号	发射工具数量	部署年份	弹头×当量（千吨）	弹头总数
熊-H Mod	图-95 MSM	18/20	2015	14×AS-23B 空射巡航导弹	252
海盗旗	图-160	11/13	1987	12×AS-15B、AS-23B 空射巡航导弹、重力弹	132
小计	—	50/68	—	—	580
进攻性战略武器小计	—	530	—	—	约 2 436
非战略/防御性武器					
反弹道导弹/飞机/沿海防御					
SA-20/SA-21	S-300/S-400	约 1 000	1992/2007	1×低当量	约 290
瞪羚	53T6	68	1986	1×10	68
SSC-1B 萼片	Redut	8	1973	1×350	4
SSC-5（傀儡）（SS-N-26）	K-300P/3M-55	48	2015	1×10	20
陆基飞机					
轰炸机/战斗机（图-22M3/“苏”-24M/“苏”-34/MiG-31K）	—	约 300	1974/2006/1983	空对面导弹、重力弹	约 500
陆基武器					
SS-21 Sarab 面面导弹	9K79 圆点（Tochka）	—	1981	1×10—100	—
SS-26（宝石）面面导弹	9K720 伊斯坎德尔-M	132	2005	1×10—100	70
SSC-7，陆上发射的巡航导弹	9M728	—	—	—	—
SSC-8，陆上发射的巡航导弹	9M729	20	2017	1×10—100	20
海军					
潜艇/水面舰艇/飞机（陆地打击巡航导弹、海上发射的巡航导弹、反潜武器、面对空导弹、深水炸弹，鱼雷）					900
非战略与防御性武器小计					约 1 870
总计					约 4 310
部署核弹头					1 572
储备核弹头					2 740
待拆除的退役弹头					2 060
总计库存					6 370

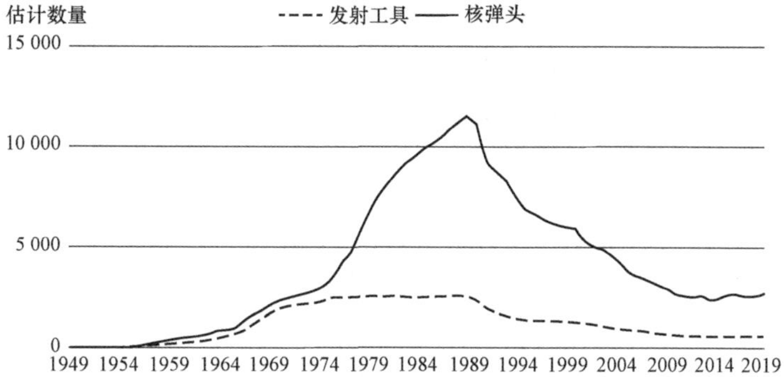

图 2-1 俄罗斯战略核力量数量演变估计[37]

2. 核武器技术

原子弹的初期发展。1943 年 2 月，苏联物理学家库尔恰托夫和贝利亚就开始领导核武器研究，但初期研究规模很小。1945 年 7 月斯大林在波兹坦会议上获悉美国进行“三一”核试验，苏联立即加大核武器研制力度。美国在日本投下原子弹后，斯大林在 8 月 20 日签署了苏联国家国防委员会的第 9887 号提案，决定成立领导核武器研制的特别委员会“第一总局”（PGU），全力以赴发展核武器。1946 年，库尔恰托夫任命哈里顿（Khariton）为核武器计划首席科学家，选址建设了首个核武器研制机构，即 2 号实验室第 11 设计部（KB-11，位于阿尔扎马斯-16，独立后改称全俄实验物理科学研究院，VNIIEF）[38]。1949 年 8 月 29 日，首枚原子弹 RDS-1 在塞米帕拉金斯克试验场爆炸，当量 22 千吨。

苏联同时开展高浓铀和钚材料的武器研发，但高浓铀生产遇到技术困难，首枚原子弹采用了钚材料。RSD-1 大体是美国第二枚原子弹“胖子”（内爆钚弹）的翻版。在研制 RDS-1 的同时，KB-11 已经在开展核武器设计的改进研究。研究重点是提高效率，提高当量，减少易裂变材料使用，减少尺寸重量。1951 年 9 月 24 日爆炸的 RDS-2 为首个本土化武器设计，当量 38 千吨，改进了炸药透镜系统，当量提升同时减少尺寸重量[39]。1951 年 10 月 18 日爆炸的 RDS-3 从图-4 飞机上投掷，当量 41.2 千吨，设计上采用了铀钚复合弹芯[40]。1954 年，RDS-2 和 RDS-3 的批量生产启动。

1952 年，KB-11 开发了外部脉冲管中子源，该装置的开发使得核武器不需要频繁更换安装在内部的钋-210-铍中子发生器，并使链式反应启动时间优化成为可能，当量进一步提高 1.5～1.7 倍。1953 年 10 月 23 日测试的安装外部中子源的 RDS-3I 当量达到 62 千吨。1954 年，苏联还研究了大幅减小内爆型武器易裂变材料质量的可能性，这些研究还显示了开发小当量（比 RDS-1 低几个数量级）内爆型核装置的可能性，并对优化能量释放，减小不必要的副效应起到支持作用。

氢弹的初期发展。1950 年 2 月 26 日，苏联政府颁布制造氢弹的决定，组建热核武器开发的项目[41]。设计方案采用了 ^{238}U 外壳和固态的氘化锂[42]。美国 1952 年 11 月 1 日爆炸首枚氢弹后不久，苏联于 1953 年 8 月 12 日在塞米帕拉金斯克爆炸首枚氢弹（也是苏联第 4 次核试验），即两级热核装置 RDS-6S，当量 400 千吨，热核反应占当量份额 15%～20%。

1955 年 4 月，苏联成立全俄技术物理科学研究院（VNIITF，原名 NII-1011，位于车里雅宾斯克-70）并选调 KB-11 人员组成核心力量，营造竞争环境，促进核武器发展[43]。NII-1011 还吸收了 1946 年成立、开展放射化学和放射生物化学研究的 B 实验室。

KB-11 和 NII-1011 两家核武器设计机构对 RDS-6S 进行改进研究。RDS-6S 设计复杂，其材料不能长期贮存，不适合作为武器使用。RDS-37 采用了新设计理念，类似于美国乌拉姆-特利亚（Ulam-Tella）方案，热核次级和裂变弹初级互相分开，初级发生核爆炸产生的 X 射线对次级进行加热和压缩。1955 年 2 月 3 日，RDS-37 技术指标完成，6 月 25 日完成可行性理论基础和爆炸当量估算的报告。11 月 22 日，一架图-16 轰炸机投放了 RDS-37 装置，装置在 1 550 米高度爆炸，设计当量 3 兆吨，但为保证安全，爆炸当量减小到 1.6 兆～1.7 兆吨（美国在 1956 年 5 月 26 才爆炸了类似的轰炸机携带的氢弹）[44]。

核武器的多样化。原子弹和氢弹技术取得突破后，苏联开始了核武器研制的新阶段。20 世纪 50 年代中期以后，苏联两家武器设计机构为各类运载工具研制核弹头，包括陆基和海基洲际弹道导弹、中远程弹道导弹、地面部队导弹、防空导弹、反导系统、防空系统的空对空导弹，以及核鱼雷、轰炸机携带的核炸弹等。此外还有多种和平核爆炸（工业用）装置。

苏联政府 1954 年启动战术核武器研发计划，给苏联军队的陆基战术导弹、防空系统、巡航导弹等各种战区武器系统提供装备。1953 年试爆的原子弹 RDS-4 装置成为战术核武器发展的基础。RDS-4 又称“塔季扬娜”，其当量与 RDS-2 相当，直径比 RDS-2 缩小三分之一，使携带该武器的飞机航程显著增加。基于 RDS-4 研制的首枚战术核武器当量 30 千吨，1954 年到 1966 年装备战术航空兵。RDS-4 及其改型方案还装备了 R-5M 中程弹道导弹和 FKR-1

机动巡航导弹[45]。基于这些方案，苏联后续又开发 RDS-4M 等多种改进型号。1955 年，为 T-5 型鱼雷开发的紧凑型 RDS-9 型装置在新地岛试验场爆炸成功，其当量为 5 千吨，1957 年开始批量生产，装备苏联海军。1956 年，设计机构还完成了核炮弹概念开发。

RDS-37 是热核武器的原型。苏联在 RDS-37 基础上为多种战略战术武器开发了核弹头，包括 R-7 洲际弹道导弹、R-12 中程战略导弹、R-13 海基导弹、“暴风雪”和“风暴”洲际巡航导弹，以及装备重型轰炸机图-16、IL-28 的核弹等。氢弹研制下一步是提高比当量参数和优化尺寸。采用氘氚气体次级的“49 号”装置在 1958 年试爆成功，成为第二代氢弹的设计基础，装备了 R-7A、R-16 洲际弹道导弹和 R-12、R-14 中程导弹。此后，苏联基于新方案开发了一系列新型热核武器，其当量重量比取得了显著的提升[46]。1962 年 9 月 25 日和 27 日试爆的 2 个热核装置，比当量提高到“49 号”装置的 3.5～4 倍，当量尺寸比提高到 3～3.3 倍。

20 世纪 60 年代初另一发展方向是超大当量核装置。1961 年 10 月 30 日，苏联在新地岛试验场爆炸了 KB-11 研制的世界上当量最大的热核装置“项目 602”又称“炸弹之王”（Tsar Bomba），如图 2-2 所示。该装置设计当量 100 兆吨，爆炸高度 4 000 米，爆炸当量为设计当量的一半，以减少放射性污染和冲击波的效应，爆炸现象在 1 000 多千米远处可见，引发的地震波环绕地球三次。其采用多步辐射内爆方案，主要热核部件仅含有少量易裂变材料[47]。

图 2-2　“炸弹之王”

1962 年 12 月 24 日，NII-1011 也试爆了一枚大当量设计，爆炸以缩小当量进行，当量 24.2 兆吨。1962 年，KB-11 开发了装备军队的最大当量核武器，并完成了测试，虽然其当量远小于“炸弹之王”，但进攻能力巨大，装备了

R-36 重型洲际弹道导弹。其总能量释放与初级能量释放比例创下了纪录。R-36（撒旦）成为苏联核威慑的主力。

为改善弹头的尺寸质量参数，推动洲际弹道导弹的大批量生产和第二次打击能力的发展，增强战略核力量，苏联 20 世纪 60 年代重点提升热核武器比当量。苏联军方对核弹头的尺度、当量和寿期提出了新的技术指标。60 年代末开发的紧凑初级装置作为基础，形成了各种尺寸重量级别的核弹头，应用到各兵种核武器装备当中，成为当代核装置与核弹头设计的雏形。

美国 70 年代装备了独立打击目标的多弹头导弹，苏联在此压力下，作为优先发展事项，也开发了用于多弹头装备的热核武器，装备了多种多弹头导弹。

苏联还发展了特殊核装置，即能量释放受控的核武器，并形成装备。其中解决的关键问题之一减小核爆炸产生的放射性核素的活度和辐射污染，包括发展了最高当量热核武器测试版本，大幅减少放射性物质污染；开发高纯度工业核炸弹，显著减少爆炸弹坑的放射性。NII-1011 开发的工业用核爆炸装置，轻元素聚变能量所占份额最高达 99.85%[48]。

在反导系统方面，苏联核武器研制机构 1954 年就提出用核武器打击来袭的核武器，1957 年测试了携带 KB-11 开发的核武器的拦截导弹，击中两架目标飞机。此后，该方案进一步发展为拦截弹道导弹弹头。1961—1962 年，苏联开展了一系列全规模的高空与太空核爆炸，研究反导系统的可能性。60 年代后期，KB-11 成为了研究反导系统的首要机构，1967 年首次对反导系统携带的核装置进行了试爆，此后继续开发用于反导系统的热核装置，形成了苏联反导和防空系统的原型。

两个设计机构还研制了工业用途的核爆炸装置。这种装置设计不同于军用核爆炸装置，直径小，不多于 260 毫米，长度可达 3.5 米，装入工程竖井内使用。1965 年 1 月 15 日，KB-11 在塞米帕拉金斯克试验场外的沙干河上进行了地下爆炸，获得了体积 5 百万立方米的大坑，后来又建造了配水大坝，利用春季洪水为干旱的哈萨克供给水源。

近期发展。20 世纪 90 年代以后，核武器生产数量大幅减少，俄罗斯核武器工作重点转为核装置与核武器延寿，包括维持核武库的必要定量参数，以及研究发挥现有资源潜力的途径。俄罗斯还利用次临界实验、流体核试验等手段，继续发展核武器技术。2009 年，时任国防部第 12 总局负责人的韦尔霍夫采夫曾表示，俄罗斯新近研制的核武器，将具有“更好的战术和技术指标”。一些俄罗斯媒体报道，俄罗斯开发了一种新的重量 100

千克、当量约 100 千吨的核弹头，比苏联时期的核弹头（包括再入飞行器本体和电子器件在内的重量 110～130 千克，当量 50 千吨或 75 千吨）提升了重量当量特性，可能装备“布拉瓦”弹道导弹[49]。近年来另一重点方向是提高核武器的安全性[50]。

3. 核试验

从 1949 年 8 月 29 日在塞米帕拉金斯克试验场引爆第一枚核装置，到 1990 年 10 月 24 日在新地岛试验场进行最后一次核试验，苏联核试验计划持续 41 年多，共进行 715 次核试验，引爆了 969 个核装置（美国进行 1 056 次核试验，爆炸装置 1 151 个）[51]。

从目的来看，这些核试验中有 559 次（796 个装置）属于军事核爆炸。其中有 445 次（637 个装置）目的是支持核武器开发或在役核装备试爆，爆炸当量从几千吨到 50 兆吨。52 次核试验（69 个装置）用于研究核武器的毁伤效应。25 次核试验（42 个装置）支持提高核武器安全性，研究核武器在紧急情况下的行为。36 次试验（47 个装置）为基础研究。还有 1 次（1 个装置）是在托茨克（Totsk）试验场的军事演习中进行的。

此外的 156 次试验（173 个装置）为工业核爆炸或和平核爆炸，其中有 117 次（126 个装置）试爆在试验场以外进行，7 次（9 个装置）在塞米帕拉金斯克试验场进行，其余是在其他试验场进行的为开发和平核爆炸装置而进行的试验（38 个装置）。

苏联大气核试验中，空中爆炸有 177 次，当量各异；地表爆炸 32 次，均为较低当量，除了 400 千吨的 RDS-6 外其他都不超过 40 千吨，且一多半低于 1 千吨；还有 3 次水下爆炸、2 次水面上方爆炸、4 次太空爆炸、1 次高空爆炸。苏联地下核试验 496 次：299 次实现完全包容，没有放射性释放到大气中；173 次仅释放了少量放射性惰性气体；19 次释放了大量放射性气体产物，属于核试验事故；5 次工业挖掘核爆炸，类似于地表核爆炸[52]。

苏联负责组织和开展核试验的机构是中型机械制造部和国防部。中型机械制造部负责新核武器开发测试、库存核武器测试、核武器安全性测试，还组织和开展了和平目的核爆炸。国防部开展的核试验目的是研究核武器对建筑物和武器装备的效应。核试验计划由中型机械制造部和国防部共同制定，具体包括中型机械制造部下属第 5 总局、国防部的第 12 总局以及负责新地岛试验场的海军第 6 总局等。核试验计划由苏联共产党中央委员会以及苏联部长会议批准。

4. 工业目的核爆炸

苏联从 20 世纪 50 年代末开始研究将核爆炸用于工业目的，后来开展了用于国家经济的核爆炸计划，又称第 7 计划，对工业用途的核爆炸开展技术和安全程序的开发。中型机械制造部的工业技术研究与设计院（VNIPIPT 或 VNIPIpromtekhnologii）是负责该计划的主要单位（这家单位目前名叫领先工业技术设计勘探研究院，开展铀矿开采技术与设备研发）。

最初几次和平核爆炸计划相关的核试验是在 1964 年进行的。为确保辐射安全，后来的工业核爆炸都采用专门的爆炸装置。工业用热核爆炸装置有 99% 的能量释放都源于聚变反应，极大降低了放射性沉降。为降低感生放射性，爆炸装置还使用了特殊的中子吸收材料。和平核爆炸计划的最后一次核爆炸在 1988 年 9 月 6 日进行。

苏联工业核爆炸的主要内容包括深地震测深（39 次爆炸）、制造地下空洞（35 次爆炸，10 次为实验）、油气增产（21 次爆炸），其他用途还包括挖掘、土方移动、矿石破碎、天然气井灭火、处理有毒废物等。工业核爆炸的进行，首先由某个政府部门提出要求起草计划，再由 VNIPIPT 起草行动计划，由赫洛平镭学研究院评估核爆炸的辐射效应。曾提出核爆炸要求的政府部门有地质部、天然气工业部、石油工业部、炼油与石化部、矿质肥料部等。初期的爆炸装置由全俄实验物理科学研究院（VNIIEF，即 KB-11）设计，后来，全俄技术物理科学研究院（VNIITF）成为主要设计机构。

5. 核爆炸模拟

俄罗斯 2000 年通过的《俄罗斯国家安全构想》曾提出，“俄罗斯联邦应该拥有能在任何环境条件下对任何一个侵略国或国家联盟可靠地进行应有打击的核力量”。根据该目标，为在禁止核试验条件下保持并发展核武库，俄罗斯本世纪初启动了建造新的高质量科学技术基地的计划，发展的科研设施包括大型计算机技术设备、数学和物理模型、激光和电物理装置、模拟核爆炸辐射的辐射装置、大型 X 射线照相装置等，按照压力、温度、动力学、辐射迁移和其他参数模拟核爆炸过程。

计算机仿真。核爆炸装置产生的物理环境无法在实验室内重现，核爆炸装置性能计算是取得装置数据的基本方法。全俄实验物理科学研究院（VNIIEF）在 1952 年 5 月 1 日就成立了计算机部，支持核武器研制。由于核爆炸问题复杂性，早期采取用多台计算机解决一个问题的途径。20 世纪 60

年代中期开发了由四台计算机构成的系统 BESM-4，70 年代开发的 BESM-6 使用到 90 年代，最高配置包括 9 台计算机。80 年代初开发的 Elbrus 1-2K 多处理器系统采取并行计算方案，最高配置包括 5 个处理器。后来的 Elbrus-2 多处理器系统最高配置采用了 10 个处理器。

90 年代，处理器生产能力缺失，VNIIEF 计算机部又成立专门部门，设计国产多处理器系统。1992 年设计的 i860 系统成为后来 8 处理器系统的基本设备。90 年代末期，计算机硬件处理器数量大幅增加，足以用于大型 3D 计算，俄罗斯和美国在核武器实验室计算能力方面的差距进一步缩小。软件方面，开发的计算机程序组超过 400 个，为核武器科研提供模拟手段[53]。

VNIIEF 2005 年建成了 SATURN 计算综合体，可进行多维输运问题的多群动力学近似数值模拟，重点开展中子、伽马射线、非平衡态 X 射线多维输运问题的计算[54]。

大型激光器和惯性约束聚变。VNIIEF 20 世纪 60 年代中期开始研制大功率激光装置，后专门成立激光器物理学研究所。研制的主要装置 Iskra-4 激光装置 1981 年首次运行，Iskra-5 激光装置 1989 年开始运行。Iskra-5 为碘激光器，激光能量 30 千焦，脉冲持续 0.3～0.5 纳秒，用于开展激光核聚变研究[55]。128 通道钕激光装置 Iskra-6 概念设计于 1996 年提出，计划位于 VNIIEF，激光能量将达 300 千焦，波长 351 纳米，脉冲持续时间达到 1～3 纳秒[56]。Iskra-6 的原型装置 Luch 激光器建在 VNIIEF，2002 年运行，为 4 通道激光器，激光能量 3.3 千焦，波长 1.054 微米，脉冲持续时间 3～4 纳秒。

两家核武器设计机构联合俄罗斯科学院的应用物理学研究院（IAP RAS），采用 IAP 在 2006 年建成的 PEARL 拍瓦（10^{15} 瓦）激光器技术，用 Luch 装置泵浦 OPCPA（光学参量啁啾脉冲放大）放大器，在 VNIIEF 建造了 FEMTA 激光器，输出功率 1 拍瓦（70 飞秒 70 焦耳）[57]。该系统基于宽波段、大孔径 DKDP 晶体啁啾脉冲放大技术，能量密度可达 10^{21} 瓦/平方厘米。装置由三个子系统构成，依次将激光能量放大到兆兆瓦级（10^{12}）、100 兆兆瓦级和拍他瓦级（10^{15}）。

俄罗斯 2012 年启动了 15 亿美元的激光惯性约束聚变装置项目，设施以 Luch 装置为基础，长 360 米，使用 192 束钕磷酸盐玻璃激光束，将 2.8 兆焦能量汇聚在 527 纳米聚变靶上，超过美国和法国同类装置（见图 2-3）。该装置将使用球形间接驱动靶构型，而不是美国国家点火装置（NIF）设施的环形间接驱动构型。装置由 VNIIEF 设计，将位于 VNIIEF 的萨洛夫技术园区，估计花 10 年建成。该设施将一方面用来支撑核武器开发，另一方面用于发展民用能源技术[58]。

实验研究。苏联曾进行了大约 100 次“流体核试验”。20 世纪 90 年代以来，俄罗斯继续发展多种技术，支持在全面禁试条约限制下继续开展核弹头设计和维护的研究活动。流体力学核试验是爆炸当量极小的核装置爆炸实验。1999 年，时任原子能部部长的米哈伊洛夫指出，流体核试验对核武器开发的价值远大于次临界实验。2010 年，俄罗斯媒体还报道，俄罗斯过去 15 年来在次临界实验和流体核试验方面取得了显著的进步[59]。

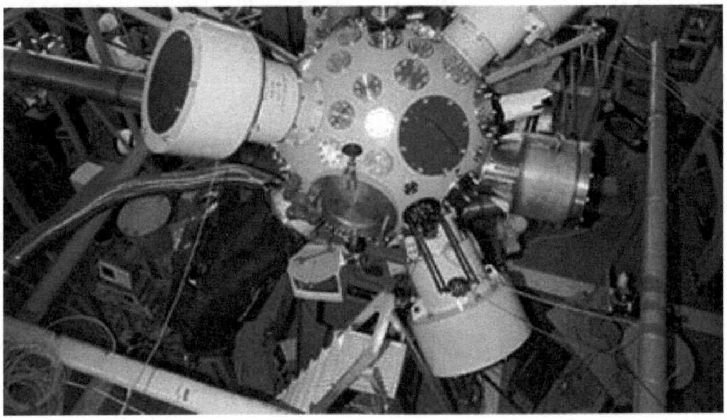

图 2-3　Luch 激光装置

6. 核军控

禁核试验。早在 1958 年 3 月 31 日，苏联就曾批准暂停核试验的决议，同时号召其他有核国家也暂停核试验。美苏英三国在日内瓦启动了禁止核试验协议的谈判，但未能顺利推进，法国也在 1960 年进行了首次核试验。在国际形势发生变化的背景下，苏联 1961 年 8 月恢复了核试验。1963 年，禁核试条约的谈判再次启动。1963 年 8 月 5 日，苏、美、英签署《部分禁止核试验》条约（PTBT，全称《禁止在大气层、外层空间和水下进行核武器试验条约》）。该条约 1963 年 10 月 10 日生效。这些举动也进一步促成了 1968 年 7 月 1 日《不扩散核武器条约》（NPT）的签署，苏联是该条约承认的五个核武器国家之一。

1974 年 7 月，美苏之间签订了《限制地下核试验条约》（TTBT），禁止核试验当量超过 150 千吨，美苏还根据 TTBT 条款达成了《和平利用地下核爆炸条约》（PNET）。1976 年，双方宣布将在条约尚未生效的情况下仍遵守 TTBT。1987 年，美苏还启动了地下核试验探测联合研究计划，并于 1988 年分别在塞米帕拉金斯克和内华达试验场进行两次核爆炸[60]。TTBT 和 PNET 到 1990 年 12 月 11 日才生效[61]。美英俄在 90 年代开始就《全面禁止核试验条约》（CTBT）进行谈判，该条约 1996 年 9 月 10 日在联大会议通过。俄罗斯政府在 2000 年批准 CTBT。

战略核武器军控。美苏 1969 年 11 月启动第一轮战略武器限制谈判（SALT I），到 1972 年，达成了《反弹道导弹条约》（ABM，注：美国已在 2002 年单方面退出 ABM）和《美苏关于限制进攻性战略武器的某些措施的临时协定》，分别对导弹防御拦截器和洲际弹道导弹与潜射弹道导弹提出限制[62]。美苏第二轮战略武器限制谈判（SALT II）促使两国在 1979 年 6 月 18 日签署了《第二阶段限制战略武器条约》，但由于国际形势发生变化，该条约未生效。

《削减战略武器条约》（START）由美国总统里根在 20 世纪 80 年代初提出，美苏两国在 1991 年签署，于苏联解体后的 1994 年 12 月 5 日生效。该条约要求两国部署的运载工具削减到 1 600 个，核弹头削减到 6 000 枚。两国于 2001 年 11 月完成条约要求的战略武器削减，2009 年条约到期。两国 1993 年还签署了《第二阶段削减战略武器条约》（START II），并达成了《第三阶段削减战略武器条约》框架，但二者都未生效。

《战略攻击武器裁减条约》（SORT）又称《莫斯科条约》，于 2002 年 5 月 24 日由美国总统小布什和俄罗斯总统普京签署，2003 年 6 月 1 日生效。该条约仅限制两国战略核武库的核弹头减少到 1 700～2 200 枚。美俄《新削减战略武器条约》（New START）在 2010 年 8 月签署，2011 年 2 月 5 日生效，将在 2021 年到期。该条约接替了 SORT 条约，限制双方部署的核弹头 1 550 枚，运载系统 700 个，发射工具 800 个，核查机制也比 START I 改进，包括现场核查和展示、数据交换和通告、支持国家技术手段的规定等。到 2019 年年末，美俄双方完成了共计 321 次现场核查，交换共计 19 261 份通告。

非战略核武器军控。《中程导弹条约》签署于 1987 年 12 月 8 日，生效于 1988 年 6 月 1 日，要求美国和苏联以可核查的形式消除所有陆地发射的射程在 500 千米到 5 500 千米的弹道导弹和巡航导弹。该条约采纳了前所未有的入侵性核查机制，曾给 START I 打下基础。苏联解体后，俄罗斯、白俄罗斯、哈萨克斯坦、乌克兰、土库曼斯坦、乌兹别克斯坦都是缔约国。2014 年以来，美俄两国都曾提出对方是否遵守条约的关切。2019 年 2 月 1 日和 2 日，美俄政府先后宣布暂停履行条约义务。2019 年 8 月 2 日，随着美国正式退出条约，该条约正式失效。

二、工业能力

在冷战时期美苏竞争背景下，苏联为满足庞大的核武器生产需求，发展了庞大的核武器研发制造工业能力，主要单位包括核弹头（物理包）设计 2 家，非核部件设计与核弹头工程设计单位 1 家，易裂变材料部件制造 3 家（也是易裂变材料生产企业）、非核部件制造 3 家、弹头组装 4 家、核试验诊断技术研发 1 家、核弹头运输与操纵设备研制 1 家等。20 世纪 90 年代以后，随着大批核弹头过剩，核弹头拆除也曾是一项重点活动。

目前，核武器的需求数量已比冷战高峰时期大幅下降。国家原子能公司核武器部管理负责核武器科研生产单位，一方面调整精简结构，提高效能，满足核力量建设需求。另一方面，核武器科研生产单位利用几十年发展积累的雄厚实力，积极发展基础科研、常规武器、能源技术、民用产品等。目前，俄罗斯核武器研发制造核心企业仅保留 3 家研发设计单位、2 家批量生产单位、2 家核材料管理单位，都是“联邦核组织”。其他苏联时期的组装和生产单位转为生产民品和常规军备，不再开展核武器相关活动，企业性质也从联邦国家单一制企业改组为股份公司（见表 2-2）。

表 2-2　苏联建立的核武器研发生产单位及目前情况

类型	名称	过去从事的核武器相关活动	现状	联邦核组织
研发设计	全俄实验物理科学研究院（VNIIEF）	弹头设计	弹头设计、基础与应用研究	是
	全俄技术物理科学研究院	弹头设计	弹头设计、基础与应用研究	是
	全俄自动化技术科学研究院（VNIIA）	非核部件设计	非核部件设计、民品研制	是
	脉冲技术研究院	核试验诊断技术	合并到 VNIIA	否
	测量系统科学研究院	非核部件设计	隶属于 VNIIEF	否
	道路运输设备设计局	核弹头运输设备	合并到 VNIIA	否
批量生产	电化学装置联合企业	弹头批量生产	生产核武器、民品	是
	装置制造工厂	弹头批量生产	生产核武器、民品	是
	“启动”生产联合企业	弹头批量生产	民品	否
	“前卫”电动机械厂	弹头批量生产	合并到 VNIIEF	否

续表

类型	名称	过去从事的核武器相关活动	现状	联邦核组织
非核部件生产	“北方”生产联合企业	非核部件生产	民品	否
	“闪电”机械制造厂	非核部件生产	民品	否
	乌拉尔电动机械工厂	非核部件生产	民品	否

图 2-4 俄罗斯核武器与材料研发生产单位分布

1. 研发设计

全俄实验物理科学研究院（VNIIEF）和全俄技术物理科学研究院（VNIITF）是俄罗斯两家核心核武器设计机构，前者侧重开发战略核武器和大当量核武器，后者侧重战术核武器和小型化武器。在新武器研制中，一家负责设计，另一家派出人员指导。核武器设计机构研究给出新型核弹头的物理学概念并开展计算机模拟，完成研发后制造样弹，并进行环境、加速老化、力学等测试以及核爆炸试验，特别重要的是实际当量和预测当量的校核，并在二者相差显著时进行设计修正。随着设计能力的成熟，到 20 世纪 80 年代末期，设计当量和试验当量在 93%～95%的核试验中是吻合的。在数据吻合的情况下，设计部门继续开展核武器的工程设计。核武器设计特征中强制性加入确保核弹头寿期末拆除时的安全、简化的特征。

全俄自动化技术科学研究院（VNIIA）主要在 VNIIEF 和 VNIITF 开发的物理包基础上进行核弹头工程设计、非核部件设计、核武器维护装置设计等。

（1）全俄实验物理科学研究院（VNIIEF）

全俄实验物理科学研究院（VNIIEF）前身是苏联科学院 2 号实验室 1946 年成立的第 11 设计部（KB-11），1950 年 6 月成为独立科研机构，是俄罗斯历史最悠久的核武器研发中心，所在城市阿尔扎马斯-16 是苏联建立的 10 个封闭行政区域之一，现在的名称是萨洛夫。VNIIEF 于 1992 年获得俄罗斯联邦核中心地位。

VNIIEF 任务包括核武器研发和核武器全寿期的科学支持，开展的活动覆盖科学研究、设计、中试生产，包括：核武器物理学理论研究、流体力学研究和核爆炸过程计算机模拟、核爆炸装置研发、核弹头工程设计、实验流体动力学和高能炸药实验、特殊材料开发、制造原型弹头、开发批量生产技术、监督部署的核弹头、在核弹头拆卸期间对发现的问题进行诊断并解决等。

VNIIEF 于 1959 年被指定为战略导弹核弹头开发的领导机构，开发了战略火箭部队的 30 多种用于各种打击目标、部署方式、燃料类型的导弹系统装备的 46 种核弹头和 25 种核装置，当量从 100 千克到 25 兆吨，占苏俄战略核武器的绝大多数。VNIIEF 还开发了各种轰炸机携带的重力弹。其开创性成果包括：苏联最早的弹道导弹 R-5M 导弹和第一代洲际弹道导弹 R-7A 的核弹头，唯一的轨道火箭核弹头，最早的分导式独立目标多弹头，最早具有突防特征、能抵抗导弹防御系统核爆炸毁伤因素的核弹头，最早的固态燃料导弹核弹头，世界上威力最大的 R-36M2（撒旦）重型导弹的核弹头，机动战略导弹系统（包括铁路机动）的核弹头，地雷和地面机动装备的通用核弹头，地地战略巡航导弹的核弹头，防空导弹和空对空导弹的核弹头。VNIIEF 的开发成果也用于多种战术武器系统。

VNIIEF 目前机构设置分为开展科研的研究所、核武器设计部、测试基地、生产工厂[63]，还组建了负责核事故响应的应急技术中心。

科研方面，目前设有 5 个研究所以及谢达科夫测量系统科学研究院（NIIIS）。5 个研究所为：理论与计算物理学研究所、实验气体动力学与点火物理学研究所、核与辐射物理学研究所、激光物理学研究所、高能量密度物理学与定向辐射科学技术中心，主要研究领域包括，高能量密度物理学、计算与理论建模与信息技术、大功率激光器技术与激光器物理学、惯性约束聚变、气体动力学与点火物理学（材料在超高压下的性质、材料与结构在脉冲负载下的动力学和强度、炸药材料的点火引爆、冲击波等）、核与辐射物理学、高压电气设备、易裂变材料衡算与控制技术、新型材料、环境保护与检测、核能安全、常规武器等。建有 X 射线综合体和软辐射谱设施；电子加速器（包括 MV-15 和 LU-50 直线电子加速器；MT-8 电子回旋加速器；B-30 电子感应加速器；EG-2、EG-5、EGP-10 静电离子加速器）、基于氘氘和氘氚反应的中子发生器、空气冷却的铀-石墨快中子研究堆 BIGR、2 座快中子钠冷研究堆 BR-1 和 BIR-2M、1 座均匀溶液脉冲堆 VIR-2M，还有大功率激光器 SERAFIM、激光设施 ISKRA-5 和 FEMTA、大型辐照测试设施 PULSAR 等[64]。

武器研发设计方面，VNIIEF 设有多个设计部，负责开发核武器、常规武器、自动化装置仪器；研究解决核安全问题，落实防护措施；参与相关试验的准备和实施；对核武器制造与部署的全寿期提供科学技术支持、监督；研究解决各种科学技术领域的应用力学问题。设计部门还直接参与相关科学研究活动。

谢达科夫测量系统科学研究院（NIIIS）是 VNIIEF 的分支机构，位于下诺夫哥罗德。该机构 1966 年作为 KB-11 的分支机构成立，其前身第 326 号高尔基特种设计局原本隶属于无线电工业部，1967 年改名高尔基测量仪器设计与技术局，1970 年成为无线电遥感监测系统的主要企业，1976 年改名测量系统科学研究院（NIIIS），主要开展核弹头无线电电子部件的开发。本世纪以来还开展了许多核电厂的自动控制系统研发工作[65]。

“前卫”（Авангард）电动机械厂，2003 年 7 月合并到 VNIIEF，原为独立的核武器批量组装工厂，位于萨洛夫，成立于 1949 年，本世纪初开始不再承担核武器批量生产。目前其借助几十年核武器生产形成的广泛技术能力，参与 VNIIEF 科学项目实施，并生产多种高技术产品，包括物理学装置部件、基于新物理学原理的武器部件以及常规武器部件、反恐装备、安保装备、电子设备、气体绝缘设备、医疗设备、消防装置等，此外还生产钋-210 同位素以及钋-210 电源和热源等相关产品。

（2）扎巴巴欣全俄技术物理科学研究院（VNIITF）

扎巴巴欣全俄技术物理科学研究院（VNIITF）是苏联成立的第二个核武器设计机构，成立时间为 1955 年，地点位于车里雅宾斯克-70，现在地名叫斯涅金斯克（Snezhinsk），在谢维尔德洛夫斯克以南 80 千米。VNIITF 原名第 1011 科学研究院（NII-1011），1964 年改名设备制造研究院，1992 年获得俄罗斯联邦核中心地位。根据俄罗斯总统令，全俄电工研究院的高电压研究中心（VNIC）2016 年合并到 VNIITF，全俄电工研究院（VEI）于 2017 年合并到 VNIITF，促进民品业务发展。

VNIITF 成立时吸收了 KB-11 三分之一的人员，其成立的目的是降低 KB-11 的工作压力，通过竞争保证核武器研制的质量，提高战争时期科研基础的生存能力。VNIITF 在核武器研制设计中与 VNIIEF 竞争开展工作，二者也形成了各自不同的重点发展领域。苏俄战略海军装备、巡航导弹、空军重力弹、核炮弹等领域的核弹头和核武器，主要由 VNIITF 开发。VNIITF 较少研发超大当量武器，重点发展小型化武器，提升其效率和作战技术特性。其开创性产品包括：为 152 毫米口径核炮弹开发了最小的核装置；为战略部队开发了最轻的作战核武器装备；用于和平目的的核装置，可耐受 750 个大气压和 120 ℃热环境；抗冲击性最强核装置，可耐受 1.2 万 *g* 负荷；使用易裂变材料最经济的核装置；最清洁的核和平目的爆炸装置，其 99.85%的能量来自于氢元素聚变；当量最小的核装置等。

目前，VNIITF 设有气体动力学、基础和应用科学、武器设计、科研试验、工业生产等部门。VNIITF 的主要活动是开展核武器研发设计，开展核武器全寿期支持与监督，解决核武器可靠性与安全性的科学技术问题，此外还开展裂变能和聚变能和平利用技术，以及流体动力学、高能量密度物理学等领域的基础与应用科学研究。

VNIITF 开展的“气体动力学”研究是对核爆炸发生以前各种物理过程的研究，主要活动有点火研究、炸药物理学特性研究，研发满足作战指标的炸药成分并研究炸药的化学反应、起爆动力学等，利用冲击波获得物质的极端状态并进行测量，结构材料与陨石性质研究等。VNIITF 的气体动力学部拥有强大的实验基地，其测试场可开展各种规模的实验并具备现代化诊断工具，测量综合体拥有高速光学设备、脉冲辐射照相以及电、激光、中子等记录爆炸与冲击波现象的方法。气体动力学部还开展了核电厂安全研究，主要是开展实验确定蒸汽—氢气混合物爆炸浓度形成条件，进行氢气复合器的认证等。

基础和应用研究方面，VNIITF 在锕系元素性质理论研究、固体计算辐射物理学等方面居世界领先地位，为核武器相关工作提供支持。VNIITF 还对流体动力学、等离子体物理学、中子输运、辐射与带电粒子、激光与物质相互作用等问题开发物理学与数学模型、算法和计算机数值求解程序，解决核材料的核与辐射安全、电离辐射仪表和装置设计优化、辐射对电子设备的效应评价、反应堆中子物理学参数、中子和质子医学治疗等问题。民品应用成果包括在核能领域实现了 VVER-1000 和 VVER-1200 反应堆全规模 3D 计算机模拟，开展乏燃料运输技术、中试示范综合体的乏燃料后处理技术研发；在核医学领域，建立放射性药物生产综合体，并设有中子治疗中心；在超级计算机领域，开展数学建模和工程计算、信息技术基础设施与信息安全等工作。

VNIITF 的实验基地包括金属堆芯脉冲堆 BARS-5、脉冲溶液快堆 YAGUAR 和 IGRIK、临界台架 FKBN-2、脉冲电子加速器（IGUR-3、EMIR-2、RAPID-2、IPUE 等）、中子发生器 NG-12I、放电设施 GNUV、X 射线设施 KRUS 和 IRTP-2、双束钕激光器 Sokol-3、钛-蓝宝石激光器 Sokol-F、脉冲-周期飞秒激光器 ELAS-PF、气体混合物火灾与爆炸实验装置等。

（3）杜霍夫全俄自动化技术科学研究院（VNIIA）

杜霍夫全俄自动化技术科学研究院（VNIIA）成立于 1954 年，其前身是原本隶属于航空工业部的第 25 设计局（OKB-25），1964 年命名为杜霍夫全俄自动化科学研究院。VNIIA 在 VNIIEF 和 VNIITF 的物理包（physical package）基础上开发核弹头，并设计核武器的自动化部件、中子发生器、点火电路、特种烟火装置和炸药装置等。2000 年以来开始装备先进的制造与测试设备以及控制与分析仪表，民品范围也不断扩大，部分产品出口。2010 年以来合并了几家其他研制企业，目前在莫斯科地区共有 5 个生产场址和一批研究机构[66]。

脉冲技术研究院（NIIIT）2010 年合并到 VNIIA，改称脉冲技术研究与生产中心[67]。NIIIT 于 1961 年成立，前身是苏联科学院化学物理学研究所的一个实验室，曾主要研发核试验相关的测量手段和测量技术，设计了一大批测量电磁、光学、粒子辐射和地震波振幅-时间特性的设备。

道路（汽车）运输设备设计局（KB ATO，或 DB MTE）2014 年合并到 VNIIA，改名为汽车运输设备研究生产中心（位于 Mytishchi 场址）。KB ATO 于 1958 年成立，位于莫斯科州，开展特种车辆等核武器运输设备、弹头贮存与运输容器的设计。合并到 VNIIA 以后，加大了研究生产能力，研发领域纳入了应对核与辐射事故后果的特种车辆与诊断系统。

2015 年，国家原子能公司还将 VNIIA 指定为机器人装置与远距离控制系统开发的领导组织，VNIIA 为此在原来的机器人工程与培训中心（ETCR）基础上，成立了机器人与事故响应中心，专门负责国家原子能公司核与辐射场址以及莫斯科地区的应急响应。

2. 批量制造

VNIIEF 和 VNIITF 两家研发设计机构都设有制造和组装核弹头的中试工厂，可满足少量制造的要求[68]。苏联早在 1947 年就开始筹备建设核武器批量生产工厂，从 20 世纪 40 年代末到 50 年代逐渐建立了一批部件设计生产、弹头生产与组装工厂。核武器组装工厂还设有设计机构，负责开发新型武器批量生产所需的设备与技术工艺。1955 年，核武器批量制造工业能力独立出来，由中型机械制造部的第六总局管理。第六总局后来改名核武器生产部。90 年代以后，随着大批核弹头过剩，4 家弹头组装企业的主要活动转变为过剩核弹头拆除。

西方学者认为，俄罗斯核弹头设计上与美国不同，绝大多数核弹头部件不具有通用性，不能在不同型号之间互换，因此俄罗斯可能没有大量库存的“钚弹芯”，而是要根据需要不断制造新的部件[69]。

本世纪初以来俄罗斯精简整合核武器研制企业，仅保留 2 家批量制造企业并列为“联邦核组织”，苏联时期建立的其余 2 家批量制造企业和 3 家非核部件制造企业进入高技术市场，转为民品和常规国防产品生产，大部分改制为股份公司。

（1）电化学装置（Electrokhimpribor）联合企业

电化学装置（Electrokhimpribor）联合企业，位于斯维尔德洛夫斯克-45，现地名列斯诺伊，1947 年成立，早期名称为 418 工厂/电化学装置工厂，初期主要工作是开发铀同位素电磁分离技术。该工厂从 50 年代开始参与核武器生产，建立了全面的核武器组装生产工艺，60 年代取得快速发展，70 年代产量加大，掌握了多种复杂部件的批量化生产技术，并首先应用自动化控制系统，80 年代又参与开发新型核武器，90 年代开始进行核武器拆除活动。主要活动包括接收其他工厂制造的部件和子组件进行核弹头和核武器的组装，参与高浓铀部件制造，还开展核弹头拆除。1985 年还开始生产民品。2001 年正式命名为电化学装置联合企业，企业性质为联邦国家单一制企业，2014 年获得“联邦核组织”地位。电化学装置联合企业目前仍是俄罗斯国家原子能公司核武器综合体的主要企业之一，人数近 9 000，其主要任务是批量生产核弹头满足国防订单，此外，还生产石油和天然气、电力、地球物理、医学设备等领域民品，并利用 SU-20 电磁同位素分离设施生产 200 多种同位素[70]。

（2）装置制造工厂（PSZ）

装置制造工厂（PSZ），1952 年成立，位于车里雅宾斯克州的兹拉托乌斯特-36，现在该地称为特列赫戈尔内，负责接收其他工厂制造的物理包组装核弹头，制造核弹头中的贫化铀部件，制造电气机械部件和电子部件等，并开展核弹头拆除。目前性质为联邦国家单一制企业。民品生产包括核反应堆自动化流程控制系统、核设施自动化辐射监测系统、自持链式反应自动化传感系统、地面辐射自动化监测系统，以及电离辐射探测测量设备、数控机床等。

（3）已转民品生产的企业

2 个原核弹头批量组装/拆除工厂：

“前卫”（Авангард/Avangard）电动机械厂，位于 VNIIEF 所在的萨洛夫，其接收其他多个工厂制造的金属外壳、铀部件、钚部件进行核武器最后组装，并开展退役核弹头拆除。此外，还开展中子源制造，20 世纪 60 年代以后还制造过放射性同位素电源。本世纪初以来，该厂停止核武器制造和拆除活动，2003 年合并到 VNIIEF。目前生产物理学科研装置部件、基于新物理学原理的武器部件以及常规武器部件、反恐装备、安保装备、电子设备、气体绝缘设备、医疗设备、消防装置等，此外还生产钋-210 同位素以及钋-210 电源和热源等相关产品。

普罗岑科“启动”（Старт/Start）生产联合企业，位于奔萨-19，现在地名为扎列齐内，1954 年苏联部长会议决定成立，原名第 1134 号装置制造工厂，1958 年生产首批产品，最初负责制造由 VNIIA 设计的核弹头电子部件，后来开展核武器点火系统、启动连接装置、电气机械部件和电子部件、各种子组件的制造，生产实体保护设备以及自动化仪表与控制系统，并接收其他设施生产的“物理包”进行核武器和核弹头组装，还开展核武器和核弹头拆除。1989 年合并其他单位后改名“启动”联合企业。本世纪初俄罗斯精简整合核武器相关活动以来，该企业不再继续开展涉及易裂变材料部件的工作[71]。2006 年，该企业合并了安保技术重要企业无线电电子设备研发研究院（NIKIRET），2007 年获得联邦科研与生产中心地位。2018 年 3 月，根据俄罗斯总统令和政府令，从联邦国家单一制企业改组为股份公司[72]。

3 个原非核部件制造工厂：

“闪电”（Молния/Molniya）机械制造厂生产联合企业，位于莫斯科州，其前身是第 48 号工厂，1948 年改名“闪电”工厂并开始制造核炸弹的弹道外壳，后来又制造核弹头自动化部件的子组件，1989 年成立“闪电”机械制造生产联合企业，2011 年由联邦国家单一制企业改制为股份公司。目前其主要活动是生产核电厂非标准设备，并为国防、安全、其他民用领域制造各类专用技术设备[73]。

“北方”（Север/Sever）生产联合企业，位于新西伯利亚，1954 年苏联部长会议决定成立，1958 年生产出首批产品，曾负责制造核武器电子器件等非核部件。90 年代以来，开始面向国防部、核电厂、能源、汽车、输电等领域生产新产品。目前主要业务为开发和生产各种无线电和精确机械加工高技术产品，向国防工业、核工业、能源工业、汽车工业提供部件、设备和产品

[74]。2019 年由联邦国家单一制企业改制为股份公司。

乌拉尔电动机械工厂（UEMZ），位于斯维尔德洛夫斯克，其前身是 1941 成立的造船部库拉科娃第 209 号工厂，1957 年转到中型机械制造部，1961 年改名“第 333 号信箱企业”，负责制造核武器的精密机械部件、电子器件、电气部件和子组件等，2018—2019 年从联邦国家单一制企业改制为股份制公司。UEMZ 目前是俄罗斯国家原子能公司的重要设备生产企业，履行确保国家安全、扩大多样化经营两项使命，其民品生产不断扩大，主要包括为核电厂、燃料与能源企业提供原创电路设计、高质量的电气设备，生产高强度稀土磁体等。

3. 核试验场

（1）塞米帕拉金斯克试验场

塞米帕拉金斯克试验场，建立于 1947 年，位于哈萨克斯坦，曾试爆苏联的第一枚核装置。建立时名称为山区地震站，又称 905 设施，后来还曾先后改名为国防部 2 号训练测试场、第 2 国家中央科学测试场（GosTsNIP-2）。测试场人员居住的地点称为塞米帕拉金斯克-21，该地 90 年代又改名库尔恰托夫。

1962 年以前，塞米帕拉金斯克试验场进行过 116 次空气中和地表核爆炸。1961 年开始，塞米帕拉金斯克试验场启动了地下核试验计划。进行地下核试验的有 3 个地点。

塞米帕拉金斯克试验场还有 3 座反应堆，其中的 IVG-1M 石墨脉冲堆和 1 座实验气冷堆都位于贝加尔（Baykal）-1 测试设施内，IGR 石墨脉冲堆位于另一位置，曾用于核火箭发动机的研制，IGR 反应堆后来还用于核反应堆安全性以及材料辐照实验。

1991 年 8 月 29 日，哈萨克斯坦总统发布命令关闭了塞米帕拉金斯克试验场。目前，试验场的所有设施都归属哈萨克斯坦共和国的国家核中心。

（2）新地岛试验场

新地岛试验场由苏联政府在 1954 年发布命令建立，最初是为了测试核武器效应对海军装备的效应而建立，名为新地岛海军科学研究试验场或 700 设施。由于塞米帕拉金斯克试验场的条件不适合进行大当量试验，1956 年，苏联政府决定将大当量试验都转移到新地岛试验场。到 1962 年结束大气核试验以前，新地岛试验场进行了 91 次核试验，其中包括 3 次水下试验、1 次接触地表试验、2 次水面核试验，其余全为空中核爆炸。新地岛首次地下核试验在 1964 年 9 月 18 日进行，直至 1990 年进行的地下核试验有 39 次，共 133 个爆炸装置，绝大部分服务核武器开发。1990 年 10 月 24 日的最后一次核试验爆炸了多达 8 个装置。

苏联解体后，新地岛试验场归属为俄罗斯联邦财产。1992 年 2 月，俄罗斯政府决议授予新地岛试验场以国家中央试验场的地位。1996 年 4 月 19 日，在《全面禁止核试验条约》谈判结束后不久，俄罗斯政府公布了其核武库维护计划，其中的一项内容就是保留在新地岛恢复核试验的能力。目前，新地岛试验场虽然不进行核试验，但仍进行核武器相关的实验，如流体动力学实验、次临界实验等。

第三章　军用核材料

在冷战时期，苏联为满足核武库快速发展需求，建立了庞大的核武器科研生产能力。其中的军用核材料生产能力主要有 5 个生产军用钚和高浓铀的场址，均位于“封闭行政区域”。这 5 个场址建有生产堆多达 18 座，开展易裂变材料生产和核弹头部件加工，并依托核材料生产技术发展了用于动力堆、研究堆的铀浓缩和后处理能力。现在，俄罗斯军用高浓铀和钚材料库存都过剩，不再为核武器生产新的易裂变材料。原来的军用核材料生产基地仍有 2 家继续开展产氚、核材料管理、部件制造等核武器生产活动，其余不再从事军工生产，继续在民用核燃料循环中发挥重要作用。

一、核材料生产技术与库存量

1. 军用钚

早期工业组建。苏联科学家在 1943 年春季从情报信息中得知钚元素。钚材料可不经过当时尚未掌握的同位素分离，仅利用化学工艺获得，是制造核武器的“捷径”。苏联核武器计划领导人库尔恰托夫马上认识到钚材料的重要性，立即在多个研究机构启动了钚生产和处理技术的研究。苏联 1945 年成立了特种金属研究所（NII-9，后来成为 VNIINM）开展铀材料研究和乏燃料铀钚分离研究。1946 年，苏联领导人决定建立生产钚的工业能力。1947 年开始建立从事钚材料生产的 817 联合体（又称第 10 基地，车里雅宾斯克-40［或 65］，是马亚克联合企业的前身）。1948 年 6 月 7 日，817 联合体的第一座生产堆，石墨水冷堆“A 反应堆”开始运行，由多列扎利领导的化学机械制造研究所（NIIkhimmash，是 NIKIET 的前身）和第 92 号兵工厂特种设计局（OKB，是 OKBM 的前身）研制，每天可生产 100 克钚。817 联合体的 B 工厂（放射化学设施）1948 年 12 月首次启动钚分离，1949 年生产出首批钚材料。V 工厂（化学与冶金设施）开展核武器钚部件制造。钚部件被运送到 KB-11 进行组装。此后，苏联又建立了 2 个钚生产基地。位于托木斯克-7 的西伯利亚化学联合企业 1955 年启动生产。克拉斯诺亚尔斯克-26 的采矿与化学联合企业在 1958 年启动生产，苏联钚生产快速扩大。

钚生产堆。苏联在 3 个钚生产基地陆续建立了 12 座生产军用钚的反应堆。其中，4 座位于马亚克场址，5 座位于西伯利亚化学联合企业，3 座位于采矿与化学联合企业。苏联的钚生产堆都是石墨慢化水冷堆，其中有 2 座还用于生产氚和其他同位素。这些反应堆由 NIKIET 和 OKBM 研制。

苏联钚生产堆中的石墨块堆积成圆柱形，采用氮气和水冷却。首座生产堆 A 堆于 1948 年 10 月临界，12 天后达到 100 兆瓦设计功率。A 反应堆石墨块体重量 1 050 吨，有 1 149 根垂直通道，其中 17 根通道用于控制棒，8 根通道用于开展实验，其余通道全部装入天然铀燃料，燃料重量约 120～130 吨，最高运行温度 220 ℃，运行一天可生产 100 克钚。为了增加核材料生产能力，苏联在发展早期采取加大了生产堆运行功率的措施。第一座生产堆 A 反应堆设计热功率 100 兆瓦，在冬季以 170～190 兆瓦功率运行，夏季以 140～150 兆瓦功率运行。50 年代，苏联又采取一系列措施提高生产堆运行功率，包括加大冷却水流量、提高燃料通道衬里材料和燃料包壳材料的耐腐蚀性、降低石墨氧化、提高燃料元件内部运行温度、开发辐照肿胀效应小的铀合金、对燃料生产实施质量控制等[75]。1954 年以后，A 反应堆平均运行热功率达到 650 兆瓦，每年可产钚约 152 千克。1963 年以后反应堆进行了升级，1964 年 4 月恢复运行后平均热功率达到了 900 兆瓦，一直运行到 1987 年。

AV 型反应堆由 OKBM 设计，采用直流冷却，反应堆有 1 996 根通道，其中 65 根为控制棒，设计热功率 300 兆瓦，每年生产钚 100 千克，与 A 反应堆相比提高了可靠性，更便于维护，改进装卸料机制以缩短停堆时间。3 座反应堆于 20 世纪 50 年代初投入运行。通过不断技术改进，到 1963 年，反应堆运行热功率逐渐提高到 600 兆瓦。经过 60 年代的第二次大规模改进，反应堆运行功率提高到 1 200 兆瓦，每座堆每年产钚量提高到了 270 千克。AV-3 反应堆在运行的初期还曾用于生产氚[76]。俄罗斯核材料生产堆情况如表 3-1 所示。

表 3-1 俄罗斯核材料生产堆

场址	名称	功能	设计	类型	设计热功率/升级后（MW）	启动	关闭
马亚克生产联合企业	A	产钚	NIKIET	石墨水冷堆	100/900	1948.6.19	1987.6.16

续表

场址	名称	功能	设计	类型	设计热功率/升级后（MW）	启动	关闭
马亚克生产联合企业	AI-IR	产氚和其他放射性同位素，辐照实验	—	石墨水冷堆	40/100	1951.12.22	1987.5.25
	AV-1	产钚	OKBM	石墨水冷堆	300/1 200	1950.4.5	1989.8.12
	AV-2	产钚	OKBM	石墨水冷堆	300/1 200	1951.4.6	1990.7.14
	AV-3	产钚和产氚	OKBM	石墨水冷堆	300/1 200	1952.9.15	1990.11.1
	OK-180	产氚、产同位素	OKBM	重水堆	100/233	1951.10.17	1966.3.3
	OK-190	产氚、产同位素	OKBM	重水堆	300	1955.12.27	1965.11.8
	OK-190M	产氚、产同位素	OKBM	重水堆	300	1966.04.16	1986.4.16
	LF-2	产氚、产同位素	OKBM	重水堆	800	1988.5	运行
	Ruslan	产氚、产同位素	—	轻水堆	800	1979.6.12	运行
西伯利亚化学联合企业	I-1	产钚	NIKIET	石墨水冷堆	400/1 200	1955.11.20	1990.9.21
	EI-2	产钚和供热供电	NIKIET	石墨水冷堆	400/1 200	1958.9.24	1990.12.31
	ADE-3	产钚和供热供电	OKBM	石墨水冷堆	1 450/1 900	1961.7.14	1992.8.14
	ADE-4	产钚和供热供电	OKBM	石墨水冷堆	1 450/1 900	1964.2.26	2008.4.20
	ADE-5	产钚和供热供电	OKBM	石墨水冷堆	1 450/1 900	1965.6.27	2008.6.5
采矿与化学联合企业	AD	产钚	OKBM	石墨水冷堆	1 450/2 000	1958.8.25	1992.6.30
	ADE-1	产钚	OKBM	石墨水冷堆	1 450/2 000	1961.7.20	1992.9.29
	ADE-2	产钚和供热供电	OKBM	石墨水冷堆	1 450/1 800	1964.01	2010.4.15

I-1 反应堆和 EI-2 反应堆由 NIKIET 设计，分别于 1955 年和 1958 年投入运行，设计热功率 400 兆瓦，后来提高到 1 200 兆瓦。EI-2 为苏联首座两用堆，用于区域供电供热，供电功率 100 兆瓦，供热功率 300 兆瓦。

AD 和 ADE 型反应堆由 OKBM 设计，从 20 世纪 50 年代末到 60 年代建成，反应堆设计热功率 1 450 兆瓦，通道数量 2 832 根，其中 132 根为控制棒，后来运行功率提高到 1 800～2 000 兆瓦，每座反应堆每年可产钚约 500 千克。AD 反应堆仅用于产钚，仍为直流冷却。ADE 型反应堆采取了闭合冷却回路设计，利用反应堆的热量供电供热，并可在反应堆运行期间更换燃料。ADE 反应堆中还有少量高浓铀陶瓷燃料组件，用于展平堆芯内的径向中子通量。

最初为生产堆制造核燃料的企业是埃列克特罗斯塔利（Electrostal）的第 12 机械制造厂（现改称 MSZ 机械制造厂，Elemash），从 20 世纪 50 年代初开始，切佩茨基（Chepetsk）机械工厂和新西伯利亚化学浓缩物工厂（NCCP）也开始制造生产堆燃料。

后处理。苏联在 3 个武器钚生产场址都建立了军用后处理设施。苏联科学院镭学研究院是放射化学的先驱，在 1946 年开发了工业规模铀钚分离的乙酸-氟化物技术，由特种金属研究所（NII-9，后来成为 VNIINM）的 U-5 中试设施进行了验证，并在首个后处理设施即马亚克生产联合企业的 B 工厂应用。该工艺分两阶段，第一阶段用乙酸盐沉淀分离铀、钚和裂变产物，第二阶段用氟化镧沉淀提纯钚。随着技术在安全性、效率、产品纯度、废物量方面不断改进，鉴于氟化镧技术成本高且安全性存在问题，马亚克生产联合企业的第二座后处理设施 BB 工厂设计中用乙酸沉淀双循环取代了氟化镧工艺。但乙酸沉淀也存在成本高和废物量较大问题，60 年代初，用于钚提纯的第二个乙酸沉淀工艺又改为离子交换树脂吸附技术，并提高了钚产品质量。1965 年马亚克生产联合企业发生吸附柱爆炸事故后，苏联决定改用化学萃取工艺，从而产生了 PUREX 型多级工艺并推广到所有后处理设施。马亚克生产联合企业 1979 年完成萃取工艺转换，西伯利亚化学联合企业在 1986 年完成。

后处理技术研发与中试的主要机构包括赫洛平镭学研究院、博奇瓦无机材料高技术研究院（VNIINM）、全俄化学技术研究院。此外，谢维尔德洛夫斯克化学机械制造研究院（SverdNIIchimmash）负责放射化学设备设计与制造。全俄电力技术科研设计研究院（VNIPIET）负责设计放射化学设施。

2. 高浓铀

气体扩散技术。苏联从 1945 年开始大规模发展铀同位素分离技术，初期发展重点包括气体扩散、电磁分离、热扩散三种技术，1946 年开始集中发展气体扩散。气体扩散技术由高尔基机械制造厂的设计局（后来成为 OKBM）和列宁格勒基洛夫工厂设计局（OKB LKP，后来成为机械制造中央设计局，TsKBM）两家单位在苏联科学院等其他机构支持下开发。二者共研制了 16 种标准化尺度和设计的铀浓缩扩散机[77]。乌拉尔电化学联合企业（813 工厂）

建立了首个气体扩散厂 D-1，在 1949 年年底运行。该厂有 7 040 台扩散机，分离能力 7 500 千克分离功/年，最初只能将铀富集到 75%，再由电化学装置联合企业（Elektrokhimpribor，位于谢维尔德洛夫斯克-45）用电磁分离设施将富集度提高到 90%。气体扩散技术相关的问题到 50 年代得到解决，到 1953 年，乌拉尔电化学联合企业新建了 3 座更大规模的工厂，60 年代初，苏联又在西伯利亚化学联合企业、电化学工厂生产联合企业和安加尔斯克的电解化学联合企业（该企业只生产低浓铀）建立了气体扩散设施，形成 3 个高浓铀生产基地和 1 个低浓铀生产地基。气体扩散技术改进和工厂建设工作，一直持续到 60 年代中期。

电磁分离技术。由列宁格勒电物理学设备研究院牵头开发。位于谢维尔德洛夫斯克-45 的第 418 工厂（后改称电化学装置联合企业，Elektrokhimpribor）的 SU-20 分离设施与 D-1 工厂同时建成。在气体扩散技术成熟后，SU-20 厂改为开展非铀同位素分离。全俄实验物理科学研究院也在 1969 年建成了另一座电磁分离设施 S-2，用于生产高纯度钚、镅等同位素用于测量核常数以及开展核物理研究。

气体离心技术。苏呼米物理与技术研究院（位于格鲁吉亚）早在 1946 年就开始了相关实验室研究。1951 年，研究工作转移到列宁格勒基洛夫工厂设计局（OKB LKP，后来成为机械制造中央设计局，TsKBM）。其他研发机构还包括库尔恰托夫研究院的分子物理学部、航空材料研究所（VIAM）、OKBM、乌拉尔电化学联合企业（813 工厂）等。1952 年提出一种短尺寸亚临界离心机概念成为关键突破，该设计包含了当时离心机的绝大部分元件，包括底部滚针轴承、顶部磁轴承、固定的气体收集器、外壳和分子泵等，成为苏联发展亚临界离心机的基础。

离心机技术的工业应用从 50 年代中后期开始。乌拉尔电化学联合企业的首个中试工厂 1957 年 10 月 4 日启动运行，采用第 1 代离心机。1962 年到 1964 年，电化学联合企业建立的基于第 2 代和第 3 代离心机的大规模设施投入运行。由于离心机技术比气体扩散技术效率更高，苏联在 20 世纪 60 年代开始重点发展离心机，逐步取代气体扩散机，在六七十年代进一步开展离心机研发、可靠性评价、试验台架运行，并优化离心机几何形状，提高转速，采用强度更高的转子材料。1971 年开始，第 5 代离心机大批量应用，4 个铀浓缩基地从气体扩散技术向离心机技术过渡，离心机技术逐步成为铀浓缩能力主流。1984 年，第 6 代离心机开始应用。1991 年，气体扩散技术被全部淘汰[78]。离心机技术的应用，使铀浓缩工厂运行的耗电量降低一个数量级，铀浓缩能力提高 2～3 倍，到 80 年代末达到了 2 万吨分离功/年的水平。

3. 氚

氚材料每年衰变 5.5%，需要不断生产。俄罗斯核武器氚材料由马亚克生产联合企业生产并加工。反应堆产氚从 20 世纪 50 年代初开始启动，方式是在反应堆中辐照锂-6 靶件。曾用于氚生产的反应堆包括石墨水冷堆 AI-IR 堆和 AV-3 堆，以及 4 座重水堆、1 座轻水堆，这些反应堆位于马亚克生产联合企业，还用于生产多种其他同位素。目前仍运行 1 座重水堆和 1 座轻水堆。

首座产氚堆 AI-IR 堆是在急需热核武器氚材料的背景下，在 1950 年决定建造的[79]。反应堆在 1951 年投入运行，设计热功率 40 兆瓦，采用浓缩铀富集度 2%的燃料。由于燃耗较高，反应堆生产的钚具有较高的钚-240 含量，未用于核武器生产。随着技术改进，反应堆功率不断提高，从 1967 年开始，反应堆平均热功率达到 100 兆瓦，燃料浓缩铀富集度提高到 80%～90%。该堆后期用于对生产堆候选的通道衬里和燃料元件包壳材料进行辐照测试，并生产钴-60 和钋-210。

重水堆 OK-180 由 OKBM 设计，1949 年技术设计完成，1951 年投入运行，原计划用于产钚，每年可生产 32 千克。运行 2 年后装入富集度 2%的浓缩铀开始生产氚和铀-233、钴-60、磷-32 等同位素，只运行到 1965 年。OKBM 设计的第二座重水堆 OK-190 于 1953 年启动，在 OK-180 基础上进行了改建，用于生产氚和其他同位素，运行到 1965 年。进一步改进的 OK-190M 于 1966 年启动，运行了 20 年。

在相关经验基础上，OKBM 开发了 LF-2（又称 L-2 或“柳德米拉”[Lyudmila]）重水堆，采用重水作为慢化剂、反射体和冷却剂，循环利用了已退役的 OK-190M 的设备。反应堆于 1987 年建成，1988 年运行。与过去的重水堆相比，该反应堆采用了耐腐蚀钢材料的反应堆容器，反应堆从顶部换料[80]。目前，LF-2 重水堆除了生产部分氚材料外，其 75%的运行能力用于医用同位素生产。

“鲁斯兰”（Ruslan）反应堆为石墨反射的轻水池式反应堆，设计热功率 800 兆瓦，1979 年 6 月 12 日开始运行。1985 年，反应堆热功率提升到 1 100 兆瓦[81]。该堆除了生产氚材料，还生产磷掺杂的硅电子器件材料。

目前，马亚克生产联合企业正在建造一座新的多功能研究堆。该堆 2015 年启动设计，2018 年开始建造，计划 2023 年开始运行，将取代 L-2 反应堆和 Ruslan 反应堆[82]。2019 年 2 月 14 日，该反应堆建筑工地还发生了小规模火灾。

4. 锂-6

苏联的多个核工业基地都曾开展锂同位素分离。莫斯科附近埃列克特罗斯塔利（Electrostal）的第12机械制造厂（现称MSZ机械制造厂，简称Elemash）于1945年转移到第一总局，曾为欧洲首座反应堆F-1堆以及苏联首座钚生产堆A反应堆生产金属铀燃料，也是苏联首个掌握金属铀生产和燃料制造工业企业。该厂1956年到1962年曾生产锂-6及其氢化物。在此以前，锂-6曾由一些生产常规军备的小型工厂生产[83]。

另一方面，苏联在发展气体扩散技术的同时，还曾发展和应用电磁同位素分离技术并用于锂同位素分离。20世纪40年代，列宁格勒电物理学设备研究院牵头开发电磁分离铀浓缩技术。位于谢维尔德洛夫斯克-45的第418工厂（后改称电化学装置联合企业，Elektrokhimpribor）的SU-20大型电磁铀同位素分离设施原计划用于生产高浓铀，但建成后发现无法达到设计参数，效率很低，在气体扩散技术成熟后，该设施改为开展轻同位素分离，初期主要进行锂同位素分离，1955年以后开始生产包括锂的多种稳定同位素（除了放射性、气体和贵金属同位素以外）[84]。

新西伯利亚化学浓缩物工厂于1950年建成运行，初期主要目的是为生产堆制造核燃料。20世纪60年代，该厂也建立了大规模的锂生产工艺。目前该厂生产各种锂化合物和同位素产品，已成为世界上最大的锂-7产品供应商，占世界市场份额的70%[85]。

5. 库存及过剩处置

俄罗斯已不再为核武器生产易裂变材料。俄政府1989年宣布停止为核武器生产高浓铀（实际生产1988年就已停止），在1994年宣布停止为核武器生产钚。不过，俄罗斯在2012年恢复了为海军反应堆和研究堆燃料生产高浓铀的活动。俄罗斯也继续为核武器生产氚材料。

根据国际易裂变材料专家组（IPFM）统计和估算，俄罗斯易裂变材料在2016年年末库存量包括武器级钚128吨、高浓铀679吨[86]，其中包括以退役武器形式存在的材料。高浓铀材料中约有20吨指定为民用材料[87]。俄罗斯还宣布，2018年底有61.3吨分离的反应堆级钚[88]。

IPFM估计，俄罗斯历史上生产的武器级钚共计约145吨，但其中有17吨已用在核武器试验中，或者在废物中或事故沉没的核潜艇携带的弹头中损失掉。此外，这些武器级钚材料中还有 15 吨，是在 1994 年 9 月以后生产堆为地方供热供电继续运行而产生的。俄罗斯最后一座钚生产堆在 2010 年 4 月关闭。俄罗斯政府已承诺不将 1994 年到 2010 年产生的这部分钚材料用于核武器。这 15 吨中的 9 吨，加上军用库存中的 25 吨，共计 34 吨，已被宣布为超过国家安全需要的冗余钚，将根据美俄协议处置，最有可能采取的方式是作为快堆燃料（见表 3-2）。

表 3-2　俄罗斯武器级钚估计产量[89]

场址	数量/吨
马亚克生产联合企业	30.9
西伯利亚化学联合企业	68.3
采矿与化学联合企业	45.7
总计	144.9

美俄高浓铀采购协议，又称“兆吨换兆瓦计划”，于 1993 年 2 月 18 日达成。根据该协议，俄罗斯在 20 年时间里把国防用途过剩的 500 吨高浓铀掺混成低浓铀卖给美国。该协议根据商业条款完成，不涉及政府投资。协议于 2013 年 12 月执行完毕，共计 500 吨俄罗斯武器级高浓铀被掺混成将近 1.5 万吨低浓铀出售给美国核电厂。

开展高浓铀低浓化工作的包括 3 个高浓铀生产基地以及马亚克生产联合企业。马亚克生产联合企业负责将高浓铀金属转换成氧化物；西伯利亚化学联合企业负责高浓铀金属转化成氧化物、用氧化物生产六氟化铀以及将六氟化铀掺混低浓化；电化学工厂负责将氧化物转化成六氟化铀；乌拉尔电化学联合企业将接收的六氟化铀掺混成低浓铀[90]。

材料转化与合并（MCC）计划，启动于 1999 年，对卢奇科研与生产联合企业研究院和装置科学研究院（NIIP）两个场址的高浓铀进行低浓化后进行安保贮存。该计划 2014 年结束，共对 16.8 吨高浓铀进行了处理。

钚管理与处置协议（PMDA）。美国和俄罗斯 2000 年签署《美俄钚管理与处置协议》，又在 2010 年签署了议定书。双方承诺各自处置 34 吨过剩钚材料。俄罗斯计划把该材料制造成 MOX 燃料在快堆中使用，美国计划在轻水堆使用。但随着美国 MOX 燃料制造设施的施工停滞不前，俄罗斯也在 2016 年 10 月宣布暂停该协议的实施，但仍宣布该材料将不被用于制造核武器或其他军事目的[91]。

二、工业能力

苏联建立的主要军用核材料生产基地包括 5 个军用钚和高浓铀生产基地。在冷战美苏竞争背景下，特种核材料生产曾是苏联时期核工业的最主要任务。1988 年，特种核材料生产曾占核工业生产总值的 60%[92]。军用核材料生产企业是综合化、集中化、高产能的生产基地，拥有庞大的基础设施，每一家钚生产企业都拥有发电站、研究实验室、研制化学工艺设备与仪器的设施、机械制造与维修车间、专门的施工单位、培训机构等，同时还得到许多外部机构的支持。

苏俄政府 1989 年宣布停止为核武器生产高浓铀，在 1994 年宣布停止为核武器生产钚，并对大量冗余材料进行了处置。由于军用核材料产业规模缩小，本世纪初以来，俄罗斯对核军工科研生产能力进行精简整合，目前仅有 2 家仍开展军用核材料贮存和处理，被列为“联邦核组织”，其他都转为民用核燃料循环场址（见表 3-3），其现状见本书第五章相关内容。

表 3-3　苏联建立的军用核材料生产基地及目前情况

名称	过去从事的核武器相关活动	现状	联邦核组织
马亚克生产联合企业	武器级钚材料生产、氚生产、氚部件生产制造、高浓铀和钚部件制造、武器部件贮存	氚生产和氚部件加工、特种核材料贮存加工、乏燃料后处理	是
采矿与化学联合企业	武器级钚材料生产、钚管理	特种核材料贮存加工、动力堆乏燃料贮存、在建中试示范后处理中心	是
西伯利亚化学联合企业	武器级钚材料生产、武器级高浓铀生产、高浓铀武器部件制造、武器部件贮存	铀浓缩、铀转化、离心机生产稳定同位素、制造新型核燃料、在建中试示范能源综合体	否
电化学工厂生产联合企业	武器级高浓铀生产	铀浓缩、离心机生产稳定同位素、六氟化铀脱氟	否
乌拉尔电化学联合企业	武器级高浓铀生产、高浓铀部件加工、武器部件贮存	铀浓缩	否
新西伯利亚化学浓缩物工厂	锂-6 生产、退役弹头氘化锂部件贮存	核燃料制造、锂产品生产	否

1. 马亚克生产联合企业

马亚克（意为“灯塔”）生产联合企业位于车里雅宾斯克-65，现该地名称为奥焦尔斯克，在车里雅宾斯克州的北部。马亚克生产联合企业 1948 年建立，原名 817 工厂（817 联合企业），是苏联第一个生产核武器钚材料和部件的设施。马亚克曾运行多座生产堆并生产核武器钚、氚材料，制造核武器部件。

目前，马亚克生产联合企业是俄罗斯核武器综合体的主要生产企业，性质为联邦国家单一制企业，2014 年获得联邦核组织地位。马亚克生产联合企业的核军工活动包括氚材料生产、易裂变材料贮存、核武器部件生产等[93]。2010 年开始实施《2007 年到 2015 年直至 2020 年发展俄罗斯联邦核武器综合体》联邦目标计划，2011 年开始实施《2011 年到 2015 年直至 2020 年工业处置核武器》联邦目标计划[94]。2014 年，马亚克生产联合企业获得“联邦核组织”地位。

生产堆。马亚克先后建造运行 10 座生产堆，其中有 5 座石墨水冷堆，包括产钚堆 A、AV-1、AV-2、AV-3 以及产氚的 AI-IR 反应堆；4 座产氚的重水堆 OK-180、OK-190、OK-190M 和 LF-2；1 座产氚的轻水堆 Ruslan。

目前，马亚克仅运行两座产氚堆 LF-2 和 Ruslan。两座反应堆都使用高浓铀燃料，产氚同时还生产大量放射性同位素。Ruslan 反应堆在 1998—1999 年进行了大修。LF-2 反应堆在 2012 年进行了现代化改造（见图 3-1），延长了运行时间。两座反应堆的燃料由新西伯利亚化学浓缩物工厂生产。马亚克正在新建的一座多用途研究堆将在 2023 年投入运行，代替目前的 LF-2 和 Ruslan 反应堆。

图 3-1　完成现代化改造的 LF-2 反应堆设施（2012 年）

军用后处理（已停）。马亚克首个生产核武器钚材料的后处理设施 B 工厂从 1948 年 12 月 22 日开始进行后处理，运行初期曾遭遇经验不足、技术与设备欠缺、腐蚀性的放射性溶液发生事故造成人员辐照等问题。经过多次技术改进，B 工厂满负荷运行到 1959 年，后降低产量，并在 1960 年初关闭。接替 B 工厂的第二座设施 BB 工厂 1959 年建成，运行到 1987 年。此后，马亚克不再进行军用后处理生产，其生产堆产生的乏燃料被运送到西伯利亚化学联合企业进行后处理生产军用钚。

RT-1 后处理设施在 B 工厂原址建造，从 1977 年 3 月 29 日开始试运行至今，采用基于 PUREX 流程的技术，主要处理动力堆和研究堆乏燃料，包括海军堆、核电厂压水堆、钠冷快堆以及研究堆乏燃料等，但不用于处理军用生产堆产生的乏燃料。

核武器易裂变材料部件生产。马亚克拥有俄罗斯主要的核武器钚部件和高浓铀部件制造设施。V 工厂（又称 Tatysh 工厂或 20 号工厂）将军用钚进行化学和冶金处理，生产钚金属，制造核弹头部件。V 工厂后来增加了高浓铀生产线，制造高浓铀武器部件。1997 年以后，V 工厂还参与了拆除过剩核弹头、处置高浓铀的工作，负责将金属铀转化成二氧化铀再送到其他场址处理。

核武器氚生产和部件制造。马亚克先后运行多座产氚反应堆，生产氚以及多种放射性同位素。反应堆照射后的氚靶件运送到氚工厂生产氚，并制造成核弹头的氚部件。该设施是俄罗斯唯一此类设施。

特种核材料贮存。马亚克贮存有大量拆除核武器产生的军用钚、高浓铀等易裂变材料，以及后处理厂分离的反应堆级钚。马亚克 2003 年 12 月 10 日建成了“俄罗斯易裂变材料贮存设施”（RFMSF），2007 年开始接收核武器拆除产生的易裂变材料。该设施由美国出资 4.12 亿美元建立[95]。俄政府打算在该设施贮存约 25 吨冗余钚。每个贮存容器容纳 2 个 2 千克的钚金属球体[96]。

研发支持。马亚克拥有多种研发能力和技术能力，包括中央工厂实验室、装置制造厂、工具制造工厂、机械与维修车间等。

2. 采矿与化学联合企业（MCC）

采矿与化学联合企业（MCC 或 GKHK）建立于 1950 年，原名 815 联合企业，位于克拉斯诺亚尔斯克-26（该地现在名称是热列兹诺戈尔斯克）。该场址的 3 座生产堆、1 座后处理设施，以及实验室、贮存设施等军工设施，都位于山脉中挖掘的地下多层隧道系统内，深达 200～250 米[97]。

目前，采矿与化学联合企业的涉军活动主要是易裂变材料贮存和加工，

2014 年获得“联邦核组织”地位。在民用领域发展乏燃料管理和快堆 MOX 燃料制造，目前属于国家原子能公司的寿期后端部，性质为联邦国家单一制企业。

生产堆（已停）。采矿与化学联合企业在 20 世纪五六十年代建成运行了 3 座石墨水冷生产堆，包括 AD 堆（1958 年运行）、ADE-1 堆（1961 年运行）和 ADE-2 堆（1964 年运行，为两用堆）。AD 和 ADE-1 在 1992 年关闭，ADE-2 一直运行到 2010 年 4 月，用于为当地供热供电。

军用后处理厂（已停）。采矿与化学联合企业的后处理厂运行以前，生产堆辐照后的燃料都运往其他两个后处理基地进行后处理。后处理设施“放射化学工厂”（RCP）1964 年开始运行，产品二氧化钚送到马亚克生产联合企业和西伯利亚化学联合企业转化成金属进一步处理。1994 年 10 月以后新分离的钚产品以氧化物形式就地贮存起来。ADE-2 反应堆 2010 年关闭后，后处理设施继续运行，对其乏燃料进行后处理，直到 2012 年[98]。

军用核材料贮存设施。采矿与化学联合企业有一座核武器材料贮存设施。

3. 西伯利亚化学联合企业（SCC）

西伯利亚化学联合企业（SCC 或 SKhK）于 1949 年由苏联部长会议决定建立，原名外乌拉尔斯基机械制造厂、816 联合企业，位于托木斯克-7（现名谢维尔斯克），过去曾开展高浓铀和军用钚生产、核弹头部件制造与核弹头拆除、乏燃料后处理、供电供热等，曾建造运行 5 座产钚堆、1 座后处理工厂、1 座化学与冶金武器部件制造设施、1 座铀浓缩工厂，并有核材料贮存能力。目前涉军活动都已停止。2008 年以后从联邦国家单一制企业改制为开放式股份公司（OJSC），2009—2010 年加入 TVEL 燃料公司，2014 年改为股份公司，重点从事民用铀浓缩。

生产堆（已停）。西伯利亚化学联合企业的生产堆包括上世纪 50 年代建成的 I-1 堆（1955 年运行）和 EI-2 堆（1956 年运行），60 年代建成的 ADE-3（1961）、ADE-4（1964）、ADE-5（1965）反应堆。除了 I-1 反应堆外的 4 座反应堆都可用于供热供电，也被称为“西伯利亚核电厂”。1973 年，西伯利亚核电厂的“远距离供热”综合体运行，为托木斯克市住宅集中供暖。这 5 座生产堆在 1990 年关闭 3 座，在 2008 年关闭 2 座。

军用后处理设施（已停）。后处理厂 B 工厂（又称第 15 号设施或 RCP）1961 年 8 月 31 日开始运行[99]，初期采用乙酸沉淀工艺，后来改为 PUREX 技术。在马亚克的 BB 后处理工厂关闭后，该后处理厂还负责处理从马亚克运来的生产堆乏燃料。

军用高浓铀生产（转民用）。西伯利亚化学联合体的同位素分离厂（原名T工厂、1号设施，后来叫做ZRI）1953年7月开始运行，1955年首次生产出武器级高浓铀[100]。到1961年，建成并运行6个厂房，分离能力达到1300吨分离功/年，后逐步换装离心机。军用高浓铀生产持续到1988年。西伯利亚化学联合体还建有一座铀转化工厂S厂（又称10号目标、SZ）。

特种核材料加工。化学与冶金工厂M工厂（又称第25号设施、KhMZ）开展钚金属生产以及钚和高浓铀核武器部件制造，1961年投入运行，用还原和精炼、机械加工、冲压等工艺制造铀钚核弹头部件。该厂采用萃取和吸收技术工艺处理含铀和含钚废物，去除杂质。这一工作持续进行到2001年，后来合并到马亚克生产联合企业。1994年10月1日以后后处理新生产的钚在该设施转化为氧化物以便贮存。1994年以后，该设施还曾开展了高浓铀处置相关活动，将拆除核弹头的高浓铀转化为氧化物。1996年，西伯利亚化学联合企业还建成运行一座高浓铀氟化与掺混设施，接收高浓铀氧化物进行处理后掺混低浓化。目前，该工厂主要涉军活动是开展核弹头处置，将核弹头高浓铀材料进行处理和提纯后，输送给铀转化工厂转化成六氟化铀，再输送到同位素分离工厂，掺混成低浓铀。

特种核材料贮存。拥有多座贮存易裂变材料和核武器部件的设施。还有一座专用设施，用于贮存1994年以后生产堆产生的武器级易裂变材料。

4. 乌拉尔电化学联合企业（UECC）

乌拉尔电化学联合企业（UECC，过去称813联合企业，又称国家Verkh-Neivinsk机械制造厂），位于斯维尔德洛夫斯克-44，现在地名为新乌拉尔斯克（Novouralsk），1949年到1989年开展武器高浓铀生产，是俄罗斯历史最长、规模最大的铀浓缩基地，并在气体扩散和离心机技术发展中起到先导示范作用。目前不再开展军工生产，性质为股份制公司，是世界上最大的铀浓缩企业，占俄罗斯铀同位素分离能力的48%，隶属于TVEL燃料公司。

苏联部长会议1945年12月决定建造工业气体扩散工厂。第一总局决定在一座未建成的飞机制造厂（航空工业人民委员会第261工厂）基础上建立气体扩散工厂，1946年1月启动了工厂以及卫星城的修建。乌拉尔电化学联合企业的首座气体扩散厂D-1厂由GSPI-11设计局（后来改名全俄电力技术科研设计研究院，VNIPIET）设计，1948年建成第一期开始试运行，但遇到了显著的技术困难。压缩机组电动机故障且设备表面温度过高、湿度过高，六氟化铀发生分解，导致只能生产出富集度 70%的浓缩铀。该产品被送到谢维尔德洛夫斯克-45 的电磁分离设施生产 90%的浓缩铀。通过将设备安装在气密的钢材料工艺线内，建立干燥空气车间降低工艺线内湿度，利用液氮冷却将冷却水温保持在 8～10 ℃等措施，D-1 工厂从 1950 年开始生产出 90%高浓铀，但该厂效率低，在建成更大规模工厂后于 1955 年关闭。

苏联部长会议 1949 年 1 月又决议在乌拉尔电化学联合企业建立第二座气体扩散厂，代号 D-3 工厂。该厂第一期 1951 年建成。D-1 和 D-3 工厂扩散机共计超过 9 500 台，产能 4.5 吨分离功/年。D-4 工厂于 1950 年决定建造，1952 年 12 月建成第一期，此后又建造了规模更大的 D-5 工厂。到 1953 年，乌拉尔电化学联合企业扩散机数量达到 1.5 万台，耗电量 250 兆瓦。乌拉尔电化学联合企业还曾是气体扩散膜的主要生产企业。

乌拉尔电化学联合企业在离心机浓缩技术开发和应用中发挥了重要作用。1957 年 10 月 4 日，在拆除后的 D-1 厂址上建立的离心机中试设施开始试运行。20 世纪 60 年代，使用第三代离心机的工业规模的离心 53 厂投入运行。从 1967 年起，第五代离心机级联开始替换扩散级联并装备新厂。1971 年，装备第五代离心机的新厂 24 厂和 45 厂投入运行。1973 年开始，D-5 厂在拆除扩散设备后安装了新的第五代离心机，改称为 54 厂。1984 年，第六代离心机开始装备。1987 年 12 月，最后的气体扩散级联关闭。核武器高浓铀材料生产持续到 1988 年（见图 3-2）。

图 3-2 乌拉尔电化学联合企业的离心机厂房

除了生产核武器高浓铀，乌拉尔电化学联合企业还参与了美俄协议下的高浓铀低浓化工作，生产富集度 1.5%的低浓化产品。生产方式是从西伯利亚化学联合企业和采矿与化学联合企业接收六氟化铀形式的高浓铀，用 Y 形管道装置将进行低浓化掺混。

5. 电化学工厂生产联合企业（PA ECP）

电化学工厂生产联合企业（PA ECP）现在为股份制企业，位于克拉斯诺亚尔斯克-45，现在地名为热列兹诺戈尔斯克。1987 年以前生产核武器高浓铀，目前开展民用铀浓缩，隶属于 TVEL 燃料公司。

苏联政府 1955 年 12 月 14 日决定建立该厂。工厂建设从 1961 年 12 月开始，铀浓缩生产 1962 年 10 月启动，最初有 3 个气体扩散厂房（902、903、904），每个厂房的能力为 650 吨分离功/年，合计 1 950 吨分离功/年。1964 年，901 厂房第一批离心机投入运行，分离能力 1 000 吨分离功/年。该厂 1987 年停止军用高浓铀生产。1988 年开始安装第六代离心机。1990 年，最后一个气体扩散级联关闭。

从 1997 年开始，电化学工厂生产联合企业开始参与美俄高浓铀协议下的核武器高浓铀低浓化活动，从马亚克联合企业接收高浓铀氧化物粉末，将其转化为六氟化铀，同时生产富集度 1.5%的低浓铀，二者通过 Y 型管道装置进行掺混，生产富集度 4.9%的六氟化铀供给美国。其生产的部分高浓铀六氟化铀供应给乌拉尔电化学联合企业进行低浓化掺混。

目前活动包括低浓铀和同位素（钨、钼、氪、氙、锗、铁、硫、氧、碳等）生产、贫化铀尾料再浓缩、贫化六氟化铀贮存等。

6. 安加尔斯克电解化学联合企业（AECC）

安加尔斯克电解化学联合企业（AECC，过去代号是 820 联合企业）位于伊尔库茨克的安加尔斯克，曾负责为三个核武器高浓铀生产厂供应低浓铀，现在是股份制企业，隶属于 TVEL 燃料公司。该厂建立于上世纪 50 年代。扩散工厂 1954 年开始建造，其浓缩铀生产开始于 1957 年 10 月，4 个厂房内的气体扩散设备到 1963 年安装完毕，1964 年达到设计产能。1964 年开始运行离心机，1982 年分离能力达到 2 600 吨分离功/年[101]。

第四章　核动力与核能发电

苏联1949年核武器首次试爆成功后，就开始着手将核能这一新的能源用于军事和民用的各个领域，其中重要方面就是为各式各样的用途研制核反应堆。核潜艇、核动力破冰船、核电厂、核动力卫星等研制项目接连启动，各种技术路线探索广泛，各式装备建设全面并不断跨代更新，为国防建设和经济发展发挥了重要作用。目前，核能与动力是俄罗斯核工业的重要产品，一批研发和制造单位拥有几十年经验，在各自领域形成专长，推动新一批装备型号发展。

一、核动力技术

20世纪50年代以来，俄罗斯共建造核潜艇250艘以上，装备400多座反应堆，还批量建造了核动力水面军舰、民用核动力破冰船、核动力卫星等，装备建造规模和应用范围都居世界领先。目前，俄罗斯借助核动力技术，发展新一代核动力装备。

1. 潜艇压水堆核动力

第一代潜艇核动力。早在1946年，苏联著名科学家P.L.卡皮察就曾提出将核能用于舰船推进。1947年，作为苏联潜艇设计领袖的科学家鲍里斯·马利宁提出核动力潜艇的构想，他认为，潜艇发展的方向是整个寿期的绝大部分时间都在水下运行，成为海军最强大的武器，“利用原子能驱动的超强发动机的出现，将是潜艇取得成功的基本条件”[102]。然而，苏联政府当时把核领域的重点放在武器研制上。直到1952年，斯大林才在权威核专家亚历山德罗夫和库尔恰托夫的建议下，批准了开发核动力潜艇的计划。

苏联最初构想用核潜艇将携带直径1.55米、长度23.5米的巨大的T-15型核鱼雷。1952年，N.A.多列扎利领导的化学机械制造研究所（NIIkhimmash）改组为动力工程科研与设计研究所（NII-8，后成为多列扎利动力工程科研设计研究院，即 NIKIET）[103]，开展了首艘核潜艇“项目 627”的核反应堆设计。潜艇设计工作由佩列古多夫领导的重新组建的 SKB-143 特种设计局（1974 年合并到孔雀石圣彼得堡海洋机械制造局[104]）负责。反应堆研制方面，在考察多种反应堆堆型后，认为液态金属冷却反应堆更有前景，而压水堆开发时间短、技术风险小。1956 年 3 月 8 日，压水堆陆上模式堆 27VM 在莱布恩斯基物理与动力工程研究院（IPPE）建成并达到临界，该装置包括 1 个反应堆、汽轮机、热交换器、泵，以及一个推进轴相关的设备。“项目 627”核潜艇最初是独立于苏联海军研发的。

1954 年到 1955 年，在苏联海军对潜艇方案的建议下，“项目 627”被重新设计，改为装备 8 个 533 毫米鱼雷发射筒，携带常规鱼雷，用于打击敌方舰船。1957 年 8 月 9 日，苏联首艘核潜艇“项目 627”K-3“列宁共青团员”号下水，比美国首艘核潜艇迟了约 3 年半。K-3 号核潜艇装备 VM-A 压水堆，满功率下航速最快可达大约 30 节，试航期间的下潜深度达到了 310 米。

首艘潜艇运行后，多个研发组织开展理论和实验工作，并在 27VM 检验技术方案，共同对第一代核动力装置进行改进，包括延长反应堆运行周期和主设备大修周期、优化运行工况并提高设备和系统总体的运行特性、改善维修工作条件、减少维修劳动强度和时间等。随着第一代核潜艇批量建造的开展，NII-8 和第 92 号兵工厂下属的特种机械设计局（OKB，后来成为 OKBM）共同监督了核动力装置的制造与组装，参与了下水测试与运行，开展工作延长核动力装置的大修周期，改善结构，开发维修保养用的装置与设备。20 世纪 60 年代以后，OKB 设计并制造了核潜艇换料设备。70 年代，第一代核潜艇动力装置进行了检查修正，进一步延长了大修周期和服役寿命，使第一代核潜艇一直运行到 80 年代末。

第一代潜艇压水堆使用铀铝合金燃料，可能使用不锈钢包壳，燃料富集度约为 20%，也有一些情况低于 10%，一个堆燃料组件数量 180～225，一个堆的铀-235 装载量大约 30～55 千克[105]。早期运行的 VM-AB 型堆芯运行寿期 750 小时，60 年代初运行的 VM-1A 型堆芯运行寿期 2 000 小时，1964 年的 VM-2A 型堆芯达到 4 000 小时，1969 年的 VM-2AG 型堆芯已达到 5 000 小时。反应堆控制棒通常采用 Eu_2O_3 作为中子吸收材料，该材料导致反应堆停堆后具有较高的放射性，并容易氢化而发生肿胀。第一代核潜艇的控制棒设计上，难以在换料打开反应堆顶盖的同时确保不提升控制棒，这一特性曾导致 1965 年和 1985 年两次核潜艇换料后发生了反应堆临界事故。

第二代潜艇核动力。1958 年开始，第 92 号兵工厂的设计局（后独立为

OKBM）开始研制第二代潜艇压水堆核动力系统。第二代核动力装置保持VM-A的基本方案，采纳了新的设计与布置方案，延长核动力装置服役寿期，改善质量尺寸特性。第二代装置还采取统一化建造的方案，其主要系统结构单元包括具有短的同轴连接管道的反应堆—蒸汽发生器单元和蒸汽发生器—一回路泵单元。这一方案避免了大直径长管道的一回路设计，大幅提升紧凑性和安全性。先后解决的问题包括方案拟定、开发高质量制造技术工艺、装置组装与测试，同时还开发出一种基本型设计，作为多种核潜艇核动力装置的共同基础。

第二代潜艇核动力一座反应堆内的燃料组件数量约 225～280，含有铀 350 千克，富集度 20%，可能还使用了降低噪音的燃料棒形状。第二代 VM-4 核动力装置采用的设备吸纳了第一代 VM-A 的经验，特别是，反应堆容器采用珠光体焊接钢，采取自动化方法用奥氏体焊接材料制造抗腐蚀内表面，显著提高了反应堆容器的可靠性和制造性。堆芯循环冷却剂采取一次通过方案，而不是 VM-A 的两次通过，简化了内部构造的制造，使自然循环冷却成为可能。反应性补偿装置分成多个组，有独立的驱动机构，改善了堆芯的物理特性，提高了安全性和寿命。针对换料时打开顶盖采取的新技术方案防止了事故的发生。为开发 VM-4，OKBM 建造和改装了 200 多个台架并开展测试[106]。

在此基础上，SKB-143（后来的孔雀石圣彼得堡海洋机械制造局）、TsKB-112（天青石设计局）、TsKB-18（红宝石海洋机械中央设计局）基于统一化的 VM-4 型第二代核动力装置，针对各类舰艇形成了一系列核动力装置设计方案，具有不同的组成和功率，包括首次研发的单汽轮机（670 型艇和 671 型艇）、单堆（670 型艇）的推进系统等。基于 VM-4 的第二代各型核推进装置，包括 OK-300、OK-350（单堆）、OK-700 等，采取统一化设备，确保设备高质量制造，简化了潜艇运行期间的维护工作。首艘第二代核潜艇 1968 年建成运行。

在此期间，苏联还建立了核动力舰艇全寿期（建造、运行、维护、换料、维修等）信息收集的机制，对运行故障进行深入分析并制定措施，消除再次发生的可能性。苏联 1975 年对一回路自然循环核动力系统的运行进行了研究，1977 年又开展实验模拟了系统丧失全部电力的事故，基于这些工作确定了 VM-4 减轻事故后果的途径，采用了新的运行工况以改善运行特性，提高设备服役寿命。由此，第二代核动力系统的设备大修周期延长到设计的 5 倍，服役寿命延长到 4 倍。VM-4 第二代核蒸汽发生系统建造数量达到 256 个。

20 世纪 70 年代，OKBM 针对大批核潜艇的运行需求，开发了统一化的换料设备综合体，为第一代和第二代核潜艇进行换料。新技术消除了反应堆容器顶盖打开造成的损伤，提高了反应堆的运行可靠性，还提高了换料期间的核安全，并支持了潜艇数量的快速增加后的维护问题。

参与第二代核动力开发和运行监督的还有库尔恰托夫原子能研究院、国防部第一中央研究院、造船工业部克雷洛夫国家研究中心等。

第三代潜艇核动力。第 92 号兵工厂设计局从 1963 年启动第三代潜艇核动力研发，目标是开发统一化系统，反应堆功率达到第二代 VM-4 系统的三倍，提升安全性和其他运行参数，并要保证系统部件的大型预制模块可用铁路运输交付到造船厂。1964 年，OKB 成为独立实体，1967 年改名为机械制造试验设计局（OKBM）[107]。

OK-650B 系统的初步设计于 1964 年完成，完整规模的陆上模式堆 KV-1 技术设计于 1965 年完成，核动力装置的统一化设计于 1967 年获得批准。70 年代初，OKBM 开发了 OK-650B-3 的技术设计，作为多种舰艇的统一化系统，采取与 KV-1 相似的统一化的基本设备。统一化单元包括核动力装置主设备、金属-水保护槽、生物保护屏蔽、一些子系统。系统的安装尽可能紧凑化，绝大部分子系统可作为整体化单元的一部分组装起来，由此提高了安装质量，减少了造船期间船上安装的工作量。新的小型蒸汽发生器显著提升了单位体积的功率，从而减少蒸汽发生器容器的数量，降低制造劳动强度。燃料富集度提升到 21%～45%，一座堆的铀-235 装载量约 200 千克。其他创新技术方案包括，提升维修性和开展维修工作的接近性，主设备可独立更换以缩短维修时间，一回路冷却剂循环耗电功率显著下降，满足新的抗振动与冲击性能、大修周期、服役寿命等要求。装置功率比第二代提高 2 倍多。

陆上模式堆 KV-1 的设备和部件于 1973 年制造交付，1975 年完成了子系统和设备测试以及组装，1976 年完成了模拟自动巡航的核动力装置大修周期测试，在交付第一艘核潜艇以前实现了对个别装置的改进。

1976 年，OKBM 又开发了具有新型蒸汽发生器的升级型核动力装置的技术设计，其金属含量和劳动强度降低到最小，建造周期缩短。该设计 1977 年获得批准，成为统一化第三代核动力装置，是多种第三代核动力舰艇设计的基础。此后，OKBM 在保持统一化组装的前提下，继续改进设备和子系统。首艘第三代核潜艇 1980 年建成运行。第三代核蒸汽发生装置建造运行数量 56 个。

第四代潜艇核动力。OKBM 从 20 世纪 80 年代开始为第四代潜艇设计核动力装置，目标包括对不同排水量的潜艇开发统一化的核动力装置，满足更高的核与辐射安全、效费比等重要指标要求，还要进一步提高隐蔽性、可靠性、运行寿期，并简化系统控制。OKBM 探索了两条技术路线。一是进一步改进第三代核动力装置。二是开发整个功率范围冷却剂自然循环的一体化系统，并建造运行 KV-2 陆上模式堆开展研究。目前，俄罗斯正批量建造第四代“北风”级潜艇和“亚森”级潜艇。OKBM 官方网站披露，第四代核潜艇的核动力装置是在第三代核动力装置基础上的改进。OKBM 在 2018 年 8 月公布的年度报告还披露，对核潜艇反应堆活性堆芯完成了升级和测试，实现在核潜艇整个寿期内持续运行而不需要更换燃料。

近年来，随着俄罗斯开展“哈斯基”级第五代核潜艇研制，OKBM 也正加快新一代海军核动力研发。孔雀石设计局的“哈斯基”级潜艇分为三个子型，包括一种攻击型潜艇、一种巡航导弹潜艇和一种战略潜艇，三种潜艇采用通用的双艇体设计和通用的雷达、动力与推进系统。攻击型潜艇和巡航导弹潜艇排水量 4 000～6 000 吨，弹道导弹潜艇排水量在 1 万吨到 1.2 万吨之间。预计首艘潜艇可在 2027 年交付海军。2019 年初，国防部还对建造新的核动力巡航导弹潜艇进行考察，提出建造“北风”K 级潜艇，装备远程巡航导弹。如果决定建造，潜艇将在 2027 年以后交付。

2. 潜艇铅铋堆核动力

与研发第一代核潜艇压水堆同时，苏联着手研发铅铋合金冷却的核潜艇反应堆。首艘铅铋堆核潜艇为 K-27 号（项目 645）艇。此后建造的 7 艘核潜艇均为“阿尔法”级，分为 705 型和 705K 型两种。“阿尔法”级潜艇航速超过 40 节，引起西方国家关切。俄罗斯科学家称，运行铅铋冷却剂反应堆的运行经验积累 80 堆年。反应堆为中能中子堆。反应堆研制的主要机构包括莱布恩斯基物理与动力工程研究院（IPPE）、库尔恰托夫研究院的“普罗米修斯”结构材料中央研究院、水压机实验设计局（Gidropress）、OKBM、亚历山德罗夫科研技术研究院（NITI）等[108]。

K-27 号装备的 RM-1（又称 VT-1）型反应堆由水压机实验设计局（Gidropress）研制，莱布恩斯基物理与动力工程研究院（IPPE）作为技术指导。其陆上模式堆 27/VT 也位于 IPPE，1953 年开始研制，从 1959 年运行到 1976 年。RM-1 反应堆 1957 年开始研制，潜艇 1962 年下水，双堆装艇，单堆功率 72 兆瓦，单堆装入燃料棒约 3 000 根，燃料为弥散在铍基体中的金属间化合物 UBe_{13}，铀-235 装载量 90 千克，富集度 90%。冷却剂含铅 44.5%，铋 55.5%。一回路可实现较低压强，提高可靠性，减小反应堆容器厚度。K-27

号核潜艇运行到 1968 年 5 月 24 日，左舷反应堆堆芯入口被冷却剂氧化物堵塞，发生堆芯破损，核燃料和裂变产物释放到冷却剂中。1968 年 6 月到 1973 年停泊在格列米哈海湾用于开展各种实验项目，其中反应堆曾成功达到 40% 最大功率，1979 年正式退役[109]。

“阿尔法”级潜艇设计以 K-162 号（又称 K-222 或“帕帕”级）快速试验潜艇为基础，1963 年完成技术设计，包括 705 型和 705K 型。首艇“阿尔法”级（705 型）1969 年建成，1972 年发生冷却剂凝固事故不再继续运行。1978 年到 1981 年又建造 6 艘，运行到 90 年代陆续退役。

705 型装备的 OK-550 反应堆由 OKBM 研制。陆上模式堆 KM-1 位于索斯诺维博尔的亚历山德罗夫科研技术研究院（NITI），从 1978 年运行到 1987 年。OK-550 单堆装艇，堆功率 155 兆瓦，一回路有 3 套循环环路和循环泵，燃料富集度 90%。

705K 型艇装备的 BM-40A 反应堆由水压机实验设计局（Gidropress）研制，单堆装艇，堆功率 155 兆瓦，一回路有两套环路系统，堆内有固定的铍反射层。反应堆的铀-235 装入量总计 200 千克，燃料富集度 90%。首艘 705K 型艇 1976 年 4 月下水[110]。

3. 海军水面舰船核动力

OKBM 在 1969 年启动为海军水面舰船研制核动力装置的工作。一种是重型导弹巡洋舰的 KN-3 核动力系统，一种是“乌拉尔”指挥侦查船（SSV-33 号，项目 1941）的 OK-900B 核动力系统。首艘核动力巡洋舰“基洛夫”号 1980 年启动试运行。后来陆续建造 4 艘，目前仍在役 1 艘，正在整修 1 艘。核动力指挥、控制与侦查船 SSV-33“乌拉尔”号 1983 年下水[111]（见图 4-1）。

图 4-1　核动力指挥、控制与侦查船 SSV-33“乌拉尔”号

近年来，俄罗斯提出多项新建核动力水面军舰设想。2017 年 7 月，俄罗斯国防部批准了“领袖”级核动力导弹驱逐舰（项目 23560）的初步设计，并计划建造 8 艘，但在 2020 年因资金不足暂停了该计划。

俄罗斯海军仅有一艘采用蒸汽动力的“库兹涅佐夫上将”号航母。克雷洛夫国家研究中心近年来设计了“暴风”级（项目 23000E）新型航空母舰。航母设计于 2015 年 5 月披露，长 330 米，宽 40 米，航速 20 节，采用常规动力或核动力。

4. 特种任务潜艇的核动力

俄罗斯发展了一批特种任务核潜艇，特点是排水量小，很多具有大潜深，可开展海底作业、军事侦察、科学研究等任务以及一些实验活动，装备较小功率的核动力装置。这些潜艇一般由一艘较大的母挺携带到作业地点，再独立下潜开展活动。这些特种任务核潜艇由俄罗斯国防部的深海研究总局（GUGI）运行。此类潜艇包括以下 3 型 7 艘：

3 艘“制服”级核潜艇（项目 1910，又称“抹香鲸”[Kachalot]），采用单层钛艇体，水下排水量 1 580 吨，水下航速 28～30 节，下潜深度 700 米，装备 1 座 15 兆瓦压水堆[112]，1982 年到 1993 年陆续建成。

3 艘“X 射线”级核潜艇（包括 1 艘项目 1851 或称 Nelma，长度 40 米；2 艘项目 18511 或称 Paltus，长度 53 米，见图 4-2），装备 1 座 10 兆瓦反应堆，采用钛艇体，下潜深度可达 1 000 米，装备有水下作业装置，1983 年到 1994 年陆续建成下水，2011 年到 2012 年进行了现代化改造。

图 4-2 “X 射线”级特种任务核潜艇

1 艘 Losharik 号核潜艇（项目 10831），其耐压艇体由 7 个钛球体构成，2003 年下水，2010 年服役，水下排水量 2 000 吨，水下航速 30 节，装备 1

座 15 兆瓦压水堆，估计下潜深度可达 6 000 米。2019 年 7 月 1 月，核潜艇在运行时，电池舱起火并造成船员死亡，引起广泛关注（见图 4-3）。

图 4-3　Losharik 号核潜艇

此外，俄罗斯还建造了 2 艘加装核反应堆辅助电源的常规动力试验艇。Nerka 号柴-电核潜艇（K-68，项目 651E），安装 VAU-6 反应堆装置，1985 年进行了测试。后来建造的“萨洛夫”号（项目 20120）基于“基洛”级柴-电潜艇，长 72.6 米，水下排水量 3 950 吨，下潜深度 300 米，安装 VAU-6 反应堆装置用于给电池充电，2007 年下水，2008 年服役。“萨洛夫”号艇用于“波塞冬”核动力潜航器测试。VAU-6 是 NIKIET 研制的单环路沸腾式反应堆辅助动力装置，电功率 600 千瓦。亚历山德罗夫科研技术研究院（NITI）还曾运行一座该反应堆的陆上模式堆。

特种任务核潜艇的核动力装置，主要是由 NIKIET 和 OKBM 两家机构开发。这些装置大多采用小型压水堆设计，根据外媒推测，堆功率约为 10～15 兆瓦，或达几十兆瓦，很可能采用一体化设计。如 NIKIET 曾报道在 20 世纪 80 年代初研制一种一体化二环路反应堆系统，推测可能用于当时的特种任务核潜艇。

俄罗斯特种核潜艇都由一艘大型母艇携带。此类母艇大多为 20 世纪 80 年代以来由大型主战核潜艇改装或改建而成。最新的 2 艘分别是 2012 年开始建造的“别尔哥罗德”号（项目 09852，2019 年下水）和 2014 年开始建造的“哈巴罗夫斯基”号（项目 09851，预计 2020 年 6 月下水），二者均可携带 6 枚“波塞冬”核动力鱼雷。

5. 破冰船核动力

苏联部长会议 1953 年通过了开发核动力北极破冰船的决议，OKBM 负责其核动力装置研制，并在 1955 年完成 OK-150 压水堆核动力装置最终设计。1959 年，世界上首艘核动力破冰船“列宁”号启动试运行。此后，OKBM 在 60 年代开发了第二代破冰船核动力系统，80 年代开发了第三代系统，本世纪初开发第四代系统，新型“北极”级破冰船也于 2019 年 12 月进行了海试。

第一代核动力系统 OK-150 装备在首艘核动力破冰船“列宁”号上。由于没有建造模式堆，也没有相关运行经验，OK-150 具有很高冗余性，采用了三个反应堆。“列宁”号 1957 年下水，1959 年试运行。OK-150 系统最大热功率 90 兆瓦，轴功率 44 000 马力。系统运行中发现了设备可靠性和维修性差的问题，并发生过两次冷却剂泄漏事故，在 1967 年第二次事故后无法维修[113]。

第二代核动力系统 OK-900 系列采取双堆设计，吸取了 OK-150 运行经验，在维修性、可靠性和安全性上都有提高，布置更加紧凑，燃料寿期延长。1967—1970 年，OK-900 装备在“列宁”号破冰船上替换 OK-150，运行到 1989 年。改进型号 OK-900A 装备了后续 6 艘破冰船。

第三代核动力系统 KLT-40 系列是根据苏联 1981 年颁布的《船用核动力系统核安全原则的标准要求》对 OK-900A 的设备进行统一化和改进。KLT-40 系列采取单堆设计，增加多种现代安全措施，符合现代核动力系统的安全标准。KLT-40M 装备 2 艘破冰船，KLT-40 装备 1 艘带有破冰能力的货船。

上世纪 90 年代末以来，多艘核动力破冰船接近寿期结束。为保证北海航线运行，俄罗斯陆续对破冰船核动力系统开展了延寿。延寿活动重点包括核实反应堆容器寿命、开发蒸发器维修技术与设备、加装安全设备等。第二代、第三代核动力设计运行寿命为 5 万～10 万小时，相当于破冰船运行 10～20 年，通过延寿工作，运行寿命逐步延长到 15 万～20 万小时，破冰船可运行 40 年。2017 年，“瓦加奇”号和“泰米尔”号破冰船上核推进装置完成延寿，使用寿命延长到 20 万小时，可以再运行 5 年。

俄罗斯正在陆续建造新一代“北极”级（项目 22220）核动力破冰船。其装备的第四代 RITM-200 反应堆热功率 175 兆瓦，换料周期 7 年，服役寿期 40 年。RITM-200 改进重点是提升技术经济指标，采取双堆设计，蒸汽发生器首次采用了一体化布置，与同为双堆设计且功率相近的 OK-900 系列相比，系统重量和尺寸降低，连续运行时间、设备寿期、换料周期和自然循环水平等技术指标都有显著提升[114]。RITM-200 初步设计 2006—2007 年完成。技术设计 2008—2009 年完成。首艘破冰船的反应堆装置设备在 2016 年交付。

由于“北极”级破冰船仍不能确保北方航线全年通行，俄罗斯还计划建造破冰能力更强的“领袖”级核动力破冰船，将于 2027 年交付。克雷洛夫国家研究中心正和其他设计机构合作开展破冰船设计。2020 年 4 月，Atomflot 与红星造船厂签订了破冰船建造合同。OKBM 为其开发了 RITM-400 核动力装置技术设计。每艘破冰船装备 2 座反应堆，单堆热功率 315 兆瓦，和 RITM-200 主要差别是热功率提高，一回路循环泵布置在蒸汽发生装置顶盖上方，而不是像 RITM-200 那样布置在侧向的出口，蒸汽发生器数量从 4 个增加到 6 个，蒸汽发生装置和设备的尺寸加大，各系统的功率也增加；自然循环能力提高；反应堆装置的生物屏蔽简化，安全壳整体的质量和尺寸特性提高等（见图 4-4）。[115] 俄罗斯破冰船核动力系统概况如表 4-1 所示。

表 4-1　俄罗斯破冰船核动力系统概况

参数	第一代	第二代		第三代		第四代
核动力装置	OK-150	OK-900	OK-900A	KLT-40	KLT-40M	RITM-200
破冰船名称	列宁	列宁	北极、西伯利亚、俄罗斯、苏联、亚马尔、胜利 50 年	北方航线（货船）	泰梅尔、瓦加齐	北极、西伯利亚、乌拉尔
排水量/吨	16 000	19 240	23 000	61 000	21 000	33 540
轴功率/马力	44 000	44 000	75 000	40 000	50 000	81 000
热功率/MW	90	159	171	135	171	175
装堆数	3	2	2	1	1	2

图 4-4　RITM-200（左）和 RITM-400（右）蒸汽发生装置

6. 空间核热推进

苏联科学家 I.V.库尔恰托夫、S.P.科罗廖夫、M.V.克尔德什早在 1955 年就讨论了开发核火箭发动机的可能性[116]。1956 年以后苏联政府决议启动初步设计和材料技术研究。航空工业部第一研究所（NII-1，后改名热工艺科学研究所［NIITP］，1991 年又改名克尔德什研究中心）开展了热交换和流体力学条件研究，莱布恩斯基物理与动力工程研究院（IPPE）和库尔恰托夫研究院开展了中子物理和反应堆控制研究，特种金属研究所（NII-9，后改名为博奇瓦无机材料高技术研究院，VNIINM）开发了高温材料和碳化物燃料元件技术。1962 年，中型机械制造部还成立释热元件研究所（后改名为卢奇科研与生产联合企业研究院，NII NPO Luch）促进新型核燃料开发。

苏联先后建造 3 座反应堆用于核热推进研发。首座反应堆 IGR 于 1960 年开始运行，用于对燃料和材料在全规模的运行条件下进行研究。IVG-1 反应堆由 NIKIET 和库尔恰托夫研究院开发，位于塞米帕拉金斯克的“贝加尔-1”试验场，1975 年开始运行，从 1976 年开始测试燃料组件。IRGIT（IR-100）反应堆为 11B91 型发动机设计的原型装置，由 NII-1、自动化化学装置设计办公室、IPPE 等开发，1978 年首次功率运行[117]。

苏联核热推进技术主要特征是耐高温、耐腐蚀三元碳化物燃料以及非均匀堆芯设计。其核燃料元件采用了扭曲带状的形状，组装成束，6 到 8 束构成一套燃料组件，堆芯装填氢化锆慢化剂，形成高度一体化的模块结构，具有燃料表面积体积比高、最大运行温度高达 3 200 K、可沿轴向改变燃料成分、堆芯结构材料温度较低等优势，可以对堆芯进行局部模块化验证，设计上还可整合发电回路，形成核动力与推进双模式系统。开发程度较高的核热推进装置代号 RD-0410，推力约 35 千牛[118]，如图 4-5 和表 4-2 所示。

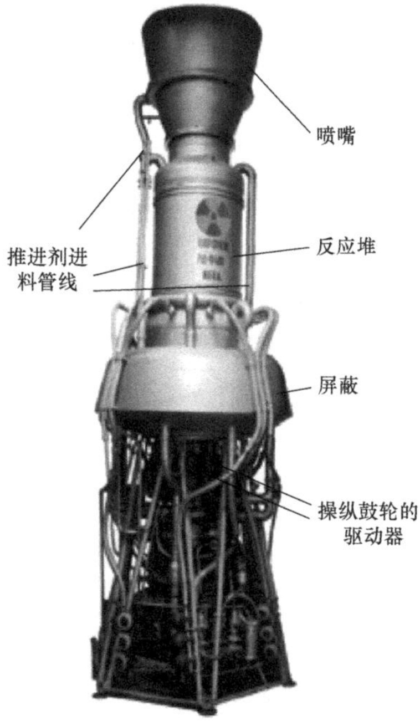

图 4-5 俄罗斯核热推进原型装置

表 4-2 俄罗斯核热推进以及双模式系统的性能

参数	RD-0140	核电源与推进系统
真空推力/千牛	35.28	68
推进剂	H_{2+}己烷	H_2
真空比冲/秒	约 900	920
堆芯出口温度/K	3 000	2 800～2 900
铀-235 富集度/%	90	90
燃料成分	（U，Nb，Zr）C	U-Zr-C-N
发电功/千瓦	—	50
发电回路工作流体（质量百分比）	—	93%Xe+7%He
发电回路的最高温度/K	—	1 500
热功率/兆瓦 推进模式 发电模式	 196 —	 340 0.098

7. 空间核反应堆电源

苏联 20 世纪 50 年代开始探索核反应堆电源在空间领域的应用，研发了多种型号的电源，到 80 年代末以前发射了 30 多枚装有核反应堆电源的人造卫星，积累了 400 多个空间堆年的运行经验。

Romashka 热电偶转换反应堆电源。Romashka 是苏联研制的第一个空间反应堆电源型号，由库尔恰托夫研究院、苏呼米物理与技术研究院（位于格鲁吉亚）等研发，为碳化铀燃料快中子堆，无冷却剂，依靠热传导传热，输出电功率不到 500 瓦，1964 年 8 月开始进行了 2 年的地面功率试验，反应堆连续运行了大约 15 000 小时，生产电力约 600 千瓦时。

Buk 热电偶转换反应堆电源。莱布恩斯基物理与动力工程研究院（IPPE）1956 年启动研究，特种设计办公室（后来合并到红星科研生产联合企业，现在称为红星公司）组织了电功率 5 千瓦电源的设计，为铀组合金燃料快堆，钠钾合金冷却。半导体发电元件先后由电流电源研究所（现在为俄罗斯航天集团“量子”公司）和苏呼米物理与技术研究院开发，完整规模的地面测试台架在雷特卡里诺建成[119]。从 1970 年到 1988 年，苏联共发射 32 枚装备 Buk（或称 BES-5）反应堆的 US-A 型雷达卫星（又称 RORSAT 卫星），其中 4 枚发射失败或再入大气层。卫星由兵工厂设计局制造。1978 年，“宇宙”-954 号卫星发生再入大气层事故后，放射性碎片散落在加拿大无人区域。此后，反应堆安全措施进一步增加，避免类似情况再次发生。

Topaz 堆内多节热离子反应堆电源。热离子转换利用金属在高温下发射电子的现象将热能直接转换为电能。IPPE 从 1958 年开始领导多个单位研发热离子核反应堆技术，开展了发电通道和发电元件技术开发、制造和测试。首根 Topaz-1 热离子转换器于 1961 年在 BR-5 钠冷快堆进行了试验。1962 年，“联盟”莫斯科机械制造厂（TMKB）开始负责研制反应堆电源。这项工作后来合并到红星科研生产联合企业（现名为红星公司）。70 年代，苏联陆续研制了 Topaz-1 电源地面样机，采用二氧化铀燃料和钠钾合金冷却，共有 79 根热离子元件，输出电功率 5 千瓦。首台样机 1971 年地面试验取得成功。《真理报》1971 年 3 月 26 日刊登了“苏联成功完成了数千瓦热离子核电源系统的全面测试”的报道。第 4 台样机采用了单晶材料热离子燃料元件发射极，完成了 5 000 小时地面试验，热离子转换器工作段效率达 7%。1987 年 2 月和 7 月，两枚携带 Topaz 电源的卫星先后发射到太空，运行时间分别为 142 天和 342 天，两个装置都因为热离子燃料元件的铯备料耗尽而终止运行。

Topaz-2 堆内单节热离子反应堆电源。苏联政府 1969 年决议由中型机械制造部为用于电视广播的太空设备开发电源系统（见表 4-3）。机械制造中央设计局（TsKBM）担任了电源系统首席设计机构，库尔恰托夫原子能研究院担任科学指导，卢奇科研与生产联合企业研究院负责发电通道和堆芯部件设计，苏呼米物理与技术研究院负责控制系统开发。Topaz-2（又称“叶尼塞”）为堆内单节热离子反应堆电源。1974 年，位于爱沙尼亚的 Dvigatel’工厂开始制造试验样机。1988 年以前，苏联共建造 30 台 Topaz-2 试验样机，其中 6 台在试验台架上开展功率试验[120]。20 世纪 90 年代，俄罗斯和美国还开展了有关 Topaz-2 技术的合作研发计划。

表 4-3　苏联开发的主要空间核反应堆电源[121]

名称	Romashka	Buk	Topaz-1	Topaz-2
中子谱	快中子	快中子	热中子	热/超热中子
燃料装载量/千克	49	25～30	11.5	27
核燃料	UC_2	U-Mo	UO_2	UO_2
^{235}U 富集度	90	90	90	96
冷却剂	无	Na/K	Na/K	Na/K
能量转换	热电偶	热电偶	热离子	热离子
热功率/千瓦	28.2	100	150	135
电功率/千瓦	0.45	2.5	5～7	5

续表

名称	Romashka	Buk	Topaz-1	Topaz-2
寿期/月	24	3～6	4～12	18
堆芯温度/℃	1 900	约 800	1 600	1 500～1 650
反应堆质量/千克	455	＜390	320	1 061
运行时间	1964—1966	1966—1988	1970—1988	1975—1988
运行数量				
地面试验	1	4	7	6
轨道运行	无	32	2	无

热离子反应堆技术的新发展。目前，俄罗斯研究机构继续发展热离子反应堆技术，提出电源设计新方案，重点是提升输出功率和运行寿期指标，支持当前航天任务。卢奇科研与生产联合企业研究院开展了长寿命新型燃料成分研究，提出 UC–TaC（ZrC）成分和新型燃料棒结构设计，并完成了辐照试验[122]。苏呼米物理与技术研究院研发了长寿命热离子发电元件设计，提出多节单通道发电元件设计，最长运行时间可达到 20 年[123]。红星公司也研发了多种双模式热离子反应堆设计方案。双模式电源能够以额定功率输出和峰值功率输出两种模式运行，最高的峰值输出功率可达 100 千瓦[124]。2019 年年底，俄罗斯宇航局还披露了未来在月球基地建立观测站并配备核反应堆电源的设想。

高温气冷堆电源与兆瓦级空间核动力计划。20 世纪七八十年代以来，NIKIET 和库尔恰托夫研究院、卢奇科研与生产联合企业（NII NPO Luch）等研发机构以核热推进技术作为基础，发展了一系列高温气冷堆核反应堆电源设计。这些设计采用布雷顿能量转换，输出功率从几十千瓦到兆瓦级以上，设想用于包括核电推进、星表电源等在内的多种用途[125]。

2009 年，俄罗斯经济现代化与技术发展委员会决定实施“研制基于兆瓦级核动力装置的运输-能源模块”项目，时任俄罗斯总统梅德韦杰夫宣布了新的兆瓦级空间核动力飞船开发计划。该计划投资 170 亿卢布，原计划为：2012 年完成核电推进系统（NEP）草图、2015 年建造 NEP 系统、2018 年空间核动力飞船为发射做好准备。兆瓦级核动力装置由 NIKIET 研发，采用闭合回路的氦-氙高温气冷堆、布雷顿能量转换和电推进器，用液滴辐射器释放多余热量[126]。

然而，兆瓦级核动力装置研发并未能依照计划安排取得进展，地面样机建造推迟到2025年，并列入《俄罗斯2016年到2025年联邦太空计划》。2020年初，俄罗斯国家航天集团公司（Roscosmos）披露，兆瓦级核动力飞船将在2030年开展飞行试验，后续还将批量化建造并商业应用[127]。近几年的主要进展还包括，2016年完成首批实验燃料元件制造和反应堆容器测试。2018年完成液滴辐射器地面测试（见图4-6）。

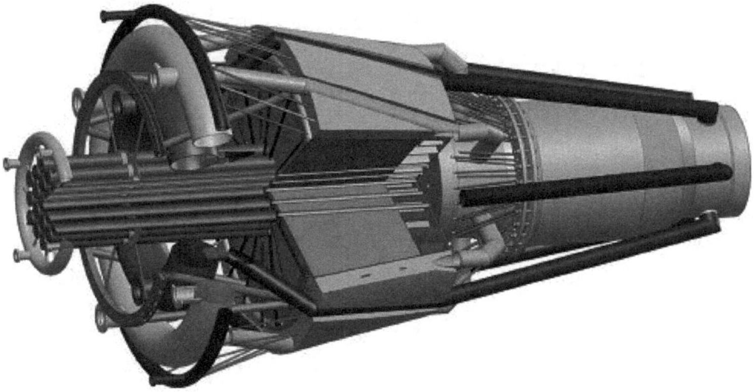

图4-6 兆瓦级空间反应堆

8. 核动力飞机

库尔恰托夫研究院1952年开始对基于各种类型反应堆的飞机发动机方案开展了研究，包括有人驾驶飞机和无人驾驶的飞机；冲压式的和涡轮喷气式的发动机；直接加热空气的反应堆和利用中间液态金属回路或惰性气体（氦，氩，氙）通过热交换器加热空气的反应堆；热中子反应堆和快中子反应堆[128]。米亚西谢夫设计局1955年起还设计了M-60核动力洲际轰炸机。该设计是以M-50超声速轰炸机为基础，设想采用4个直接循环涡轮喷气核发动机，开发了两种涡轮喷气式核发动机设计方案，“同轴”方案和“曲轴”方案。但由于设计问题，发动机无法达到超声速飞机所需的推力，计划在1959年取消。图波列夫提出了基于图-85飞机的远距离飞机设计方案，称为图-119，是一种混合动力飞机，有4个涡轮螺旋桨发动机，包括2台煤油动力NK-12发动机和2台NK-14A核动力螺旋桨发动机。苏联还将一架“熊”式图-95轰炸机改装成飞行反应堆实验室（Lastochka）[129]，1961年携带核反应堆试飞。这架飞机进行了34次试飞，不过其绝大多数飞行都没启动反应堆。由于常规动力飞机效率提升、洲际弹道导弹取得更好的军事效用、预算限制等多种因素，苏联的核动力飞机研发并未持续下去[130]。

9.“海燕”核动力巡航导弹

2018 年初，俄罗斯总统普京在国情咨文讲话中宣布了正在研制核动力巡航导弹消息，称这种低空飞行的隐身导弹携带核弹头，飞行轨迹不可预测，能够突破导弹防御。

外媒分析，“海燕”导弹利用常规动力发动机起飞，在飞行过程中切换成核动力，以亚声速在低海拔飞行，可保持飞行 1 到 2 天，携带核弹头。导弹的紧凑型核反应堆由 OKBM 与 VNIIEF 联合研制。西方专家认为，“海燕”有可能采用高能量密度、闭合循环的小体积核反应堆，从而可避免在飞行中释放放射性[131]。2018 年 7 月，俄罗斯《大众力学》也发表文章认为，核动力导弹反应堆可能采用高浓铀燃料，反应堆尺寸很小，堆芯直径不到半米。飞行过程中，进入导弹的空气被加热到 1 400～1 600 ℃，推动导弹飞行。

“海燕”巡航导弹开发从 2011 年启动，测试在 2016 年启动（见图 4-7）。美国情报部门认为，俄罗斯共进行过 13 次“海燕”测试，仅有 2 次取得“部分的成功”，分别在 2017 年 11 月和 2019 年 1 月。测试导弹发射地点据推测在新地岛，导弹飞行一段时间后坠落入海中。2017 年 11 月的测试中，导弹飞行 2 分钟，飞行了 22 英里，然后坠落入海。2019 年 8 月 8 日，俄罗斯白海的尼奥诺克萨导弹试验场发生爆炸并造成 5 名 VNIIEF 科学家身亡，附近辐射水平升高。外界普遍认为此次爆炸和“海燕”导弹有关。

图 4-7 “海燕”核动力巡航导弹

10.“波塞冬”核动力鱼雷

俄罗斯新闻媒体在 2015 年 11 月曾泄露俄罗斯正开发一种核动力鱼雷的情况。俄罗斯总统普京在 2018 年 3 月国情咨文中，披露了这一项目，表示该装备具有极大潜深、洲际航程、几倍于潜艇的航速、静音性、高度机动性等特性，将能携带常规弹头或核弹头，打击敌人航母战斗群、沿海工事和基础设施等。

根据 2018 年俄罗斯媒体报道，“波塞冬”航速为 60～70 节，核弹头当量 2 兆吨。外界根据 2018 年媒体报道的录像分析，“波塞冬”直径约 2 米，长度 20～24 米，前部为核弹头，中部为核反应堆[132]，紧凑型核反应堆由 OKBM 与 VNIIEF 联合研制。“波塞冬”的核推进系统 2018 年 12 月开始进行海上实验。2019 年 2 月 2 日，普京表示，“波塞冬”成功完成了海试的关键阶段（见图 4-8）。

图 4-8　“波塞冬”核动力鱼雷

“波塞冬”核动力鱼雷被纳入俄罗斯《2018—2027 年国家武器装备计划》，将在 2027 年交付海军。俄罗斯海军计划部署 32 个“波塞冬”鱼雷。携带“波塞冬”的潜艇包括项目 09852 型潜艇和项目 09851 型潜艇。2020 年初，俄罗斯国防工业消息还称，俄海军 1164 型“亚特塔”巡洋舰将升级。升级后将可携带 6 枚“波塞冬”核动力鱼雷。

11. 陆海小型机动核反应堆电源

20 世纪，苏联曾发展陆上机动型核反应堆电源，先后有 2 种型号，分别为 TES-3 压水堆装置和帕米尔气冷堆装置。近年来，为支持北极地区资源开发，相关研发机构积极开展了新的陆上、水下机动装置电源方案研究。

TES-3（TЭC–3）。苏联早在 1955 年就提出了研制用于北方地区军用和民用设施的自推进核电源装置的方案，最初由列宁格勒基洛夫工厂和雅罗斯拉夫蒸汽机车工厂提出方案，后来由莱布恩斯基物理与动力工程研究院（IPPE）开展研发项目。初步设计 1957 年完成，设想借助铁轨移动。TES-3 装置在列宁格勒基洛夫工厂制造，1961 年物理启动，运行持续到 1969 年。该装置作为大功率移动式电站的小功率原型装置，用于收集实验数据支持进一步开发。反应堆为两个回路的压水堆设计，热功率 8.8 兆瓦，冷却剂入口/出口温度 275 ℃/300 ℃，一回路压力 130 个大气压。反应堆有 74 套高浓铀燃料组件，堆芯高度 600 毫米，直径 660 毫米。3 个蒸汽发生器产生 285 ℃、20 个大气压的蒸汽，汽轮机发电功率 1.5 兆瓦。所有设备安装在 4 台履带运输车上，两台安装反应堆蒸汽发生装置，一台安装汽轮发电机，一台安装控制台和辅助设备。安装在车辆上的设备总重量 210 吨（见图 4-9）。

图 4-9　TES-3 可移动核电源

帕米尔-630D。库尔恰托夫原子能研究院、OKBM、IPPE、白俄罗斯科学院的核能研究所在 1963 年启动了开发工作（见图 4-10）。

图 4-10　帕米尔-630D 气体涡轮机循环的移动式核电源

为满足–50～35 ℃且高湿度无水源的运行环境要求，反应堆冷却剂为四氧化二氮。后来，冷却剂中加入了1%的氧化氮，将冷却剂的腐蚀活性降低了10倍以上。反应堆应急冷却利用回路中大量液体的非能动流动实现。液体经过堆芯蒸发，从回路中的高压端流向冷凝器。实验装置在1985—1987年期间进行的测试，证明了这一思路实现的可能性。其中一个装置曾运行大约2975小时，发电功率407千瓦，而设计功率是630千瓦。该测试在1988年停止，因为“冷却剂选择的科学理由不够充分”[133]。

近期动向。红宝石海洋工程中央设计局2015年在俄罗斯国家现金项目研究基金会委托下，开展了“冰山”（Aisberg）项目，开发水下和冰下资源开发装备。该项目还有一批参与机构，国家原子能公司以OKBM为主的单位负责研制设施的大型部件，克雷洛夫国家研究中心负责对实体模型进行测试。该项目设计了无人水下钻井设施和无人水下核反应堆电源设施，还设想建造2艘民用载人核动力潜艇。一艘是水下运输、安装与服务设施，排水量约1.7万吨。另一艘是水下地震调查潜艇，排水量1.4万吨。

孔雀石圣彼得堡海洋机械制造局提出水下潜艇方案，用于对海上油气田的水下、冰下技术设备进行维护，可满足长时间运行及在恶略天气下运行的需求。潜艇设计排水量3千吨，长度82米，水下航速12节，采用4兆瓦核反应堆，有载人设计也有无人设计[134]。

OKBM提出了高温气冷堆陆上移动式核电源设计，可满足在零下50 ℃至零上35 ℃环境下供热供电，反应堆热功率5兆瓦，输出电功率1兆瓦，能量转换有开式循环和闭合循环两种方式[135]。NIKIET提出的陆上移动式电源设计采用高温冷堆热源和备用化石燃料热源，共用一套汽轮机转换装置，形成发电功率0.2～1.2兆瓦的多种设计[136]（见图4-11）。

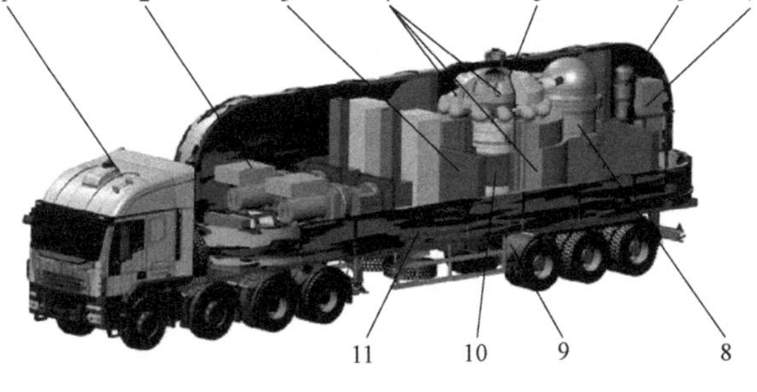

图4-11　NIKIET的移动式小型核反应堆电源设计

1—牵引车；2—气体涡轮机；3，4—辐射屏蔽；5—内层容器；6—回路补充容器；7—控制系统；8—回路设备；9—半挂车；10—反应堆装置；11—外层容器

12. 放射性同位素电源

空间。苏联最初生产钋-210，是用于制造核弹头的钋-铍中子源，并实现了持续、环境友好地生产钋-210 同位素。20 世纪 60 年代初，苏联开始研发钋-210 放射性同位素电源，1962 年研制了基于钋-210 热源的 L-106 电源实验模型。此后，博奇瓦无机材料高技术研究院和“前卫”电动机械厂、苏呼米物理与技术研究院、莱布恩斯基物理与动力工程研究院等，研制了放射性同位素密封容器，使其可在 1 000～1 300 ℃撞击花岗岩或土壤仍能保持密封性。1965 年，“宇宙”-84 卫星和“宇宙”-90 卫星装备钋-210 同位素电源成功运行。1969 年，苏联决定利用放射性同位素开展月球探测，1970 年 11 月 17 日，使用了钋-210 放射性同位素电源的“月球车”-1 号（Луноход-1）首次在月球表面运行。1973 年，“月球车”-2 号发射运行。两台月球车分别在月球表面运行 322 天和 220 天[137]。1996 年，俄罗斯还发射了“火星 96”火星探测器，其装备了多个钚-238 放射性同位素电源和热源。但该任务发射失败，装置再入大气层。

地面。俄罗斯曾制造上千个放射性同位素电源用于北极沿海地区水文测量、海上灯塔、无线电信标、气象观测站等。这些电源采用锶-90 热源或钚-238 热源，输出电功率 100 瓦以内。使用机构包括国防部、运输部、水文气象国家委员会（苏联时期为 Rosgidromet）、国家资源部（苏联时期是地质部）等。电源全部由技术物理与自动化科学研究院（NIITFA）设计，由位于爱沙尼亚的 Baltiyets 工厂批量制造。20 世纪 90 年代初，Baltiyets 工厂停止了放射性同位素电源生产。目前，这些电源绝大部分都已退役，到 2016 年底只剩国防部的 12 个电源仍在使用。

表 4-4　俄罗斯一些放射性同位素电源的特性

型号	热功率/瓦	初始额定活度/千居里	电功率/瓦	输出电压/伏	电源质量/千克	开始生产年份
Efir-MA	720	111	30	35	1 250	1976
IEU-1	2200	49	80	24	2 500	1976
IEU-2	580	89	14	6	600	1977
Beta-M	230	35	10	—	560	1978
Gong	315	49	18	14	600	1983
Gorn	1 100	170	60	7（14）	1 050	1983
IEU-2M	690	106	20	14	600	1985
Senostav	1 870	288	—	—	1 250	1989
IEU-1M	2 200/3 300	340/510	120/180	28	2/3×1 050	1990

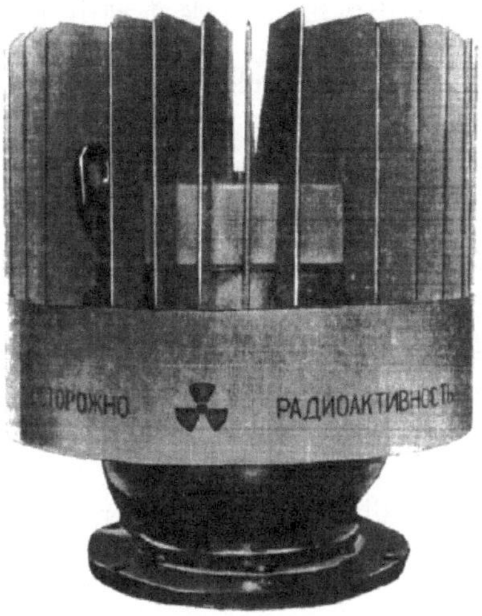

图 4-12 Beta-M 放射性同位素电源

图 4-13 NIITFA 研发的钚-238 放射性同位素电源

镍-63 同位素电源。采矿与化学联合企业从 2014 年以来开展镍-63 放射性同位素电源研发。镍-63 为人工放射性同位素，β 发射体，半衰期约 100 年。镍-63 放射性同位素电源为贝塔辐生伏特电池，紧凑性高，可供航天、仪表、微电子等多个工业部门使用，支持其器件微型化。其研发涉及到反应堆、放射化学、同位素、半导体等多个技术领域。2018 年 12 月 18 日，采矿与化学联合企业宣布首次制造了高富集度镍-63 的紧凑型电池，其使用寿期 50 年。约费物理与技术研究院等几家单位也在2018年宣布开发了1微瓦功率的镍-63电池，其功率密度为 10 微瓦/立方厘米。

二、核能发电与供热技术

俄罗斯于 1954 年建成了世界上第一座核电厂，也就是奥布宁斯克核电厂，60 年代又建成首批商用规模石墨水冷堆核电厂，后来几十年又陆续发展了 RBMK 石墨水冷堆、VVER 压水堆等成熟大型机组设计。目前俄罗斯继续在国内外推广新型 VVER 核电机组，并积极发展钠冷快堆、铅冷快堆、小型堆等新核能技术。

1. 早期的小型石墨水冷堆

苏联 2 号实验室（库尔恰托夫研究院前身）1949 年就开展了首座核电厂的初步设计。库尔恰托夫、亚历山德罗夫、多列扎利等科学家建议第一总局开展“仅用于发电的采用石墨和水冷却剂的浓缩铀小型反应堆”的 AM 反应堆工作，并将其建在奥布宁斯克 V 实验室（后来成为莱布恩斯基物理与动力工程研究院）的场址上，这也就是世界上第一座核电厂。1950 年 5 月 16 日，苏联部长会议命令将 AM 反应堆研究与实验工作交给库尔恰托夫研究院（当时改名叫做苏联科学院测量装置实验室［LIPAN］）、化学机械制造研究所（后成为 NIKIET）等机构[138]，核电厂建设 1950 年开始施工准备，1951 年中期项目技术指标获得批准。多列扎利担任首席设计师，库尔恰托夫担任科学指导，莫斯科的国家设计研究院负责完成设计，水压机实验设计局（OKB Gidropress）负责设计蒸汽发生器[139]。库尔恰托夫研究院开展了中子物理计算、热交换实验、燃料元件测试等，在 1951 年把研制工作转交给莱布恩斯基物理与动力工程研究院（IPPE）。IPPE 在 1954 年建造了 AM 临界装置以验证相关计算并开展了燃料元件开发。AM 台架在 1954 年 3 月 3 日首次临界[140]。奥布宁斯克核电厂的 AM 反应堆于 1954 年 6 月 27 日启动并发电，1954 年 10 月达到满功率。奥布宁斯克核电厂还被用于中子物理学和固态物理学研究、燃料元件测试、同位素生产等，以及核电厂和首艘核潜艇、首艘核动力破冰船人员培训，一直运行到 2002 年 4 月 29 日。

奥布宁斯克核电厂 AM 反应堆的成功经验，首先促进了钚生产和发电两用反应堆的发展。NIKIET 设计的首座两用生产堆 EI-2 在 1958 年投入运行。

OKBM 设计的 ADE 型铀-石墨生产堆在 20 世纪 60 年代投入运行。

AM 反应堆技术在核电领域的直接发展，则是几种小型石墨水冷堆。别洛亚尔斯克核电厂 1 号、2 号机组的 AMB-1 和 AMB-2 反应堆由 NIKIET 担任首席设计机构，IPPE 负责科学指导，于 60 年代投入运行，发电功率分别为 100 兆瓦和 200 兆瓦，反应堆容器内直接产生过热蒸汽，二者分别采取了间接循环和直接循环方式。比利比诺核电厂的 4 座 EGP-6 反应堆进而实现了冷却剂自然循环，1974—1976 年陆续并网发电，由 IPPE、伊诺尔斯克工厂等研发。

2. VVER 反应堆

压水堆核电机组是全球应用广泛的核能发电堆型。俄罗斯 VVER 压水堆属独立研制，与西方国家的压水堆技术相比具有显著特色，包括卧式蒸汽发生器、六边形燃料组件、压力容器底部无贯穿、大容量的稳压器等特征。

VVER 系列压水堆设计开始于 20 世纪 50 年代中期。1955 年，库尔恰托夫研究院提出了水冷却反应堆的性能指标规范。当时认为，水冷却反应堆的优势是堆芯尺寸小而功率大、燃耗深、成本低。苏联选择了采用锆材料的 200 兆瓦设计，并由水压机实验设计局在 1956 年完成详细设计。第一阶段建造了新沃罗涅日（2 座）和莱因斯贝格（1 座，位于德国）的 3 座反应堆，型号分别为 VVER-210/V-1、VVER-365/V-3M、VVER-70/V-2，60 年代并网发电。

1956 年到 1970 年，水压机实验设计局等一批单位设计开发了第一代批量化建造的机组 VVER-440，四种型号为 V-179、V-230、V-213、V-270，其中 V-230 建造数量最多，有多个机组位于斯洛伐克、匈牙利、保加利亚、捷克共和国、芬兰等国家[141]。芬兰洛维萨核电厂的设计完成于 1971—1972 年，其中纳入了美国原子能委员会 1971 年发布的《核能电厂通用设计标准》，此后的 VVER 反应堆均符合美国原子能委员会《通用设计标准》提出的安全原则，该标准属于第二代核电的标准规范。VVER-440 机组的设计安全裕量大，许多国家的 VVER-440 均顺利完成了升级和延寿。

1971 年，苏联批准了第一版《核电厂安全总体监管法规》。1971 年 9 月 16 日，苏联政府任命水压机实验设计局为 VVER 反应堆装置的首席设计机构。依照新安全标准开发的 VVER-1000（V-187）机组装机容量加大，并采用了大量安全创新。期间，水压机实验设计局、“普罗米修斯”结构材料中央研究院、伊诺尔斯克工厂、库尔恰托夫研究院等开展多年工作，为反应堆容器、主管道、蒸汽发生器开发了新材料。1980 年，VVER-1000 示范机组新沃罗涅日 5 号机组建成运行。标准型 VVER-1000 型号为 V-320，1978 年开始研发，80 年代完成设计，在国内外建成运行 25 座，数量最多。

新型 VVER-1000 研制开始于 20 世纪 90 年代，包括圣彼得堡核能项目公司（Atomenergoproekt）开发的 AES-91（V-428）和莫斯科核能项目公司开发的 AES-92（V-412 和 V-446 两种），其改进技术，提高经济性，并采取非能动和主动安全系统实现超设计基准事故管理。反应堆、一回路和二回路变化较小，主要改进体现在安全系统和厂房布置上。田湾核电厂一期的 AES-91 机组首次使用了堆芯捕集器，并采用冗余安全系统物理隔离、双层安全壳、主要安全系统 4 倍冗余、非能动氢气复合器、几乎不发生泄漏的水冷却水润滑冷却机泵等，2007 年投运。同时开发的 AES-92 大量使用非能动安全特征，包括双层安全壳、增加 8 个水力蓄力器用于向堆芯注水、12 个非能动余热排出热交换器等，2007 年获得欧洲 EUR 认证，首台机组建在印度古丹古勒姆（Kudankulam）核电厂，2013 年首次临界[142]。

VVER-1200 机组又称 AES-2006，有 V-392M 和 V-491 两种子型号，从本世纪初开始开发，满足三代+国际安全标准，首台机组 2016 年投入运行。AES-2006 机组在不对 VVER 的核蒸汽供应系统的基本布局做大幅改变的同时，提高其安全性，热功率提高到 3 200 兆瓦，增加了应对超设计基准事故的非能动安全系统。V-392M 由莫斯科核能项目公司在 AES-92 基础上开发。V-491 由圣彼得堡核能项目公司在 AES-91 基础上开发。

VVER-1200 的主要设计特征包括：反应堆装置主要不可更换设备的寿期为 60 年；采用卧式蒸汽发生器，水存量大，改善一回路侧自然循环条件；采用基于主动和非能动原则的应急堆芯冷却系统；双层混凝土安全壳；具有针对安全相关系统设备的诊断系统；提高仪表与控制系统的可靠性并具备自诊断功能；锻造的压力容器没有长焊缝，压力容器直径超过三代核电，保证焊缝数量最少，减少检查所需时间；反应堆设备可通过铁路、水路或公路运输；反应堆容器在主管嘴下方没有开口等。

参与 VVER-1200（V-491）研制的单位多达 18 家[143]：水压机实验设计局、圣彼得堡核能项目公司（SPbAEP）、库尔恰托夫研究院、博奇瓦无机材料高技术研究院（VNIINM）、全俄核电厂运行研究院（NVIIAES）、TVEL 公司、机械制造中央设计局（TsKBM）、原子反应堆研究院（RIAR）、安全核电工业发展研究院（IBRAE）、莱布恩斯基物理与动力工程研究院（IPPE）、仪表工程专业科学研究院（SNIIP）、亚历山德罗夫科研技术研究院（NITI）、卢奇科研与生产联合企业研究院（NII NPO Luch）、Electrogorsk 研究与工程中心（EREC）、过程机械制造中央科研与开发研究院（TsNIITMASH）、“普罗米修斯”结构材料中央研究院、核电工程部件强度与材料研究工程中心（TsPMAE）、莫斯科多金属工厂（MZP）等。

VVER-TOI 又称 VVER-1300，是在 V-392M 基础上开发的一种技术和经济上更加优化的标准化 VVER 技术，型号为 V-510，热功率 3 300 兆瓦，电功率 1 255 兆瓦至 1 300 兆瓦。研制项目 2009 年启动，首批 2 台机组为库尔斯克 2 号核电厂 1 号机组和 2 号机组，分别在 2018 年 4 月和 2019 年 4 月开工建造，俄罗斯国内计划再建造 9 台机组。

IPPE 和 Gidropress 设计局还提出了快中子谱、电功率 1 700 兆瓦的超临界水堆 VVER-SCD 设计，能使用 MOX 燃料实现闭合燃料循环，增殖比达到 1 左右，焚烧放射性废物，取消蒸汽发生器和二回路设备，可采用热电厂的机房设备，电厂效率可提高到 44%～45%。

3. RMBK 反应堆

20 世纪 60 年代中期，苏联决定在早期石墨水冷堆基础上，进一步发展压力管道式反应堆，研发大型核电厂。库尔恰托夫研究院、多列扎利动力工程科研设计研究院（NIKIET，主设计机构）、全俄电力技术科研设计研究院（VNIPIET）等共同开发了管道式石墨慢化水冷却反应堆（RBMK）[144]。这种反应堆采用二氧化铀燃料、锆-铌合金结构材料，其优势是可利用经过证明的热机设备，管道式设计可加大机组容量，并可采取连续在线换料方式，达到高燃耗。RBMK 的设计偏重于建设简单而不注重冗余性，能够以很低的造价建成大功率的反应堆，运行和维护也相对简单，成本只有相同功率重水反应堆的四分之一。该反应堆存在具有正的空泡反应性系数、低功率下反应堆处于不安全工况等安全问题，1986 年 4 月 26 日切尔诺贝利 4 号机组发生了严重的事故。事故中，由于试验准备不足、违反操作规程，反应堆在试验中功率降低时发生功率激增。

RBMK 反应堆主要有三代，第一代于 70 年代建成，共 4 座；第二代提升了安全性，从 70 年代末到 80 年代初建造 8 座，符合 1982 年的总体安全规定；第三代 1 座，为切尔诺贝利事故以后建造，符合 1988 年的新版安全规定[145]。目前，俄罗斯仍运行 10 座 RBMK 反应堆。

4. 钠冷快堆

俄罗斯有半个多世纪的钠冷快堆发展历史，已经经过了实验堆（BR-5、

BOR-60）、原型堆（BN-350、BN-600）和商用示范堆（BN-800）的持续发展，积累运行经验 140 堆年以上（其他国家最多不超过 70 堆年）。BN-800 目前是世界上运行的功率最大、运行最稳定的钠冷快堆。这一领域的主要研发机构包括莱布恩斯基物理与动力工程研究院（IPPE）、阿夫里坎托夫机械制造实验设计局（OKBM）、水压机实验设计局（OKB Gidropress）、原子反应堆研究院（NIIAR）、全俄电力技术科研设计研究院（VNIPIET）等。

钠冷快堆研发开始于 1949 年，50 年代启动的实验堆 BR-1（零功率，金属钚燃料）和 BR-2（汞冷却剂、热功率 100 千瓦、1956—1975 年运行）开展相关基础研究，确定了钠冷却剂的快堆发展方向。首座钠冷快堆 BR-5 实验堆位于莱布恩斯基物理与动力工程研究院（IPPE），功率 5 兆瓦，1958 年启动（1971—1973 年升级为 BR-10，2002 年停运），开发验证泵、热交换器等关键设备，研究故障维护和钠泄漏应对措施。此后，在原子反应堆研究院（NIIAR）建成中试规模快堆 BOR-60，1969 年运行；位于哈萨克斯坦共和国舍甫琴柯的阿克套发电厂商用快堆 BN-350 于 1973 年运行（热功率 1 000 兆瓦，1999 年停运）。在此期间，通过开展辐照考验和优化，全面提升燃料、结构材料、设备等各项技术水平，实现了大型钠冷快堆的反应堆设备（反应堆容器、泵、热交换器、管道、固定件、冷阱等）可靠运行，并掌握钠泄漏探测处理技术。

BN-600 研发于 20 世纪 60 年代末启动。该反应堆功率 1 470 兆瓦，1980 年运行至今。BN-600 对钠冷快堆技术发展起到的作用包括验证快堆固有安全性、大幅提高运行水平、改善运行工况、逐渐消除蒸汽发生器泄漏和钠设备泄漏问题、掌握主设备维修与更换技术、燃耗提高、掌握和完善商用规模钠技术等。BN-600 首次采用了一体化布置一回路，作为别洛亚尔斯克核电厂的 3 号机组，稳定性不断提高，利用因子从最初的 56%提升到近 80%。通过一系列延寿措施，BN-600 的额定寿期从 30 年延长到 45 年，将运行到 2025 年。

BN-800 是在 BN-600 的设计和建造方案的基础上开发的，在 90 年代最终定型。BN-800 首次实现了钠空泡反应性系数达到零甚至负值，采用了非能动系统实现安全性定性提升，包括更多应急保护棒、用于应急冷却的空气热交换器，以及在假设事故中承接熔化堆芯的底盘。BN-800 设计还纳入了提高发电机组技术经济性能的技术改进。虽然功率提高了 45%，BN-800 反应堆容器的尺寸与 BN-600 接近，从而把反应堆设施的比金属含量降低了 34%。此外，BN-800 仅使用 1 个涡轮发电机（BN-600 为 3 个）[146]。别洛亚尔斯克场址早在 1984 年就开始为 4 号机组 BN-800 的建造做准备，但切尔诺贝利事故后，所有的核电厂施工都冻结了。2006 年，4 号机组恢复施工，2015 年 12 月 10 日并入电网，2016 年 10 月 31 日开始商业运行，首个堆芯使用了 84%的铀燃料和 16%的 MOX 燃料[147]。在后续运行中，BN-800 还将从铀燃料向 MOX 燃料过渡，在商用规模下测试各种铀钚混合燃料，验证镎、镅、锔等核素的焚烧，支持闭合燃料循环发展（见图 4-14）。

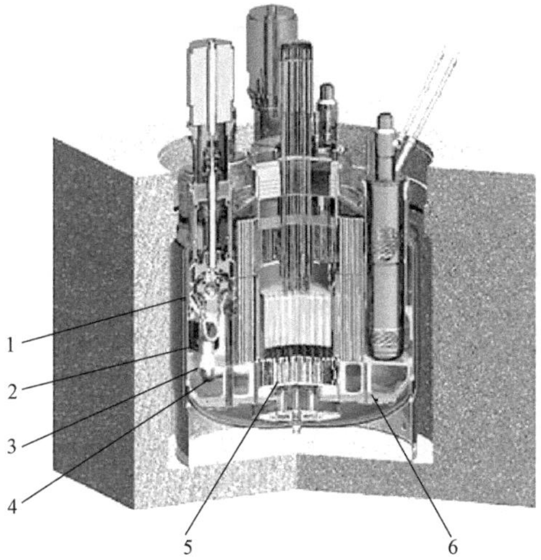

图 4-14　BN-800 反应堆

1—GTsN-1 泵；2，3—分别为备用容器和主容器；4—压力管线；5—压力室；6—支撑环

BN-1200 研发目标是提升钠冷快堆发电的竞争力和安全性，提高燃料增殖比，混合氧化物燃料增殖比达到 1.2，再提升到 1.3～1.35，氮化物燃料达到 1.45；建设周期不超过 4 年。其开发一方面最大程度采用 BN-350、BN-600 和 BN-800 的科学技术成果，另一方面采取了提高安全性、费效比和燃料利用效率的新技术，包括建造容器式蒸汽发生器、二回路管道采用波纹管补偿器以缩短尺寸；大幅简化换料系统；堆内辐射防护采用碳化硼，降低屏蔽尺寸和重量等。俄罗斯原计划在 2030 年以前建成 2 座 BN-1200 钠冷快堆，但在 2019 年宣布，由于政府对核工业投资总金额减少，BN-1200 推迟到 2036 年建成。BN-800 与 BN-600 的主要参数对比如表 4-5 所示。

表 4-5　BN-800 与 BN-600 的主要参数比较

	BN-600	BN-800
热功率/兆瓦	1 470	2 100
电功率/兆瓦	600	880

续表

	BN-600	BN-800
燃料	UO_2	铀钚混合
堆芯入口冷却剂温度/℃	377	354
堆芯出口冷却剂温度/℃	550	547
新蒸汽温度/℃	505	490
新蒸汽压力/兆帕	14.2	13.7
蒸汽中间过热	钠	蒸汽
反应堆容器内径/米	12.86	12.9
反应堆容器高度/米	14.7	15
比金属含量/（吨/兆瓦）	13	9.7

5. 铅冷快堆

BREST-OD-300 铅冷快堆属于将在西伯利亚化学联合企业建立的“突破”项目中试示范能源综合体（PDEC，ОДЭК）的一部分，计划 2026 年建成（见图 4-15、图 4-16）。2019 年 11 月，西伯利亚化学联合企业与 Titan-2 公司签署了建造反应堆的总承包合同。此外，PDEC 的燃料制造模块将于 2021 年建成，乏燃料后处理模块将于 2028 年建成。

BREST-OD-300 反应堆由 NIKIET 研发，热功率 700 兆瓦，发电功率 300 兆瓦，采用铀钚氮化物燃料，铁素体-马氏体钢包壳材料，燃料运行温度低于 1 000 ℃，冷却剂入口/出口温度 420 ℃/535 ℃，一回路一体化布置，多层金属-混凝土容器防止发生冷却剂丧失的事故，采用浸没式一次通过管壳式蒸汽发生器、螺旋管热交换器。由于具有固有安全特征，消除堆芯暴露的可能性，反应堆不需要建造巨大的安全壳、堆芯熔化捕集装置、大量支持系统，并且降低了堆外设备的安全等级，从而降低了研制建造成本。

近期研发活动包括用小规模和中等规模台架测试以及经过校核的软件对详细设计进行验证；开展混合铀钚氮化物燃料的堆内测试，验证堆芯设计；开展铅冷却剂台架测试、完整尺寸模拟燃料组件的水力学和振动特性测试、计算机代码进行的中子特性和核安全分析、冷却剂对部件结构材料效应的计算核实、设施热工水力特性的计算流体力学代码计算、辐射安全分析等[148]。BREST 反应堆设备的技术设计已经用部件模型进行了实验确认。

俄罗斯还对一系列相关标准规范进行了更新和批准，包括《铅冷却剂核电厂反应堆设备装置外壳与管道的设计与安全运行要求》(NP-117)、《实现铅冷却剂反应堆装置的反应堆设备外壳与管道的强度的要求》(NP-118)。国家原子能公司发布了标准《确保铅冷却剂核电厂的反应堆装置、设备、管道的完整性》第二版支持 NP-117 和 NP-118 文件。

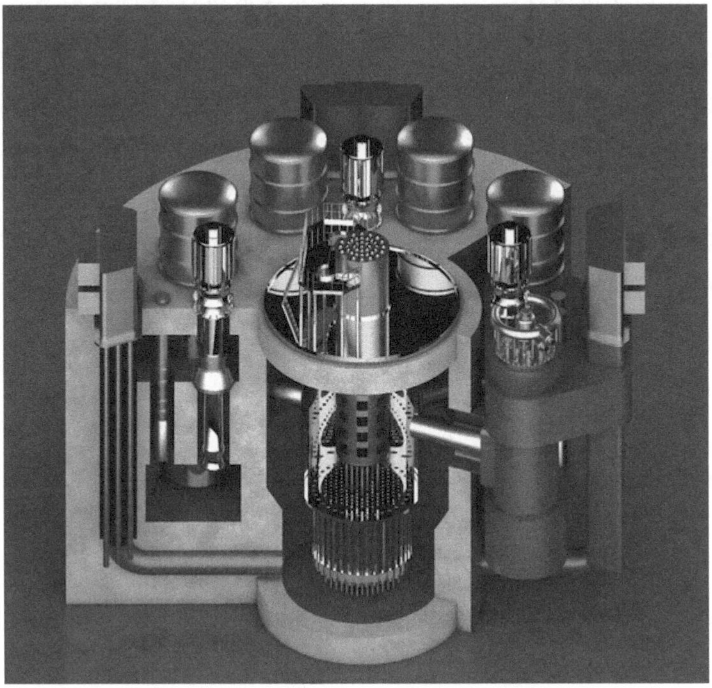

图 4-15　BRESTS-OD-300 铅冷快堆设计

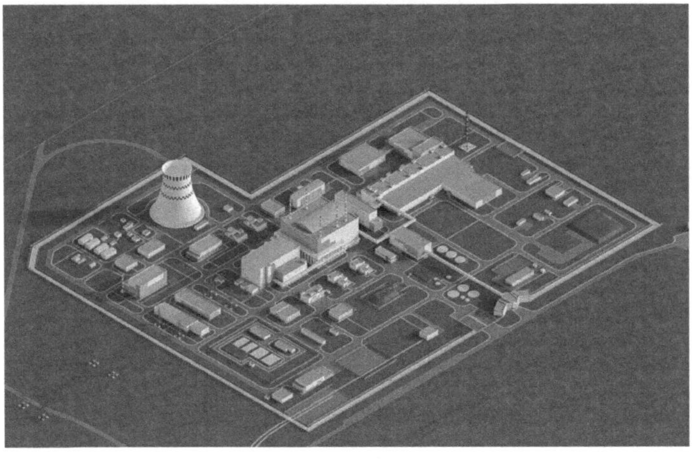

图 4-16　中试示范能源综合体(PDEC)

6. 高温气冷堆

苏联高温气冷反应堆研究早在 20 世纪 40 年代末就初步启动。阿夫里坎托夫机械制造实验设计局（OKBM）和库尔恰托夫研究院从 60 年代开始研究了多种深入的气冷堆设计。OKBM 在 70 年代开发设计了热功率 1 000 兆瓦的 VG-400 系统，80 年代又开发了热电联供氦气冷却石墨反应堆 VG-400，以及一种以 VG-400 为基础的低功率 VGM 反应堆。以此二者为基础的商用系统设计还包括用于燃气轮机循环发电的 VG-400-GT、用于工业供热的 ASPT-VG-500、用于为炼油厂和其它工厂供热的 VGM 和 VGM-PG 等。在此期间，OKBM 建造了一个试验基地，包括 10 座研究装置和试验台架，并开展了大量的设备研究与综合试验，以验证高温气冷堆设计。1987 年，苏联还曾决策，以 VG-400 和 VGM 建造两座中央热电联供原型核电厂以及 3 座商用机组，但该计划未能实现。

苏联解体后，OKBM 重点研发燃气涡轮的模块化高温氦冷反应堆 GT-MHR。该设计采用了棱柱形燃料组件，使用闭合气轮机直接循环，系统效率达到 48%，反应堆的模块化建造，简化发电模式，减少安全系统数量，减少施工、运行和技术维修费用。另一设计成果是 OKBM 与库尔恰托夫研究院开发的产氢用高温反应堆 MHR-T，该设计最大程度地利用了 GT-MHR 设计方案。

7. 核能供热

俄罗斯的一些核电厂除发电外，还为住宅和商业建筑供暖系统供应热水或蒸汽，供热温度一般 70～150 ℃。热电联供采取从凝汽式发电厂的汽轮机抽取蒸汽，供应热量的方式。来源于核电厂低压汽轮机的蒸汽通常用来满足基础热负载需要，来自高压汽轮机的蒸汽满足高峰时段需求。一些核电厂也提供工业用工艺热，主要以一定温度和压力的蒸汽形式，满足食品加工、造纸、化工、石油与煤炭加工、原料金属工业等需求。主要问题是需要就近供应，远距离传输的热损耗较大。此外，俄罗斯过去运行的生产堆，以及最近建造的浮动核电厂 KLT-40S 反应堆，都有供热能力。其他一些未建成的核电反应堆设计也具有供热用途，如 OKBM 开发的 GT-MHR 高温气冷堆、NIKIET 基于 VK-50 开发的 VK-300 沸水堆等（见表 4-6）。

表 4-6 具有供热用途的核电厂反应堆

核电厂机组	反应堆	用途	开始运行时间	电功率/兆瓦	供热热功率/兆瓦
新沃罗涅日-3，4	VVER	发电，工艺热，供暖	1971，1972	2×385	2×32.5
新沃罗涅日-5	VVER-1000	发电，工艺热	1980	950	—
巴拉科沃-1-4	VVER-1000	发电，供暖	1986—1993	4×950	4×200
加里宁-1，2	VVER-1000	发电，工艺热，供暖	1984—1986	2×950	2×80
科拉-1-4	VVER-440	发电，工艺热，供暖	1973—1984	4×411	55
别洛亚尔斯克-3	BN-600	发电，工艺热，供暖	1981	560	170
列宁格勒-1-4	RBMK-1000	发电，工艺热，供暖	1974—1981	4×925	4×25
库尔斯克-1-4	RBMK-1000	发电，工艺热，供暖	1977—1986	4×925	127.5 3×175
斯摩棱斯克	RBMK-1000	发电，工艺热，供暖	1983—1990	3×925	3×173

20 世纪 80 年代以来，俄罗斯还开发了几种供热专用反应堆设计。AST-500 反应堆曾于 1983 年和 1985 年分别在高尔基市和沃罗涅什市开始建造，但未能建成。AST-500 反应堆是一体化水冷却水慢化反应堆，反应堆工质参数比核电厂压水堆有所降低（200 ℃，2.0 兆帕），热功率 500 兆瓦。

RUTA 反应堆是继 AST-500 后提出的供热反应堆设计，有多种功率水平的不同设计方案，采取池式反应堆设计，一回路冷却剂在大气压下运行，反应堆堆芯释热密度低，冷却剂具有自然循环能力，从而具有设计简化、建造运行成本较低、安全性高等优势。在水池深度达到 20 米的情况下，送水温度最高可达到 95 ℃。2004 年，莱布恩斯基物理与动力工程研究院（IPPE）完成了在场址内建造 70 兆瓦的 RUTA 反应堆核能供热系统原型装置的可行性报告。

8. 浮动核电厂

俄罗斯在 20 世纪 90 年代提出用浮动核电厂解决偏远地区能源供应问题，决定以 KLT-40 反应堆为基础研发 KLT-40S 反应堆（见图 4-17）。首个浮动核电厂“罗蒙诺索夫院士”号又称项目 20870 机动可运输小功率电源，2007 年 4 月在北方造船厂铺设龙骨，2008 年转移到波罗的海造船厂继续建造，2013 年 10 月安装反应堆，2018 年完成反应堆装料，经过运行测试后，2019 年 12 月首次并网发电。

“罗蒙诺索夫院士”号装备两座 KLT-40S 压水堆。单堆热功率 150 兆瓦，电功率 35 兆瓦，有四个环路，采用直流螺旋管式蒸汽发生器、气体稳压器系统，具备 3 套独立的紧急停堆系统，首堆换料周期 2.3 年，批量建造后换料周期 3.5 年。OKBM 负责反应堆设计并提供制造支持。伊诺尔斯克工厂制造反应堆容器。下诺夫哥罗德机械制造厂（NMZ）制造反应堆部件并进行组装。MSZ 机械制造厂生产第一批反应堆燃料。Atomflot 公司在摩尔曼斯克基地进行装料和测试。

俄罗斯国家原子能公司已经启动了第二代浮动核电厂工作，其称为“优化浮动核电厂”（OFPU），尺寸缩小，能力加强，将装备 2 座 RITM-200M 反应堆，总发电功率 100 兆瓦，换料周期延长到 10 年。

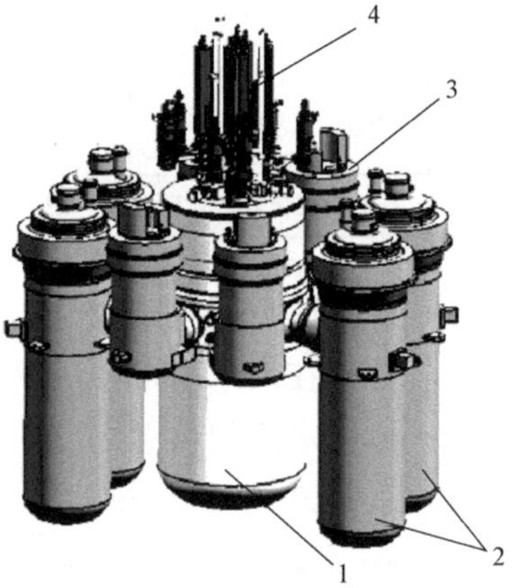

图 4-17　KLT-40S 反应堆装置

1—反应堆；2—蒸汽发生器；3—一回路循环泵；4—控制与保护系统驱动机构

9. 其他中小型核电反应堆设计

根据国际原子能机构定义，中型反应堆是电功率 300-700 兆瓦的反应堆，小型反应堆是电功率小于 300 兆瓦的反应堆。俄罗斯反应堆研发机构在大型反应堆和船用反应堆研发运行经验基础上，开发了各式各样的中小型核电反应堆设计，用于向偏远地区供应电力或支持北极地区资源开发等。其共同点包括采用成熟技术、自主运行能力强、设计简化、便于运输、安全性高等。俄罗斯有三分之二的领土、2 000 万人口未被统一电力系统覆盖，包括北极地区、远东地区、西伯利亚地区等。这些地区主要开展采矿、冶金、渔业、农业等经济活动，环境条件恶劣，需要稳定、可靠、环境友好、经济性好的能源[149]。

（1）阿夫里坎托夫机械制造实验设计局（OKBM）

最成熟的设计为基于新一代破冰船反应堆 RITM-200 开发的小型堆。其单堆装机容量50兆瓦，是俄罗斯目前向市场推广的主力小型核电厂堆型。国家原子能公司2019年9月和萨哈共和国（雅库特）签署了建造RITM-200小型模块堆的合作协议。

OKBM开发的其他主要中小型核电机组研发成果包括：ABV-6E反应堆装置堆功率6兆瓦，为一体化压水堆；中型核电反应堆VBER堆，输出电功率170～600兆瓦，以VVER反应堆技术为基础，采取紧凑化设计。

（2）多列扎利动力工程科研设计研究院（NIKIET）

SHELF“能源舱”是基于舰船反应堆设计，为一体化布置压水堆，各部件以紧凑布局装入结实的耐压保护容器内，热功率28兆瓦，发电功率6.6兆瓦，模块重量400吨，连续自主运行时间1年，在工厂换料（见图4-18）。

图4-18　SHELF反应堆设计图

ATGOR气冷堆混合能源可运输核电厂发电功率0.4～1.2兆瓦，可热电联供，能在−50 ℃低温下启动，可切换使用核反应堆和化石燃料作为能源保证能量供应，可用各种运输工具运输。

VITYAZ可运输电源为一体化压水堆方案，热功率6兆瓦，发电功率1兆瓦，整个电站分成4个可运输模块，可采用各种交通工具运输。

UNITERM反应堆装置为三环路一体化自然循环压水堆，发电功率6.6兆瓦，可以负载跟踪模式自主运行。

KARAT固定式核电反应堆分为发电功率45兆瓦和100兆瓦两种设计，并可供应蒸汽和热水。

（3）莱布恩斯基物理与动力工程研究院（IPPE）

AIST-MG为海上平台自动电源，是一种热离子直接能量转换反应堆，热功率 10 兆瓦，电功率 1～2 兆瓦，所有设备可在工厂生产，现场安装，干重量 14 吨。

ASMM 10/100 为池式反应堆，其活性区装有单节热离子转换发电通道，采用铍反射层，燃料富集度 19.75%，干重量不超过 20 吨。

AKKORD 自主式核电源发电功率 1～10 兆瓦，设备极大简化利于运输。

BN GT-50/100/300 整体可移动式核反应堆电源，采用钠冷快堆和气体涡轮机转换器。电源装置主要在工厂制造，可实现批量化制造，不同设计方案的发电功率为 50 兆瓦～300 兆瓦，并能同时供热。

（4）水压机实验设计局（Gidropress）

SVBR-75/100 反应堆是水压机实验设计局（Gidropress）以潜艇铅铋冷却反应堆动力装置为基础开发的陆上小型核电源设计，电功率有 75 兆瓦和 100 兆瓦两档，达到第四代核电安全水平，适合陆上、海上、浮动等多种用途场景。SVBR 为铅铋快堆，燃料元件包壳管采用 EP-823 钢材料，内部装入二氧化铀芯块，冷却剂为铅铋共熔合金（熔点 123.5 ℃，沸点 1 670 ℃），整个一回路系统位于反应堆整体化容器的内部，完全消除了阀门和冷却剂管道。反应堆整体位于水槽内；水槽具有抗地震结构，发挥辐射屏蔽、非能动热排出系统的功能（见图 4-19）。

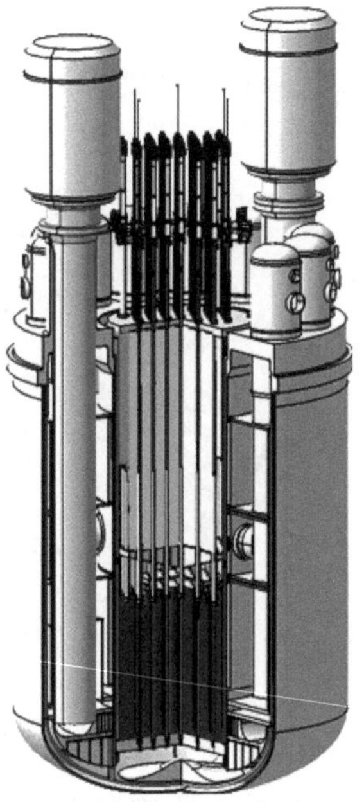

图 4-19　SVBR-100 的整体化反应堆模块

三、工业能力

俄罗斯核工业从 20 世纪 40 年代以来发展生产堆、研究堆、核动力、核能发电等一系列技术与装备，形成了规模庞大的核反应堆研发生产能力，包括四家核心设计单位 OKBM、NIKIET、IPPE、Gidropress，以及一批专业化的研发设计单位和制造企业（见表 4-7）。这些研发与制造单位在多年发展中形成了各自的优势技术领域。重大研制项目采取多方合作的方式，一家单位担任主设计机构，IPPE 或库尔恰托夫研究院担任科学指导，还有一批分包单位共同实施。

表 4-7　俄罗斯核动力与核能研制运行单位

类别	名称	缩写	核心业务领域
科研开发	阿夫里坎托夫机械制造实验设计局	OKBM	舰船反应堆、换料设备、钠冷快堆、小型堆、核动力设备
	多列扎利动力工程科研设计研究院	NIKIET	小型核动力、空间堆、研究堆、RMBK 反应堆
	莱布恩斯基物理与动力工程研究院	IPPE	液态金属反应堆、空间堆、同位素
	水压机实验设计局	OKB Gidropress	压水堆、铅铋冷却反应堆、钠冷快堆设备
	亚历山德罗夫科研技术研究院	NITI	陆上模式堆运行
	红星公司	—	空间堆
	卢奇科研与生产联合企业研究院	NII NPO Luch	空间堆燃料
	机械制造中央设计局	TsKBM	泵设备、空间堆、换料设备
	仪表工程专业科学研究院	SNIIP	仪表工程设计
	原子反应堆研究院	NIIAR 或 RIAR	反应堆材料与燃料
	反应堆材料研究院	IRM	反应堆材料与燃料
生产制造	工程技术中央科学研究院科研与生产联合企业	NPO TsNIITMASH	结构材料和焊接技术研发； 大型铸件生产；金属材料处理
	AEM 技术公司	—	全套设备生产
	奥尔忠尼基泽-波多利斯克工厂	ZiO-Poldolsk	反应堆容器等大型设备生产
	核管道线路安装厂	ATM	管道零件、组装装置
	AAEM 汽轮机技术公司	—	汽轮发电机、热交换器
	捷克 ARAKO 公司	—	阀门
	伊诺尔斯克工厂	—	反应堆设备
	捷克 ŠKODA JS a.s.公司	—	反应堆设备
	乌拉尔化学机械制造厂	Uralhimmash	反应堆设备
	下诺夫哥罗德机械制造厂	NMZ	反应堆设备
	莫斯科多金属工厂	MZP	反应堆控制系统
核电厂建造	核建造出口集团（合并公司：下诺夫哥罗德核能项目工程公司、莫斯科核能项目公司、圣彼得堡核项目公司、全俄电力技术科研设计研究院、莫斯科核建造出口公司）	ASE	核电厂设计与建造
核电厂运营	俄罗斯核电厂电能与热能生产公司	Rosenergoatom	核电厂运行
	原子能维修公司	Atomenergoremont	核电厂维修维护
	原子能销售公司	Atomenergosbyt	向部分地区销售电力

续表

类别	名称	缩写	核心业务领域
核电厂运营	原子技术能源公司	Atomtekhenergo	核电厂试运行
	全俄核电厂运行研究院	VNIIAES	核电厂技术支持
核动力破冰船运营	核船队	Atomflot	核动力破冰船运营、维护

图 4-20　俄罗斯核能与动力工业主要科研生产企业分布

1. 研发设计

（1）阿夫里坎托夫机械制造实验设计局（OKBM）

阿夫里坎托夫机械制造实验设计局（OKBM）目前隶属国家原子能公司机械工程部核能机械股份公司（Atomenergomash，AEM），是俄罗斯舰船核动力研发的核心机构。目前拥有多学科设计团队，具备测试与生产设施，主要业务领域包括海军核动力、破冰船及其他舰船核动力、快中子反应堆、中小型核电反应堆、高温气冷堆等，以及堆芯与燃料、反应堆设备（泵、控制与保护系统、热交换器、反应堆参数监测与控制等）、反应堆换料设备等。

苏联人民委员会 1945 年 12 月 27 日下达第 390/159 号政府行政命令，成立了特种机械设计局（OKB），属于高尔基第 92 兵工厂的一部分，以满足苏联原子能项目的需要。1946—1947 年，OKB 启动了铀浓缩扩散机的工作，在

1946 年到 1957 年期间，开发了 25 种各式扩散机，其中 9 种进行了批量化生产。另一方面，OKB 为苏联首个生产堆 A 反应堆开发卸料机械设备，1948 年以后开展 OK-110、OK-180 型号等生产堆设计。到 50 年代初，OKB 初具规模，具备开展大量实验研究的能力。50 年代，OKB 先后启动了破冰船核动力和潜艇核动力的研发，60 年代启动核潜艇换料装置研发、钠冷快堆研发设计等，还开发了潜艇铅铋冷却反应堆。随着业务领域不断扩展，苏联政府于 1963 年决定将 OKB 从高尔基第 92 兵工厂独立出来。1964 年 1 月 1 日，OKB 成为了一家独立实体，并在 1967 年 1 月 1 日正式命名为机械制造实验设计局，简称 OKBM。此后，舰船核动力、钠冷快堆、中小型核反应堆、高温气冷堆等领域研发也陆续开展。2004 年，俄联邦政府授予 OKBM 以联邦科研与生产中心的地位。2008 年 8 月，随着俄罗斯对核能发电企业进行大范围改组，OKBM 从国家单一制企业转变为股份公司，并进入原子能工业综合体股份公司（AEP）。2010 年，OKBM 被纳入到核能机械股份公司（AEM）。

OKBM 目前设有设计部、设计科学与技术校核部、生产设施、科学研究与测试综合体等。

设计部开展各类反应堆装置以及其主要部件的系统级开发，并编制设计文件，其下设有核蒸汽供应系统部件布局与流程图开发部门、反应堆与堆芯构造设计开发部门、各种反应堆基本设备（循环泵、热交换器、蒸汽发生器、阀、控制与保护系统驱动机构）开发部门、燃料操纵与处理设备开发部门等。

设计科学与技术校核部（DSTV）对反应堆寿命周期各阶段的可靠性与安全性开展分析与科学技术校核，优化设计方案，分析事故过程与后果，参与相关规范标准文件制定，其采用的大部分代码都是 OKBM 开发，并利用大量的基准测试和全规模测试以及运行数据库进行了校核。目前其广泛使用数值实验技术，在超级计算机上开展 3D 热工水力分析以及结构的温度与牵伸应力状态分析，并在一些情况下代替完整规模的实验，从而提高设计质量，降低工作的周期和成本。

生产设施具备现代的制造设备，确保制造出开发设备的原型装置、测试设施，以及用于俄罗斯海军舰队、核工业和非核通用领域的各类设备。生产设施总面积达 2.476 4 万平方米，工作人员 900 名。共有超过 530 台各类技术设备，包括 270 台金属切割机、20 台压力锻造机、50 多台焊接机、超过 30 台加热和成型设备。

科学研究与测试综合体（SRTC）配备有先进的实验设施与研究装置，对新开发的设备开展中子学、热工水力、力学和寿期特性的实验研究以及测试。其测试活动覆盖：控制棒驱动机构与燃料操纵设施；阀与安全装置；循环泵、相关的摩擦单元和轴密封；热交换器与蒸汽发生器等。研究活动覆盖：中子特性；反应堆堆芯与蒸汽发生器的热物理学；核电厂回路的物理学与化学过程；结构的稳态与动态强度；机械装置与结构的诊断。

（2）多列扎利动力工程科研设计研究院（NIKIET）

多列扎利动力工程科研设计研究院（NIKIET）前身是1942年在莫斯科成立的化学机械制造研究所（NIIkhimmash）。1952年苏联部长会议下达命令，将其改为第8研究院（NII-8），后又改名为多列扎利动力工程科研设计研究院。

NIKIET从20世纪40年代以来，作为主设计单位，陆续开发了产钚堆A堆和I-1堆、VM-A第一代潜艇压水堆核动力系统、661型钛艇体潜艇的V-5核动力装置、世界上首座核电厂奥布宁斯克核电厂反应堆、两用生产堆EI-1、别洛亚尔斯克核电厂的AMB-1和AMB-2反应堆、装备特种任务核潜艇的一体化核动力装置、651E柴-电潜艇的辅助动力装置VAU-6、RBMK核电反应堆，以及27座各类研究堆[150]，还曾开展核热推进、高温气冷堆空间核反应堆电源、核聚变等领域技术研发。

NIKIET目前研发项目主要包括：研发“突破”项目实验示范能源综合体的BREST-OD-300铅冷快堆；开发SHELF等多种中小型移动式或固定式反应堆电站设计；开发兆瓦级空间核动力飞船的反应堆装置；设计MBIR多用途快堆；RBMK反应堆的现代化改造与运行支持等。NIKIET还是ITER国际热核实验堆项目的参与单位之一。

NIKIET还拥有60多年反应堆等核设施控制系统与设备的研制和维护经验，目前设有自动化部，主要活动包括开发核反应堆的堆内传感器和换能器、控制与保护系统、驱动机构和执行机构、控制系统电子设备以及软硬件、计算机控制系统、安全控制系统的不间断供电设备、综合自动化系统等。

NIKIET自成立以来就建立了生产基地，开展制造技术开发和新型反应堆设备测试，以及核电厂、核潜艇、研究堆设备的批量化生产。目前NIKIET的生产基地包括3个场址，总人数超过300，主要产品为传感器、RBMK反应堆部件、金属产品（铝、钛、锆）等，2017年产值超过20亿卢布。P-1生产基地开展反应堆部件加工，有超过100台机床设备；SSP-2组装与焊接生产基地开展传感器制造和大尺寸产品制造，包括大型钛结构焊接、异种材料焊接等，有超过150台各种设备；P-3生产基地装备高技术复杂机械加工设备，可为ITER项目开展金属加工，拥有20多台机床设备[151]。

（3）莱布恩斯基物理与动力工程研究院（IPPE）

莱布恩斯基物理与动力工程研究院（IPPE 或 FEI）前身是 1945 年成立的 V 实验室，也是苏联成立的第一个专门开发动力堆的科研机构。IPPE 拥有“国家科学中心”地位，目前隶属国家原子能公司的创新管理机构，在技术发展中发挥先导和引领作用，在重大项目中承担科学指导职能。

V 实验室成立初期就开展了用浓缩铀和水构成核反应堆的研究，50 年代接手了苏联首座核电厂奥布宁斯克核电厂的开发建设工作，并确定将核电热堆、核电快堆、潜艇反应堆、空间反应堆作为主要发展领域。在核电领域，IPPE 陆续研发了别洛亚尔斯克核电厂的 AMB 反应堆、比利比诺核电厂的 EGP-6 小功率核电反应堆以及 RBMK 反应堆，特别是在钠冷快堆的发展中起到引领作用，曾对 BN-350、BOR-60、BN-600 开展了实验、设计、研发。在潜艇核动力方面，IPPE 早在 50 年代就提出了压水堆和液态金属冷却反应堆两条发展路线，并建立了两座陆上模式堆，压水堆 27/VM 于 1956 年试运行，铅铋合金冷却反应堆 27/VT 于 1959 年试运行。这两座陆上模式堆都包含了核潜艇的反应堆以及汽轮机舱[152]。IPPE 还从 50 年代以来开展空间核反应堆电源和核热推进技术研究，其研发的 Buk 型和 Topaz 型空间反应堆实现应用，还曾在 1954 年对液态金属冷却飞机核反应堆开展了可行性研究。

IPPE 目前设有核动力部、应用物理学部、同位素与放射性药物科学工业综合体、创新反应堆材料与技术部、“代码项目”责任中心等，并拥有大型实验基地。

核动力部主要发展快堆、小型堆和自主化反应堆，并开展热物理学、液态金属、辐射化学、生态学等研究开发。（1）快堆领域目前开展项目包括 BN-1200、BREST-OD-300、SVBR-100、MBIR、BN-VT（钠冷高温反应堆）等。（2）小型堆方面开展了自主式反应堆、小型可移动反应堆、供热反应堆等设计。（3）热物理学方面设有水冷却剂热工水力实验室、液态金属冷却剂热工水力实验室及安全系统研究实验室，并有水力学台架、水热工水力台架、液态金属热工水力台架、液态金属技术台架，还有 STF 氟利昂热物理学台架、SPRUT 通用台架、LIS-M 集成锂研究台架等。（4）其他研究领域包括液态金属技术实验室和介质清洗物理化学实验室，拥有 TT-1M、TT-2M 液态金属台架等研究设施。

应用物理学部开展基础研究、核激光与光子学、特种电源系统、反应堆技术诊断与实验物理研究等。（1）基础研究覆盖核物理学、核数据、辐射材料科学、加速器技术等，拥有串列加速器、级联加速器、静电加速器等实验能力。（2）核激光与光子学领域设有技术物理学实验室、原子激发实验室、RLK-8 激光器反应堆综合体，开展等离子体物理学、裂变能直接转换、核激励激光、空间反应堆、热离子发电元件等相关研究，其 BARS-6 快中子脉冲反应堆 1995 年运行，作为强中子源和伽马射线源用于核激励激光器、脉冲辐射照射等应用物理学研究。（3）特种电源系统领域开展空间核电源和其他相关系统开发和测试，对热离子发电通道的特性开展计算研究等，拥有 USU-3、UMI-TEP、USP 台架用于电加热的热离子发射换能器的研究与测试，还针对北极地区应用设计了小功率热离子反应堆。（4）反应堆技术诊断与实验物理研究开展热堆和快堆监测、诊断系统研发等。

同位素与放射性药物科学工业综合体的产品有锝-99m 发生器 GT-2m 和铼-188 发生器 GREN-1、碘-125 近距离治疗微源、钌-106 眼科治疗器、中子和伽马辐射源等，并开展相关分析测试、放射源维护、核材料衡算与控制等业务活动。

创新反应堆材料与技术部开展反应堆活性区元件技术、反应堆材料、特种核电源技术等研究，以及堆芯元件和各种反应堆的各种成分燃料元件的制造技术开发。实验基地的 1 号研究综合体开展核燃料热物理、热机械、电物理特性等测量；2 号研究综合体开展反应堆材料的结构、化学组成、相组成、物理—机械特性研究；燃料综合体开展反应堆活性区元件和燃料制造技术开发与制造；测试综合体包括一系列大型液态金属装置与台架（TsU-2M、SM-1、SM-2、KP-1、TsU-20N、TsU-20V），开展结构材料腐蚀测试、长时间高温测试等；技术综合体生产各类燃料包壳管，开发燃料制造技术，并开展原型和实验样本试制等。

“代码项目”责任中心开展 VVER 压水堆和快堆数学模型与代码开发，针对核电厂热物理学和物理化学安全问题，开展基础研究和应用研究两个方向活动，设有核电厂热力物理学与物理化学安全问题实验室、热工水力求解实验室、热机械学实验室、求解代码支持中心等。

（4）水压机实验设计局（OKB Gidropress）

水压机实验设计局（OKB Gidropress）是 1946 年初根据苏联人民委员会命令成立的波多利斯克机械制造工厂下设的水压机特种设计局，后来改名为水压机实验设计局。目前隶属国家原子能公司机械工程部核能机械股份公司（AEM）。

水压机实验设计局在成立之初曾参与石墨生产堆和重水堆、MR 研究堆以及首座核电厂奥布宁斯克核电厂的设计研发。水压机实验设计局为奥布宁斯克核电厂研制了蒸汽发生器、热交换设备和相关管道。水压机实验设计局还为原子反应堆研究院（NIIAR）设计 VK-50 沸水堆，该反应堆 1965 年建成运行，用于研发和地方供电。

1955 年，水压机实验设计局开始 VVER 反应堆研发，1956 年完成 VVER-1（V-1）技术设计，首座反应堆 1959 年开始建造，1963 年建成，1965 年试运行。1971 年 9 月 16 日，苏联政府任命水压机实验设计局为 VVER 反应堆装置的首席设计机构。水压机实验设计局陆续开发了一系列型号的 VVER 反应堆，主要包括 VVER-440（V-179、V-230、V-213、V-270）、VVER-1000（V-187、V-302、V-320、V-338、V-428）等，本世纪以来又发展了 VVER-1200 和 VVER-TOI。VVER 型反应堆在世界上多个国家建成，现成为俄罗斯核电技术出口的主打反应堆。

水压机实验设计局还在 1955 年年底启动核潜艇铅铋冷却反应堆的技术设计。核动力装置技术设计于 1957 年获得批准，潜艇 1959 年开始在北方机械制造企业建造。1962 年，水压机实验设计局又启动项目 705K 型核潜艇 BM-40A 反应堆技术设计。该装置技术设计于 1965 年获得批准。水压机实验设计局和 143 特种设计局（SKB-143，后命名为孔雀石圣彼得堡海洋机械制造局）开发了设备布置，波多利斯克工厂担任主供应商。基于潜艇铅铋反应堆研发经验，水压机实验设计局又设计了 SVBR-100 型铅铋冷却小型反应堆。

水压机实验设计局 1964 年开始担任 BOR-60 钠冷实验快堆反应堆以及其一、二回路设备的首席设计机构。该反应堆 1968 年物理启动。随后水压机实验设计局开发了 BN-350 的中间热交换器和蒸汽发生器并开展完整规模的台架试验（反应堆和辐射屏蔽由 OKBM 开发），后来又开发了 BN-600 的 PGN-200M 蒸汽发生器以及 BN-800 的蒸汽发生器[153]。

目前，水压机实验设计局主要业务部门包括液态金属冷却剂反应堆部、反应堆装置设计与建造部、反应堆装置项目管理部、反应堆装置基本系统与设备设计部、反应堆装置蒸汽发生器与热交换设备设计部、核燃料处理与控制设备设计部、反应堆方案与自动化部、热物理学部、结构完整性部等科研部门。还设有生产基地和实验研究综合体。生产基地工作人员和工程师有 300 人，各种技术设备 180 多台，可批量生产核反应堆的高技术设备。实验研究综合体拥有实验工程师超过 100 人，超过 30 个台架和装置，包括反应堆结构元件测试台架、热物理学台架、材料测试台架、反应堆设备测试台架、现场测量系统等。2000 年以来，水压机实验设计局还作为 VVER 反应堆核电厂技术支持中心，开展反应堆事故应急状态评价、事故后果预测以及事故后措施建议等。

（5）亚历山德罗夫科研技术研究院（NITI）

亚历山德罗夫科研技术研究院（NITI）位于索斯诺维博尔的亚历山德罗夫，1962 年 7 月 17 日作为库尔恰托夫研究院的分支机构建立[154]，1979 年以后独立。2014 年，NITI 作为海军核推进装置全面测试中心，被列为俄罗斯 8 个联邦核组织之一，也是 8 个联邦核组织中唯一和海军核动力相关的机构，性质为联邦国家单一制企业。

NITI 成立以来主要参与海军核推进装置及其系统与部件的设计、测试与支持，曾运行了 4 座陆上模式堆并将其作为培训设施，包括 KM-1、KV-1、KV-2 以及 VAU-6，此外还研制用于培训海军反应堆操纵员的模拟系统，开发工业用途的自动控制系统、自动辐射监测系统等[155]。

NITI 的首座陆上模式堆（又称台架）1971 年建成，用于测试 VAU-6 核动力装置。该装置为沸水堆，冷却剂自然循环，是柴油动力潜艇的辅助电源装置[156]。

KM-1 于 1978 年建成运行，用于测试 705 型潜艇的铅铋反应堆核动力装置。KM-1 活性区产生的能量达到计算储备量的 105%。目前该装置正在退役。

KV-1 于 1975 年建成，支持第三代核潜艇核动力研制，在第三代核潜艇建成以前在技术、单个设备与系统运行以及装置整体运行特性方面获得大量信息，确保了第三代核潜艇的成功交付和测试。目前，KV-1 仍继续运行并开展试验，目标是进一步提升核动力装置的可靠性和安全性，扩大技术资源并延长设备与系统寿命，改进装置控制算法等。

KV-2 陆上模式堆 1996 年投入运行，用于测试一体化核动力装置，该装置采用新原理实现冷却剂循环。KV-2 开展的试验支持动力装置研制，以及决定这种类型的核动力装置用于移动式和固定式能源的可能性（见图 4-21）。

图 4-21　KV-2 陆上模式堆控制台

伴随陆上模式堆发展，NITI 还建立了测量与计算综合体，用于实时收集、处理、显示陆上模式堆系统与设备运行的信息；开发了全面的数学模型，用于提升测试安全性，以及为培训操纵员建立全规模的模拟器；建立了化学、放射化学和辐射测量技术综合体，支持核动力装置测试（见表 4-8）。

表 4-8　俄罗斯潜艇核动力陆上模式堆

名称	运行时间	所在地	应用对象	装艇级别
27VM	1956—	IPPE	第一代 VM-A 型潜艇核动力	“十一月”级、“旅馆”级、“回声”级、“回声 2”级核潜艇
27VT	1959—1976	IPPE	液态铅铋合金冷却反应堆	装备一艘“十一月”级改装潜艇
KV-1	1975—	NITI	第三代 VM-5 型潜艇核动力	装备 949 型（奥斯卡级）、685 型（麦克级）、945 型（塞拉级）、971 型（阿库拉级）、941 型（台风级）核潜艇
KV-2	1996—	NITI	全自然循环的一体化核动力技术研发	未在潜艇上应用
KM-1	1978—1986	NITI	VM-40 液态铅铋合金冷却反应堆	“阿尔法”级核潜艇
VAU-6	1971—	NITI	沸水堆	Nerka 号和“萨洛夫”号试验艇

（6）红星公司

红星公司成立于 1972 年 11 月 28 日，位于莫斯科，成立时名称为红星科研生产联合企业（NPO Krasnaya Zvezda），后改名红星国营企业，2001 年其性质从联邦国家单一制企业转变为开放式股份公司，2018 年转为股份公司[157]。

红星科研生产联合企业成立的目的是将当时分散的科研生产力量集中起来，加速发展空间反应堆电源装置，作为牵头组织，进行开发、制造和供应。红星科研生产联合企业创建时合并了“曙光”设计局、航空工业部的莫斯科红星设计局（MKB），并吸收了航空工业部“联盟”莫斯科机械制造厂（TMKB）的一批专家[158]。TMKB 早在 1962 年就开展 Topaz-1 热离子反应堆电源研发。莫斯科红星设计局当时也在从事热离子空间核反应堆电源技术开发。“曙光”设计局主要开发空间涡轮机核电源装置以及同位素电源装置。红星科研生产联合企业在 20 世纪 70 年代到 80 年代开展了 US-A 卫星装备的 Buk 和 Topaz-1 空间核反应堆电源工程设计和制造。

目前，红星公司除了空间核反应堆电源领域研发和实验测试外，业务领域还覆盖其他空间和地面应用产品以及非核技术领域，供应多种核设施设备，包括核工业用密封电气设备、反应堆参数控制软硬件、空间系统恒温装置等。

（7）卢奇科研与生产联合企业研究院（NII NPO Luch）

卢奇科研与生产联合企业研究院（NII NPO Luch）前身是1946年在波多利斯克成立的隶属于稀有金属工业科研与开发研究院（Giredmet）的示范工厂，目的是为当时初创的核工业生产铍、锆等材料，1949年命名为波多利斯克示范工厂，1955年内部成立研发部门开展稀土元素、铍、锆和燃料元件相关研究。其开发的铀-铍反应堆堆芯于1956年开始生产。1960年，根据中型机械制造部命令，波多利斯克工厂改组成为燃料元件研究院（NIITVEL），主要任务是为特种反应堆装置以及转换器开发高温燃料元件以及作为高温燃料元件包壳的高温材料及其制造技术。1967年，NIITVEL改名波多利斯克技术研究院，后来又改为卢奇研究院（NII Luch），1989年改为卢奇科研与生产联合企业研究院（NII NPO Luch），于2001年成为联邦联邦国家单一制企业。

卢奇科研与生产联合企业研究院1962年开始先后为IVG-1、Topaz-2、IR-100（IRGIT）、BIGR、“帕米尔”等装置研制了反应堆活性区，此外还开展高温气冷堆燃料制造技术研发，成为了重要的的高温燃料与结构材料研发基地；开展了热离子元件新材料新技术研究，开发了多种核能和非核能使用的单节和多节热离子发电通道（EGC），后来又开发了双模式EGC，并制造了双模式9节EGC；本世纪以来为IVG-1、IGR等反应堆生产低浓铀燃料，为“突破”计划研发高密度核燃料，目前还是高精度可靠温度控制传感器的领先企业。

（8）机械制造中央设计局（TsKBM）

机械制造中央设计局（TsKBM）股份公司成立于1945年，原名列宁格勒基洛夫工厂设计局（OKB LKP），1964年成为一家独立科研生产机构TsKBM，现在隶属于国家原子能公司的机械工程部AEM公司（Atomenergomash）。

TsKBM目前主要活动是核电厂主循环泵、密封泵、离心泵以及核工业远程控制设备的设计和制造。TsKBM是俄罗斯VVER反应堆主泵的唯一开发和制造企业，其最新成果是开发了一种没有油润系统的主泵，其中所有部件都依靠水来润滑和冷却，提高了核电厂的消防安全。TsKBM的测试综合体可在模拟反应堆运行的温度、压力、冷却剂条件下对泵设备进行完整规模测试。其研发的远程控制设备也用于核电厂、乏燃料贮存设施等的放射性材料处理。

TsKBM在20世纪40年代建成初期曾开展铀浓缩扩散机研制以及扩散厂主要设备和辅助设备，50年代以后又开始研制铀浓缩离心机，共研制6代离心机。

1952 年年底，TsKBM 开始负责为核潜艇反应堆装置开发泵设备，首台主泵 TsEN-602 于 1953 年研制成功，此后为各代核潜艇、核动力破冰船、核电厂开发了各种型号的泵设备。核电厂使用最多的主泵为 GTsEN-310（ГЦЭН-310）型。为 VVER-1000 反应堆专门研制的为 GTsN-195M。采用水润滑轴承的 GTsNA-1391 提高了安全性和可靠性，出口到布什尔核电厂和田湾核电厂。

TsKBM 20 世纪 50 年代还和 IPPE 研制了 TES-3 移动式压水堆电厂。反应堆 1961 年达到临界。TsKBM 还在 60 年代启动了“叶尼塞”（Topaz-2）空间反应堆电源研制，担任主设计单位。

TsKBM 从 1967 年开始研制核领域用的特种远程控制设备，多年以来开发制造了大量的此类机械装置、操纵器、换料设备、热室设备等。在核电厂方面，主要成就是为 RBMK 反应堆研制的 RZM-488 换料装置，用于 RBMK-1000 和 RBMK-1500 反应堆在运行期间和停堆期间进行换料，从 1973 年到 1988 年共制造 18 台。在舰船核动力方面，1972 年为“列宁”号和“北极”号破冰船研制了换料设备，1981 年到 1982 年为“北极”号和“西伯利亚”号研制换料设备。TsKBM 还开发了放射性材料操纵使用的远程控制设备，广泛用于多个核电厂、研究院、工厂等，包括为 RT-1 后处理厂开发了一个空间核反应堆电源装置乏燃料切割室[159]。

TsKBM 在索斯诺维博尔还设有分支机构 TsKBM 2。该机构作为实验与生产基地，拥有先进泵设备研究测试设施以及一系列独特的测试台架。其摩擦副材料的研究和实验工作，促使 VVER 新一代无油润主泵开发成为可能。目前正在建立新的核工业用多级泵通用测试台架。

（9）仪表工程专业科学研究院（SNIIP）

仪表工程专业科学研究院（SNIIP）成立于 1952 年，目的是开展核领域的核与辐射安全科研，几十年来在核仪表设备、电离辐射参数测量仪表、综合自动化监测系统等的理论基础和设计方法上做出了显著贡献，在俄罗斯建立起核仪表工程学科，开发并应用了大量工业设施与国防装备使用的测量、信息、控制软硬件系统，包括好几代、超过 2 500 种各种设备与系统，应用于俄罗斯所有核动力海军舰艇和破冰船、几乎所有核电厂以及多个研究设施。SNIIP 还领导了俄罗斯辐射安全体系概念与原则的起草建立，在 16 个部委大批下属企业的参与下，形成了国家统一辐射形势监测自动化系统的思路与概念。

SNIIP 目前是俄罗斯核领域仪表工程设计的主要企业，其研制活动包括核电厂、研究堆与其他核设施的自动化辐射监测系统；用于核工业企业与俄罗斯境内的辐射形势自动化监测系统；核反应堆的自动化监测、控制、诊断系统；核材料、放射性物质、放射性废物的衡算与控制系统和装置；人员辐照剂量监测设备与软硬件；核材料安保措施；核电厂和核潜艇退役技术工艺的控制系统；核测量与信息技术的计量学支持等。此外还开发计算机建模、等离子体废物处理、微纳米电子器件、ECOR 有机硅抗辐射材料、特种纤维等。

SNIIP 隶属于国家原子能公司的机械工程部核能机械公司（AEM），2019 年还加入了国家原子能公司自动化控制系统与电气工程的行业集成公司 Rusatom 自动化控制系统公司（RASU）。

2. 生产制造

前述 OKBM、NIKIET、Gidropress、红星公司等研发设计单位，本身也具备专业化制造能力，供应反应堆设备和部件等。俄罗斯还有一批单位专门从事反应堆设备、材料、部件等的技术研发与批量供应。这些机构大部分隶属于国家原子能公司的机械工程部 AEM 公司，也有一些不属于国家原子能公司。

（1）工程技术中央科学研究院科研与生产联合企业

工程技术中央科学研究院科研与生产联合企业（NPO TsNIIT MASH）是 1929 年在列宁格勒金属研究院基础上成立一家独立研究院，位于莫斯科，早期主要面向国防领域开展研发，解决大尺寸机械与装置制造问题，1997 年成为工程技术科学生产联合企业，1994 年获得国家科学中心地位，目前性质为股份公司，隶属于 Rosatom 的机械工程部 AEM 公司（Atomenergomash）。

TsNIITMASH 目前业务面向能源、冶金、化学与石化、运输、天然气与矿业工业等，设有冶金与机械工程研究所、材料科学研究所、表面技术与纳米材料研究所、焊接与无损测试研究所以及示范工厂。在核能领域，开展工作涉及核能设备制造技术研发以及安装运行、焊接材料与焊接技术、无损质量控制方法、热处理等，20 世纪 70 年代以来参与国内外近 20 个核电厂研发建设，为 VVER-1000 反应堆开发了结构钢材料、焊接材料，并生产了大型铸锭、铸件，开展金属成形、焊接和表面处理、热处理、质量控制等工作。

（2）AEM 技术公司

AEM 技术公司隶属于国家原子能公司机械工程部 AEM 公司（Atomenergomash），拥有 2 家俄罗斯生产企业和 1 家位于乌克兰的生产企业[160]，其性质为股份公司，业务领域包括核工业设备、石油与天然气工业设备、热电厂设备、管道配件、冶金工件、大型焊接结构、阀门等。在核工业领域，目前是俄罗斯唯一能生产全套核电厂反应堆设备的企业，产品包括反应堆容器以及内部构件和上部装置、压力补偿器、完整的蒸汽发生器、主泵、主泵管道与主泵壳体、应急堆芯冷却系统和非能动堆芯冷却系统的水电装置、堆芯熔化收集器、运输设备、楔式闸阀和止回阀等。此外还提供乏燃料运输与贮存解决方案，包括延性铁材料容器。

AEM 技术公司位于伏尔加顿斯克的分支机构又称原子机械制造公司（Atommash），位于罗斯托夫地区，苏联部长会议 1969 年下达命令成立，1972 年完成工厂技术设计，1974 年开始建造，1979 年开始制造反应堆容器，到 1991 年共制造 13 个反应堆容器和上百件反应堆设备以及石化和冶金大型设备。1997 年，Atommash 进入能源机械集团，生产燃气涡轮电厂设备。2012 年，Atommash 成为圣彼得堡 AEM 技术工程公司下属生产企业，开始恢复核电厂设备生产，对俄罗斯唯一的 1.5 万吨液压机、多种热处理设备进行翻新，建立了制造蒸汽发生器的弯管设施和组装设施，开始为白俄罗斯核电厂、罗斯托夫核电厂生产反应堆容器和蒸汽发生器。

AEM 技术公司的彼得罗扎沃茨克分支机构又称彼得罗扎沃茨克机械制造厂（Petrozavodskmash），位于卡累利阿地区，20 世纪 60 年代成立以来主要任务是生产大型造纸设备，七八十年代曾是国内最大造纸设备生产厂，90 年代成为联合股份制公司，本世纪初以来还生产了大量石油和天然气设备，并开始开发核工业的乏燃料延性铁材料容器和核电厂设备。2010 年，Petrozavodskmash 成为了 AEM 技术公司的生产企业。

AEM 技术公司在 2010 年 12 月合并了乌克兰的特种钢能源机械工厂（Energomashspetsstal，EMSS），后者是东欧地区最大的特种钢材料冶金生产企业。该企业成立于 20 世纪 60 年代，最初是为了供应大型钢铸件、锻件和焊接坯料，1973 年到 1982 年为生产核电与水电设备进行了改造，运行了 1.5 万吨压力机，2012 年完成为期 7 年的升级改造，2013 年开始参与俄罗斯新一代破冰船的 RITM-200 核动力装置的设备制造。

（3）奥尔忠尼基泽—波多利斯克工厂（ZiO–Poldolsk）

奥尔忠尼基泽—波多利斯克工厂（ZiO-Poldolsk）于 1919 年成立，曾先后生产石化工业裂化设备、蒸汽机车、电力机车、弹药、装甲、锅炉等，1952 年开始制造核电厂的热机设备，2000 年成为股份制公司，2007 年加入国家原子能公司的机械工程部 AEM 公司（Atomenergomash）。

奥尔忠尼基泽—波多利斯克工厂目前为核能、热电站、天然气和石化工业领域生产大型设备。在核能领域是俄罗斯的核电厂设备供应领先企业，其产品包括反应堆容器、蒸汽发生器、过热蒸汽分离器、汽轮机再生加热系统等，以及各种用途的热交换器、过滤器、管道零件、绝缘材料、蒸发装置、设备检测系统等。近期，奥尔忠尼基泽-波多利斯克工厂为俄罗斯新一代“北极”级破冰船建造了反应堆装置。

（4）核管道线路安装厂（Atomtruboprovodmontazh）

核管道线路安装厂（Atomtruboprovodmontazh，ATM）股份公司成立于 2001 年，2009 年成为国家原子能公司机械工程部核能机械公司（AEM）旗下企业，其主要活动是生产和供应核电厂和热电站、天然气与石化设施的高低压管道零件、组装装置。2016 年开始，ATM 公司将原有位于奥伦堡和乌多姆利亚的生产设施合并到伏尔加顿斯克，以原 Atommash 的 3 号车间为基础建立了新设施，2018 年 12 月开始生产。

（5）AAEM 汽轮机技术公司

AAEM 汽轮机技术公司位于圣彼得堡，2007 年成立，是 AEM 旗下奥尔忠尼基泽—波多利斯克工厂（51%）和通用电气—阿尔斯通（49%）的合资公司，其任务是为俄罗斯在国内外建造的核电厂供应汽轮机厂房设备，产品包括 ARABELLE 半速汽轮机、GIGATOP-4 极汽轮发电机、热交换器等，还提供核电厂翻修服务。近期项目包括为 VVER-TOI 反应堆汽轮机房提供产品。

（6）捷克 ARAKO 公司

ARAKO 公司 1992 年成立，位于捷克共和国奥帕瓦，2007 年被国家原子能公司机械工程部 AEM 收购，2011—2013 年进行了大范围现代化，其产品主要是核工业的各类阀门。

（7）联合重型机械工厂（OMZ）集团

联合重型机械工厂（OMZ）集团是独立于国家原子能公司外的大型生产制造企业，由十几家工厂组成，分布于俄罗斯和捷克，控股公司为俄罗斯天然气工业银行（Gazprombank），业务领域包括核能设备、石化工业设备、钢材料产品、低温技术、管道阀门等。在核能设备领域，该企业也是世界上少数能够生产整装压力容器的企业之一，并生产乏燃料运输贮存容器，向核电厂提供工程与维修服务等。其生产的设备供应给包括俄罗斯在内的世界多个国家的核电厂。

OMZ 集团下属有 3 家工厂从事核领域制造[161]：

伊诺尔斯克工厂（Izhorskiye Zavody），俄罗斯历史最厂的工业企业之一，于 1722 年由彼得大帝下令成立，三个世纪以来不断发展新产品。目前该企业是一家现代化的机械制造企业，从事核能设施和高能物理研究领域设备的设计与生产，还生产其他工程产品。迄今生产的 VVER 反应堆设备 50 多套，近年来为田湾核电厂、印度古丹库兰（Kudankulam）核电厂、俄罗斯罗斯托夫核电厂、伊朗布什尔核电厂的 7 台机组供应了整套 VVER-1000 反应堆设备。2011 年又制造了全国首个 VVER-1200 反应堆容器。近年还为“罗蒙诺索夫院士”号浮动核电厂制造了反应堆容器。伊诺尔斯克工厂旗下还有一家 TK OMZ Izhora 科学研究中心，提供材料科学测试与研究支持。

捷克 ŠKODA JS a.s.公司，从 1956 年开始参与核电项目，2004 年加入 OMZ 集团。ŠKODA JS a.s.公司曾制造斯洛伐克博胡尼采（Bohunice）核电厂的气冷重水堆，1980 年制造了首个 VVER-440 反应堆，1989 年制造了首个 VVER-1000 反应堆，迄今为止共制造了 21 套 VVER-440 反应堆系统和 3 套 VVER-1000 反应堆系统，包括反应堆容器、内部构件、控制棒驱动机构以及其他关键部件。该公司还制造西方国家设计压水堆和沸水堆部件以及乏燃料运输贮存容器，迄今生产的乏燃料容器近 400 个。

乌拉尔化学机械制造厂（Uralhimmash），成立于 1930 年，目前为股份公司，2008 年加入 OMZ 集团，从 20 世纪 50 年代开始制造核设施设备，60 年代以来曾为多个俄罗斯核电厂制造金属结构，并曾参与别洛亚尔斯克核电厂 BN-600 和 BN-800 建设，产品包括热交换器、液态金属冷却剂设备、安全系统钢结构、乏燃料运输容器等。该工厂还制造天然气与石化、运输、化工、化肥、冶金等工业设备。

（8）下诺夫哥罗德机械制造厂（NMZ）

下诺夫哥罗德机械制造厂（NMZ）成立于 1932 年，旧名称有高尔基机械制造厂、斯大林第 92 号工厂、新索莫沃机械制造厂等，在苏联卫国战争期间曾是苏联最大火炮制造企业，二战结束后开始生产石油、核能等领域设备，1994 年成为金刚石—安泰东哈萨克斯坦股份公司下属企业，2004 年被俄罗斯政府列入战略企业名单。目前，下诺夫哥罗德机械制造厂是俄罗斯最大军工企业之一，性质为股份公司[162]。下诺夫哥罗德机械制造厂为俄海军舰艇制造反应堆装置，近年来还为俄罗斯“罗蒙诺索夫院士”号浮动核电厂制造了 KLT-40S 反应堆装置。

（9）莫斯科多金属工厂（MZP）

莫斯科多金属工厂（MZP）于 1932 年在 Gintsvetmet 莫斯科实验工厂和应用矿物学与有色金属研究院的察里津诺实验化学站基础上成立，成立时名称为 A 类实验冶金工厂（A 工厂），1967 年改名为莫斯科多金属工厂。

MZP 最初成立是为了生产航空工业所需的铍材料并发展各类稀土金属相关技术，曾开发 25 种稀土金属元素的技术并进行生产。MZP 从 60 年代初以来开始生产核工程产品，主要活动是研制和生产各类反应堆的调节、控制、保护系统，用于 VVER-440、VVER-1000、RBMK、BN-350、BN-600 等动力堆，以及研究堆和船用反应堆等。

3. 核电厂设计建设与运行

（1）设计建设

俄罗斯国内外核电厂设计与建造由国家原子能公司的工程部，即核建造出口集团（Atomstroyexport Group of Companies，ASE）管理实施。ASE 集团整合原有的 4 家核电建设公司，即下诺夫哥罗德核建造出口公司（ASE EC）、莫斯科核建造出口公司（Atomstroyexport）、莫斯科核能项目公司（Atomenergoproekt）、圣彼得堡核项目公司（Atomproekt），2016 年完成整合。除了这几家主要公司，ASE 集团还拥有多家从事核电厂土建工程的公司以及从事核退役的 Nukem 公司。

能力整合。俄罗斯核电厂设计建造企业源于 1924 年在莫斯科成立的热电项目（Teploelektroproekt）研究设计院。该机构最初设计了全苏联的水电站和热电站，1958 年由苏联政府任命为核电厂的总设计机构，1982 年重组为核能热电项目（Atomteploelektroproekt）研究院，后来其分支机构独立出 3 家核能项目（Atomenergoproekt）研究院，分别位于下诺夫哥罗德、圣彼得堡、莫斯科，开展核电厂选址、工程文件与图纸编制、施工场地指导与技术支持、设备安装活动组织、设备与材料供应、核电厂启动与试运行等。俄罗斯、独联体国家、东欧国家的绝大多数核电厂都是这 3 家单位设计建设的。

下诺夫哥罗德 Atomenergoproekt 研究院是从 Teploelektroproekt 于 1951 年在下诺夫哥罗德（1991 年以前叫做高尔基市）成立的分支机构 Gorenergoproekt 设计局发展而来，1968 年开始设计核电厂，在 2007 年年底改革为 Atomenergoproekt 下诺夫哥罗德工程公司（NIAEP）股份公司。

Atomstroyexport（ASE）股份公司是 1998 年在 2 个海外核电厂建设大型组织基础上成立的，成为全球核电建设市场上代表的俄罗斯力量。这两家机构名称分别是 Atomenergoexport 和 VPO Zarubezhatomenergostroy。

2012 年，NIAEP 和 Atomstroyexport 成立了 NIAEP-ASE 联合工程公司[163]。2014—2015 年，莫斯科 Atomenergoproekt 也合并到 ASE 公司集团。

圣彼得堡 Atomenergoproekt 和圣彼得堡的全俄电力技术科研设计研究院

（VNIPIET）于 2013 年合并成 Atomproekt 股份公司。VNIPIET 曾设计建造俄罗斯第一座核电厂奥布宁斯克核电厂以及核工业企业的大量工业项目，并研制了全世界 20 个研究堆。2015—2016 年，Atomproekt 也合并到 ASE 集团。

（2）运行

俄罗斯国家原子能公司动力工程部“俄罗斯核电厂电能与热能生产公司”（Rosenergoatom）负责俄罗斯核电厂从选址、建造、试运行、运行、退役的整个周期以及其他运营职能。Rosenergoatom 还作为电力市场上的独立实体出售核电厂生产的电力。

Rosenergoatom 于 1992 年依据总统令成立，成立之初为国有企业（SOE）股份公司，根据 2001 年联邦政府命令第 1207 号，从 2002 年 4 月 1 日重组为联邦国家单一制企业。2007 年 AEP（Atomenergoprom）股份公司成立后，Rosatomenergo 于 2008 年重组为开放股份公司 Energoatom，100%股份由 AEP 所有。2009 年 11 月，Energoatom 又再次改名为 Rosenergoatom[164]。

Rosenergoatom 下属机构包括：10 个运行核电厂作为分支公司、各地在建核电厂管理处；核电厂应急响应的科研中心；科学与工程中心；退役示范工程中心；工程设计部办公室；资本项目实施部办公室；浮动核电厂建造运营处等。Rosenergoatom 还有 4 家核电运行相关的企业：

原子能维修（Atomenergoremont）股份公司：负责核电厂设备的维护、维修和现代化改造，包括开展设计与技术、维修和组装运行等活动。

原子能销售（Atomenergosbyt）股份公司：作为供应商向库尔斯克、特维尔、斯摩棱斯克、摩尔曼斯克州等地供应电力，并销售其他产品和服务。

原子技术能源（Atomtekhenergo）股份公司：1983 年成立，开展核电厂试运行，改善核电厂的运行与管理组织，包括核电厂所有设备的各种启动和校正，总部位于莫斯科，在各地设有 8 个分支机构，其中 6 个专业开展核电厂试运行工作，2 个专业开展运行人员培训。

全俄核电厂运行研究院（VNIIAES）股份公司：向核电厂提供研发、技术和运行支持，包括应对核电厂运行问题，提升运行效率，延长运行期限，提高安全性和成本效率，制定 VVER 反应堆新电站的技术需求和设计概念，设计核电厂的自动化流程控制系统、开展系统集成与供应，开发和供应模拟器等。

俄罗斯国内目前运行 10 个核电厂（36 台机组）和 1 个浮动核电厂（2 台机组），总装机容量 30.35 吉瓦，在建 4 个机组，已永久关闭 8 个机组。2019 年全年，俄罗斯核能发电 2 087.842 0 亿千瓦时，占全国总发电量 19.04%[165]。

俄罗斯核电机组总容量因子从 2006 年的 76%上升到 2019 年的 80.41%，许多核电机组从 2015 年以来保持在约 85%的水平。

俄罗斯主要核电反应堆型设计寿命为 30 年。2000 年以来，俄罗斯着手对绝大多数核电反应堆进行延寿并增加功率运行。VVER-440 反应堆大多延寿 15 到 30 年。VVER-1000 延寿 30 年。RBMK-1000 反应堆延寿 15 年。2010 年，年代最老的 VVER-1000 反应堆新沃罗涅日核电厂 5 号机组停堆进行延寿。2018 年，俄罗斯首次用新的热处理技术对巴拉科沃核电厂 1 号机组反应堆压力容器进行延寿处理。随着新型核燃料技术的应用，VVER-440 运行功率提升到额定功率的 105%～107%。VVER-1000 反应堆 2015 年都已提升到额定功率的 104%运行，并计划进一步提升到 107%到 110%。VVER-1000 的燃料循环周期也从 12 个月延长到 18 个月。2019 年，VVER-1200 反应堆的燃料循环周期也从 12 个月转换为 18 个月（见表 4-9）。

表 4-9 俄罗斯核电机组一览表（2020 年 2 月[166]）

核电厂	机组	堆型	现状	总装机容量/MW	运行时间
巴拉科沃	1 号	VVER-1000	运行	1 000	1985.12.28
	2 号	VVER-1000	运行	1 000	1987.10.8
	3 号	VVER-1000	运行	1 000	1988.12.25
	4 号	VVER-1000	运行	1 000	1993.11.4
奥布宁斯克		AM	关闭	6	1954.6.27
波罗的海	1 号	VVER-1200	在建	1 194	—
别洛亚尔斯克	1 号	AMB-100	关闭	108	1964.4.26
	2 号	AMB-200	关闭	160	1967.12.29
	3 号	BN-600	运行	600	1980.4.8
	4 号	BN-800	运行	885	2015.12.10
比利比诺	1 号	EGP-6	关闭	12	1974.1.12
	2 号	EGP-6	运行	12	1974.12.30
	3 号	EGP-6	运行	12	1975.12.22
	4 号	EGP-6	运行	12	1976.12.27
加里宁	1 号	VVER-1000	运行	1 000	1984.5.9
	2 号	VVER-1000	运行	1 000	1986.12.3
	3 号	VVER-1000	运行	1 000	2004.12.16
	4 号	VVER-1000	运行	1 000	2011.12.14

续表

核电厂	机组	堆型	现状	总装机容量/MW	运行时间
科拉	1号	VVER-440	运行	440	1973.6.29
	2号	VVER-440	运行	440	1974.12.8
	3号	VVER-440	运行	440	1981.3.24
	4号	VVER-440	运行	440	1984.10.11
库尔斯克	1号	RBMK-1000	运行	1 000	1976.12.19
	2号	RBMK-1000	运行	1 000	1979.1.28
	3号	RBMK-1000	运行	1 000	1983.10.17
	4号	RBMK-1000	运行	1 000	1985.12.2
库尔斯克2号	1号	VVER-TOI	在建	1 255	—
	2号	VVER-TOI	在建	1 255	—
列宁格勒	1号	RBMK-1000	关闭	1 000	1973.12.21
	2号	RBMK-1000	运行	1 000	1975.7.11
	3号	RBMK-1000	运行	1 000	1979.12.7
	4号	RBMK-1000	运行	1 000	1981.2.9
列宁格勒2号	1号	VVER-1200	运行	1 188	2018.3.9
	2号	VVER-1200	在建	1 150	—
新沃罗涅日	1号	VVER-210	关闭	210	1964.9.30
	2号	VVER-365	关闭	365	1969.12.27
	3号	VVER-440	关闭	417	1971.12.27
	4号	VVER-440	运行	417	1972.12.28
	5号	VVER-1000	运行	1 000	1980.5.31
新沃罗涅日2号	No.1	VVER-1200	运行	1 180	2016.8.5
	No.2	VVER-1200	运行	1 181	2019.5.1
罗蒙诺索夫院士号浮动核电厂	No.1	KLT-40	运行	35	2019.12.19
	No.2	KLT-40	运行	35	2019.12.19
罗斯托夫	No.1	VVER-1000	运行	1 000	2001.3.30
	No.2	VVER-1000	运行	1 000	2010.3.18
	No.3	VVER-1000	运行	1 000	2014.12
	No.4	VVER-1000	运行	1 030	2018.2.2
斯摩棱斯克	No.1	RBMK-1000	运行	1 000	1982.12.9
	No.2	RBMK-1000	运行	1 000	1985.5.31
	No.3	RBMK-1000	运行	1 000	1990.1.17

图 4-22　俄罗斯核电站分布图

4. 核动力舰船运行维护

（1）核动力破冰船

核船队（Atomflot）联邦国家单一制企业开展核动力破冰船及其辅助船只的运行和技术维护相关活动，并参与俄罗斯海军退役核潜艇的综合处置。2016 年，俄罗斯总统普京签署命令给与 Atomflot 联邦核组织地位，期限为 25 年[167]。Atomflot 现有核动力破冰船船共 5 艘，包括：2 艘双堆 7.5 万马力破冰船，“亚马尔”号和“胜利 50 年”号；2 艘单堆 5 万马力破冰船，“泰梅尔”号和“瓦加齐”号；核动力轻型集装箱货船“北方航线”号。俄罗斯破冰船目前每 3～4 年更换燃料。乏燃料装入“浮动技术基地”货舱中的专用容器内，在船上贮存几年后，送往马亚克生产联合企业进行后处理。

维护船队。包括用于核动力破冰船换料和维护的维护船（又称浮动技术基地）“伊曼德拉”（Imandra）号；液体放射性废物特种货船“谢列布良卡”（Serebryanka）号；多功能货运船“罗西塔”（Rossita）号。

“浮动技术基地”用于破冰船反应堆换料与维护，并进行乏燃料、液体和固体放射性废物运输。“伊曼德拉”号排水量 1.018 万吨，总长度 130.5 米，由冰山中央设计局设计，波罗的海造船厂建造，1980 年建成[168]。“伊曼德拉”号主要在摩尔曼斯克港口运行，“伊曼德拉”号也用来运输摩尔曼斯克海豹造船厂的老旧海军潜艇乏燃料。

液体放射性废物特种货船“谢列布良卡”号总吨位 2 836 吨，1974 年成为首艘收集并贮存液体放射性废物的船只。“谢列布良卡”号还参与特别军事行动，如 2019 年 8 月曾用于从海上回收坠毁的试验核动力巡航导弹。

多功能货运船“罗西塔”号总吨位 2 557 吨，总长度 84 米，2 个货舱容量共计 680 吨，装有辐射测量装备，可在多种北冰洋海况下运行，由意大利的芬坎蒂尼船舶工业集团建造，2010 年 12 月建成下水，2011 年开始运行，用于俄罗斯西北地区海军已拆除核潜艇乏燃料运输。2015 年开始在赛达湾和安德烈亚湾开展相关老旧核潜艇乏燃料运输（见图 4-23）。

图 4-23　“罗西塔”号核废物货运船

俄罗斯还有 3 艘不再使用并陆续退役的浮动技术基地，包括“沃格达尔斯基”（Volodarsky）号、“洛塔”（Lotta）号、“列普谢”（Lepse）号。“沃格达尔斯基”号 1928 年由波罗的海造船厂建造，1969 年改装成维护船，1991 年开始用于临时贮存放射性废物，2013 年被拖曳到赛达湾的海军基地开始拆除，并在 2014 年完成拆除。“洛塔”号 1960 年建成，1984 年改装成浮动技术基地，于 2015 年完成燃料卸载，其贮存的乏燃料转移到陆上贮存设施，将在本世纪 20 年代拆除。“列普谢”号干货船建造于 1934 年，在 1961 年被改装为浮动技术基地，1988 年退役，2012 年到达海豹造船厂开展乏燃料卸除和退役拆除，2019 年 5 月乏燃料清除工作才启动[169]。

俄罗斯还在建造新的维护船和乏燃料运输船。新的“浮动技术基地”已由圣彼得堡的冰山中央设计局于 2019 年 12 月完成设计，由红星造船厂建造，预计建造将花 5 年，长度 159 米，排水量 22 661 吨，装有 2 台大型起重机，将用于 RITM-200、RITM-400、KLT-40、OK-900 等型破冰船反应堆以及“罗蒙诺索夫院士”号浮动核电厂的换料。克雷洛夫国家研究中心也设计了一艘 INF-2 乏燃料与放射性废物冰级运输船，长度 139.7 米，宽度 16.4 米，可携带 40～70 个乏燃料特种运输容器以及一些放射性废物容器，预计 2020 年启动建造[170]。

岸上设施。破冰船维护维修的岸上工业基地位于距离摩尔曼斯克市 2 000 米的岸边地区，占地 17.2 公顷。该基地是在上世纪 60 年代作为苏联海军上将造船厂的舾装基地建造的，曾对首艘破冰船“列宁”号进行维护，后来成为摩尔曼斯克运输公司旗下一个单位，代号“巴扎”（Baza）-92，苏联解体后曾作为维修与技术企业隶属俄罗斯运输部，后来成为联邦国家单一制企业，2008 年成为 Atomflot 所属基地并归国家原子能公司。

Atomflot 岸上基地施工区域超过 1.25 万平方米，拥有各种必要生产能力，提供维修、技术维护、停泊。系泊缆长度超过 1 000 米。基地内货物通过铁轨运输。KONE 龙门起重机承载能力达 100 吨，起重机的控制提升速度从 0.6～6 米/分钟可调[171]。

摩尔曼斯克基地也面临着一些挑战。基地的空间日益紧张，港口停泊的核动力破冰船和乏燃料运输船已经非常拥挤，极少有码头空位。为支持即将建成的“北极”级新型核动力破冰船，Atomflot 正投资在摩尔曼斯克建造新干船坞和反应堆维修综合体，包括投资 5 亿卢布建造一座用于维修新破冰船螺旋桨和转向系统的新设施，以及一个价值 15 亿卢布的反应堆换料综合体。OKBM 领导新设施开发工作。这座综合体将用于维修和维护新的 RITM-200 反应堆。Atomflot 还计划建造一个 6 万吨级的大型干船坞。

破冰船维修。Atomflot 开展的破冰船维修分成两类。一种是不涉及放射性的常规维修，主要包括在船坞进行汽轮机维修、辅助设备维修、甲板和起重机维修、特种系统和管道维修、海上电气设备维修等。另一种是特种维修，在电离辐射和核危险物的环境下开展，包括更换蒸汽发生器的可更换部件、更换屏蔽组件、一回路泵阀维修等。基地内有专门车间和船坞用于特种维修活动。车间内有受控区以及固体放射性废物贮存、整备后放射性废物临时贮存区。船坞内浮筒长度 186 米，龙骨墩高度 1.8 米。

乏燃料和放射性废物管理。摩尔曼斯克基地设有核燃料与放射性废物管理部，负责开展反应堆装卸料，对乏燃料转运运输以及技术设施进行维护维修，对卸料设备台架进行测试，对放射性废物管理专业化综合体的设备开展维护，接收操纵新燃料，使用海军卸料设施或维修船厂对已退役核潜艇反应堆进行卸料等。

破冰船换料约花 45 天，其中花 5～7 天卸除乏燃料，2～3 天装入新燃料，其余的时间为辅助作业[172]。

乏燃料管理流程为：将核动力舰船乏燃料装入浮动技术基地的乏燃料贮存系统内，将乏燃料装入长期贮存容器并转移到岸上设施进行临时贮存，开展准备工作以将乏燃料送往其他企业等。Atomflot 基地还接收海军潜艇乏燃料。

放射性废物管理活动包括：液体放射性废物接收、贮存、处理；固体放射性废物以及船只污染设备的接收、整备、贮存；电离辐射源处理。

（2）海军核动力舰艇

俄罗斯核潜艇反应堆制造企业包括伊诺尔斯克工厂和下诺夫哥罗德机械制造厂。海军压水堆核燃料生产厂为埃列克特罗斯塔利的 MSZ 机械制造厂。海军核动力舰艇的运行维护和换料活动由多方共同开展。阿夫里坎托夫机械工程设计局（OKBM）利用自身的设计建造、生产以及试验基础，支持海军舰队核动力舰艇的全面技术维护。OKBM 为海军舰队运行组织成立了一个运行技术支持中心，以及一个舰船换料的专业人员培训中心。Atomflot 利用其运行的维护船为海军舰艇提供乏燃料运输支持，特别是运输多年积存乏燃料，并支持核潜艇退役处置。从 1995 年到 2017 年，Atomflot 共输送了 80 辆列车的乏燃料，占海军退役核潜艇乏燃料的 60%。

俄罗斯海军核动力舰艇的换料是根据每个舰队的总司令授权安排的进度进行的。换料在造船厂进行，一般利用维护船实施。通常的换料方式是，潜艇停泊在核潜艇维护船和换料设施的码头之间（设施用来提供电力、淡水和支持服务）。换料过程首先是拆除潜艇艇体上的一部分，打开反应堆顶盖，并要采取措施防止放射性气溶胶释放到环境中。接下来是断开主冷却回路，从反应堆容器中取出乏燃料。乏燃料组件是利用维护船的起重机和专用的金属屏蔽套逐个依次从反应堆中取出的。乏燃料组件被装入圆筒形容器，容器装在维护船的贮存船舱内。卸料以后要对反应堆本身进行清洁，对反应堆舱进行大修。反应堆中的废物也装入维护船。最后才是将新鲜燃料装入反应堆容器，将主冷却回路充入新的冷却剂，安装反应堆顶盖封闭反应堆，将打开的艇体焊接好[173]。通常，一艘潜艇的卸料活动要花 1 个月，换料活动要花 2 到 3 个月。

俄罗斯曾建造了一批海军“浮动技术基地”（或称“浮动车间”）和潜艇

维护船，用于核潜艇装料、卸料以及乏燃料与放射性废物的运输。其大部分建于 20 世纪 60 年代，目前正逐步退役。俄罗斯 2015 年完成了 PKDS-60 维护船和 PM-133 浮动技术基地的拆除，计划总共拆除 14 艘此类老旧船只[174]。目前估计主要有“马林娜”（Malina）级和“皮涅加”（Pinega）级还在使用。“马林娜”级“浮动技术基地”共 3 艘，建造于 80 年代，长 137 米，排水量 10 500 吨，每艘容纳 1 400 套燃料组件（6 个堆芯），由乌克兰尼古拉耶夫造船厂建造。每艘船上有 2 台 15 吨起重机。其中，PM-63、PM-12 属于北方舰队，PM-74 属于太平洋舰队。“皮涅加”级有 2 艘，长 122 米，排水量 5 500 吨，用于运输液体放射性废物，波兰建造。其中“阿穆尔”号属于北方舰队，“皮涅加”号属于太平洋舰队。

核潜艇换料和维护的造船厂主要有红星造船厂、恰日马湾（Chazhma Bay）维修设施、海豹造船厂、什克瓦尔（Shkval）第 10 造船厂、北方造船厂等。乏燃料贮存地点位于北方舰队的格列米哈（Gremikha）基地和安德烈耶瓦海湾，太平洋舰队的什科托沃（Shkotovo）基地等。

第五章　核燃料循环

俄罗斯在核工业初期建立的军用核材料生产能力的基础上，逐渐发展了庞大的核燃料循环科研与生产能力，形成完整产业链，为核材料生产、核动力、核能发电、核技术应用等提供保障。目前核燃料循环工业企业主要有铀矿生产企业 3 家、铀浓缩企业 4 家、核燃料制造企业 3 家、后处理厂 1 家，并有一批技术研发、工业设备研制、中试生产、材料与部件制造企业，近年来积极发展核燃料新技术和新产品，加强闭合燃料循环和放射性废物处理处置能力。

一、核燃料技术与产品

俄罗斯铀矿产量居世界第二，铀浓缩占世界市场 36%，核燃料制造占世界市场 17%。其离心机技术不断更新换代，目前正批量装备九代+离心机。核电反应堆燃料重点提升可靠性裕量并实现反应堆功率提升。快堆 MOX 燃料正逐步应用，耐事故燃料、混合氮化物燃料等新型燃料也在研发中。后处理近期正发展快堆 MOX 和混合氮化物燃料后处理，并研发第三代水法后处理、先进高温化学后处理技术。近年来还不断加大历史遗留设施和放射性废物的退役与处理力度，并建设放射性废物管理国家统一体系，中低放废物深井注入设施正逐步投入运行，高放废物地质处置地下实验室也进入建设阶段。

1. 铀矿开采

俄罗斯国内天然铀使用量为每年 3 800 吨。目前国内铀资源储量约 52 万吨，海外铀资源约 20 万吨，2018 年全年产量 7 289 吨，包括国内生产 2 904 吨和国外生产 4 385 吨。俄罗斯目前的铀资源占有和生产都占世界第二。

苏联早在 1945 年开始，在塔吉克斯坦、乌兹别克斯坦和吉尔吉斯斯坦的矿床开采铀矿，从捷克斯洛伐克和东德进口大量铀矿石，还在中亚地区、高加索北部、乌克兰发现铀矿床，为扩大铀生产提供了条件。50 年代，航空辐射测量技术的应用又促使乌兹别克斯坦和哈萨克斯坦大型铀矿的发现。60 年代，根据铀矿地质学理论模型的发展，发现了西伯利亚东南部的铀矿。在六七十年代期间，苏联在哈萨克斯坦、乌兹别克斯坦和俄罗斯境内建立超大型的铀矿生产中心，并继续从东德、捷克斯洛伐克、保加利亚、匈牙利进口大量铀矿石。七八十年代，铀矿总产量和进口量总和超过每年 3 万吨铀。到苏联解体时，生产量和进口量历年总和约有 66 万吨铀，其中 46 万吨被用于生产核武器易裂变材料。

2007 年以来，俄罗斯国内铀矿开采活动整合到“原子稀有金属金”公司（Atomredmetzolot，ARMZ）进行管理。该公司继承了俄罗斯 19 个铀矿项目，2018 年铀资源总计 52 万吨，2018 年生产量 2 904 吨，由普里额尔古纳斯克工业采矿与化学联盟（PIMCU 或 PPGHO）、希阿格达（Khiagda）和达卢尔（Dalur）三家企业开采，其中最大生产场址为 PIMCU。俄罗斯铀矿开采中积极扩大高效率的钻孔地浸法应用。希阿格达和达卢尔两家企业到 2018 年实现了全部产品均用钻孔地浸法产出。PIMCU 正实施阿尔贡斯科耶（Argunskoye）和热尔洛沃耶（Zherlovoye）矿床（6 号矿）开发项目，2017 到 2019 年实施基础设施建设，将在 2023 年实现一期工程投产，2026 年达到设计生产能力。

除了三家目前生产的企业，ARMZ 公司还在筹建 4 家新的采矿企业，以扩大国内产能（见表 5-1）。

表 5-1 俄罗斯国内采矿企业产能和产量

名称	产能/（吨/年）	2018 年产量/吨
PIMCU	3 000	1 456
Khiagda	1 000	858
Dalur	700	590
合计	4 700	2 904

为发展海外资源开采，俄罗斯 2009—2010 年通过现金和资产交换取得了加拿大 Uranium One（铀一）公司 51%股权[175]。Uranium One 主要铀矿位于哈萨克斯坦、美国、坦桑尼亚。

2. 铀转化与浓缩

（1）铀转化

苏联化学工业人民委员会早在 20 世纪 40 年代初开始探索铀转化技术，

1943 年首次生产六氟化铀。1947 年，苏联在捷尔任斯克的第 906 工厂（Rulon 工厂）建立工业设施，该设施曾为 F-1 实验堆提供燃料制造的原料。50 年代，基洛沃-切佩茨基（Kirovo-Chepetsk）的化学联合体第 752 号工厂建立了以四氟化铀作为中间产物的新的铀转化工艺，其他铀转化工厂建成后，该工厂只负责生产四氟化铀，一直运行到 20 世纪 90 年代。六七十年代以后，多个核燃料循环企业建立铀转化工厂，采用一步式火焰反应器工艺生产六氟化铀，使用四氟化铀和氧化物等作为原料。

TVEL 公司 2011 年决定逐步将铀转化活动集中到西伯利亚化学联合企业。安加尔斯克的铀转化厂运行到 2014 年关闭。新西伯利亚化学浓缩物工厂、莫斯科 MSZ 机械制造厂（Elemash）的铀转化设施（生产四氟化铀）也陆续关闭。目前，西伯利亚化学联合企业是俄罗斯唯一的六氟化铀生产企业，产能 1.2 万吨[176]。TVEL 原本还计划在西伯利亚联合企业建立新的铀转化设施，但受福岛核事故和市场需求因素影响，该项目未实施。

（2）离心机研制

苏联早期的离心机由机械制造中央设计局（TsKBM）等机构研制开发，随后苏联在乌拉尔电化学联合企业的铀浓缩设施建立了研发实验室。首个中试厂“20 号车间”于 1957 年 11 月运行，1958 年 1 月达到设计产能，有 2 435 台离心机，对离心机以及仪控系统的可靠性与性能进行评价。该工厂由全俄电力技术科研设计研究院（GSPI-11，VNIPIET）设计，离心机由列宁格勒的基洛夫工厂生产。

1958 年 12 月，苏联部长会议下达第 1316-634 号决议，组织核工业气体离心机批量化生产。中型机械制造部和政府部门制定了在 3 家工厂进行批量生产的方案，包括高尔基汽车工厂、弗拉基米尔精密机械制造工厂、科夫罗夫机械工厂。其中，高尔基汽车工厂开展全流程生产。1961 年，苏联第一个采用第一代离心机的工业设施在乌拉尔电化学联合企业建立。航空发动机研究院（VIAM）等机构开发的第二代离心机开始采用新型铝合金材料。铝合金材料由卡缅斯克-乌拉尔斯基冶金工厂（KUMZ）研发。1966 年到 1970 年，乌拉尔电化学联合企业的研发机构开展第五代离心机台架运行。70 年代，第五代离心机开始大规模替代原有的气体扩散能力，使离心机技术成为主流。第六代离心机研制在 70 年代中后期完成，首次采用复合材料进行强化，1984 年开始应用。第七代离心机由乌拉尔电化学联合企业在 1978 年开始研制，1982 年制造中试样机，1991 年中试运行，1997 年工业应用。1991 年，气体扩散技术在四个铀浓缩企业被全部淘汰。到 90 年代末，运行的离心机以第五代和第六代为主。第八代离心机研发 1998 年启动，是最后一代亚临界离心机，俄罗斯专家认为，其已不具有继续改进的潜力[177]。

第九代离心机采用超临界设计，本世纪初开始研发。乌拉尔电化学联合企业第一批第九代离心机 2013 年 12 月开始运行，第二批 2015 年 4 月运行，第三批 2015 年 12 月运行，第五批 2017 年 12 月运行。第九代+离心机于 2016 年在乌拉尔电化学联合企业完成测试后进入批量生产，2018 年开始乌拉尔电化学联合企业批量安装。近年来俄罗斯还开发了生产稳定同位素的新型高性能气体离心机。第十代离心机也在研发当中，2015 年已开始测试。第十一代离心机也正在进行设计。

俄罗斯的铀浓缩气体离心机从初期以来生产能力扩大 14 倍，尺寸变化不大。现代离心机采用复合材料和特种铝合金制造，转子速度达到每秒 1 000 转，可连续运行 30 年，每年机械故障率不高于 0.1%[178]，第九代离心机转速达到每秒 1 500 转。本世纪初，俄罗斯离心机生产每年材料需求量包括：聚芳基酰胺纤维 109 吨、石墨纤维 57.4 吨、PAN 纤维 218 吨、玻璃纤维 71.6 吨、1960 号合金 1 339 吨、钢 8 273 吨、各类金属 288 吨、树脂 347 吨，推测生产 15 万台离心机（见表 5-2）。

表 5-2　俄罗斯各代离心机发展情况

代别	分离能力/（分离功/年）	参数	首次应用年份
原型	—	—	1957
1	0.4	直径 10 厘米，转速 340 米/秒	1960
2	0.6	直径 12 厘米，转速 360 米/秒	1962
3	1.0	直径 12 厘米，转速 425 米/秒	1964
4	1.4	直径 12 厘米，转速 475 米/秒	1964
5	1.9	直径 12 厘米，转速 530 米/秒	1970
6	2.5	直径 12 厘米，转速 580 米/秒	1984
7	3.2	直径 12 厘米，转速 630 米/秒	1997
8	4.2	直径 12 厘米，转速 690 米/秒	2003
9	6（估计）	—	2013

（3）浓缩铀生产与出口

俄罗斯现有四家铀浓缩企业，2018 年生产能力约 2.8 万吨分离功/年。目前乌拉尔电化学联合企业规模最大，约占国内总产能的一半[179]（见表 5-3）。

表 5-3　俄罗斯铀浓缩企业及产能

名称	估计产能，吨分离功/年	备注
乌拉尔电化学联合企业	14 000	可生产高浓铀
电化学工厂生产联合企业	8 400	—
西伯利亚化学联合企业	3 000	开展后处理回收铀再浓缩
安加尔斯克电解化学联合企业	2 600	开展尾料再浓缩
合计	28 000	—

四家铀浓缩企业均建立于核工业发展初期，最初目的是生产核武器高浓铀材料。其中，乌拉尔电化学联合企业、电化学工厂生产联合企业、西伯利亚化学联合企业三家生产高浓铀。安加尔斯克电解化学联合企业仅生产低浓铀，作为原料供给向其他三家。苏联政府和中型机械制造部对铀浓缩企业实行严格的垂直控制，包括指定生产配额，分配资源，制定技术政策，协调各方关系，铀浓缩企业获得充裕的资金。到 20 世纪 80 年代末达到了 2 万吨分离功/年的水平。

1971 年，苏联首次与法国高杰马公司签署合同，进入国际铀浓缩市场。生产工作由乌拉尔电化学联合企业实施，该企业后来成为出口生产的主要企业。1973 年，该企业还建成了专用设施（Chelnok）用于将液态低浓铀六氟化铀装入西方 30B 型容器。铀浓缩出口在 80 年代到 90 年代继续增长，出口范围不断扩大。

20 世纪 80 年代末到 90 年代，铀浓缩生产发生转变。苏联 1988 年停止生产武器用高浓铀，同时气体扩散技术不断淘汰，东欧的核燃料需求降低等，90 年代初，铀浓缩实际生产仅稍微超过产能的一半。90 年代中期开始，美俄高浓铀协议实施，铀浓缩企业开始进行尾料再浓缩作为高浓铀低浓化原料，另一方面，俄罗斯也逐渐扩大了向西欧、亚洲等其他国家的铀浓缩服务与产品出口。本世纪以来，俄罗斯铀浓缩工业逐渐成为世界核燃料市场的重要角色，以庞大的分离能力和较低的生产成本（本世纪初时每千克分离功 20 美元）赢得了巨大竞争优势。90 年代初出口量每年 1 300 吨分离功，2002 年出口量达到 3 500 吨分离功。

目前俄罗斯满足全球市场铀浓缩 36%需求，在供应商中位列世界第一。TENEX 公司负责海外铀浓缩服务和产品出口业务，2018 年其全年销售总额约达 17 亿美元。

(4)尾料再浓缩

尾料再浓缩从 20 世纪 90 年代初开始。俄罗斯将铀浓缩尾料视为战略铀资源，当时俄罗斯不但铀浓缩产能过剩，而且因苏联解体丧失了中亚和乌克兰地区的铀矿生产，俄罗斯境内现有铀矿的产量也预期逐渐下降。90 年代末，俄罗斯还和 Urenco、高杰马等公司签署了尾料再浓缩协议。

(5)六氟化铀再转化

电化学工厂生产联合企业建立了 W-ECP 六氟化铀脱氟工厂，生产能力为每年 1 万吨，2009 年 12 月启动试运行。该工厂采用了法国阿海珐公司的技术，将贫化六氟化铀处理成氧化物以便长期贮存，并生产副产品氟化氢。W-ECP 工厂与阿海珐公司位于法国皮埃尔拉特的 W2 工厂相似。无水氟化氢生产工艺为俄罗斯设计，2010 年 12 月开始试运行。2019 年 12 月，电化学工厂联合企业与法国 Orano 公司签署了建造脱氟工厂二期工程 W2-ECP 的协议。新设施将把生产能力提高一倍，达到每年 2 万吨。

3. 核燃料

(1)传统核燃料

苏联三家主要核燃料生产企业都是在上世纪 40 年代建立，最初主要用来满足生产堆的燃料需求。苏联解体后，俄罗斯境内还剩 2 家大型核燃料生产企业即 MSZ 机械制造厂和新西伯利亚化学浓缩物工厂，生产能力共计每年 2 760 吨[180]。俄罗斯还有一家大型锆产品生产企业切佩茨基机械工厂。

俄罗斯目前在世界核燃料市场占据 17%份额，居世界第三（第一和第二分别为西屋和法马通）。2018 年 TVEL 出口核燃料总额 9.6 亿美元。俄罗斯还向外国供应的二氧化铀粉末以及燃料芯块原料（见表 5-4）。

表 5-4 俄罗斯主要核燃料制造企业与产能（单位：吨）

名称	转化	芯块制造	元件/组件制造
MSZ 机械制造厂	1 500	1 500	1 560
新西伯利亚化学浓缩物工	450	1 200	1 200
采矿与化学联合企业	—	60（MOX）	60（MOX）

VVER 反应堆燃料组件。目前向 VVER-440 反应堆主要供应第二代和第三代燃料组件，向 VVER-1000 反应堆供应第四代燃料组件。VVER 反应堆燃

料燃耗一般为 65 兆瓦·天/千克铀，运行时间 5～7 年。俄罗斯对 VVER 反应堆燃料继续改进，通过延长换料周期、提高运行功率、加深燃耗、降低运行限制等途径，提高核电厂的技术指标和经济性能。

VVER-440 反应堆堆芯由燃料组件和棒束型控制棒组件组成。2002 年，MSZ 开始制造加大反应堆可靠性裕量的第二代 VVER-440 燃料组件。第三代燃料组件 2010 年开始中试运行。第二代和第三代燃料可达到 5～6 年燃料周期，可将反应堆热功率提高到 110%，提高核电厂技术指标和经济性能。

VVER-1000 反应堆每堆有 163 套燃料组件，每套燃料组件对应有一套棒束型控制棒组件（RCCA）。RCCA 由 18 根吸收剂棒构成。基本型燃料组件 TVSA 于 1997 年进行设计，1998 年开始制造。燃料组件有顶部、中部、底部三个主要部件构成，有 312 根燃料棒（二氧化铀和二氧化铀-三氧化二钆），采用了加固角件。继基本型 TVSA 以后，俄罗斯此后开发的 VVER-1000 燃料组件有 TVSA-PLUS（燃料柱加长）、TVSA-12PLUS（装有板型搅浑格架）、TVSA-T、TVSA-ALPHA、TVS-2M、TVSA-12 等产品，最新开发的是 TVS-4。目前主要供应第四代燃料组件 TVSA-12PLUS 和 TVS-2M。2018 年，改良的 TVSA-T II 型核燃料组件出口捷克。第四代燃料组件使电价中的燃料份额降低 2%～4%同时提高燃料运行周期，提高核电厂的技术和经济参数。目前燃料富集度 4.85%，燃料循环周期 18 个月。正在开发富集度 5%～7%的含铒燃料，可进一步把燃料循环周期延长到 24 个月。

VVER-1200 反应堆燃料在 VVER-1000 的 TVS-2M 基础上改进研制。通过改进力学特性、提高燃料富集度等措施，2020 年 3 月，VVER-1200 反应堆的燃料循环周期首次从 12 个月延长为 18 个月。

西方压水堆燃料组件。俄罗斯为西方压水堆生产 TVS-Kvadrat 燃料组件。该燃料以 VVER 反应堆燃料为基础，提升了运行特性，运行时间 5 年，燃耗达到 70 兆瓦·天/千克铀。其结构材料使用两种俄罗斯研发的锆合金。包壳材料为 E-110 型锆合金。框架材料使用 E-635 型锆合金。

RBMK 反应堆燃料组件。RBMK-1000 反应堆堆芯有 1 683 个燃料通道，可不停堆在线换料，燃料组件分为工作组件和 γ 室工作组件，每套燃料组件有 2 套棒束，每套棒束有 18 根燃料棒，燃料棒构成为锆合金管和二氧化铀-氧化铒粉末烧结芯块。新一代 RBMK-1000 燃料组件提升了性能和可靠性指标，可运行达 8 年。

钠冷快堆燃料组件。BN-600 钠冷快堆堆芯燃料组件 369 套，增殖区燃料组件 378 套。燃料组件为内装 126 根燃料棒的六边形燃料盒。堆芯有三种富集度的铀-235的燃料（17%、21%、26%），增殖区为贫化铀-235的燃料（低于0.7%）。燃料组件采用低肿胀的特种钢合金，燃耗达到11.3%h.a.，还将提升到15%h.a.。燃料组件制造采用自动化生产线和一体化检查与控制设备。BN-800反应堆首炉燃料使用了多种类型燃料，包括多种富集度的二氧化铀燃料、芯块型MOX燃料和振动密实MOX燃料[181]。

研究堆燃料。俄罗斯研究堆的管状燃料为无缝三层元件管内装入铀燃料成分，采用铝合金包壳，不同反应堆的燃料截面形状和铀含量各异。主要制造工艺为热混合挤压和高温气锻冷拔工艺。燃料类型主要有：铝基体二氧化铀弥散燃料，采用粉末冶金工艺，铀含量可达4.0克/立方厘米；铝基体硅化铀弥散燃料，铀含量可达4.80克/立方厘米；新型铀钼合金燃料选择了U-9Mo成分和铝合金基体，铀含量可提高到5克/立方厘米。燃料富集度从19.7%～90%。俄罗斯研究堆数量多，每一类型的反应堆都采用单独开发的燃料元件和组件，制造过程复杂，难以自动化生产。博奇瓦无机材料高技术研究院（VNIINM）对此还研发了统一化的棒状燃料元件概念，结构简单，可实现自动化生产[182]。俄罗斯还为9个其他国家的研究堆提供燃料。供应西方国家研究堆的为板型燃料元件。

（2）快堆MOX燃料

20世纪50年代末，苏联就开展了将钚作为核燃料使用的探索工作，1957年为IBR-30脉冲堆制造钚合金燃料，1959年和1965年为IPPE的BR-5钠冷快堆和杜布纳联合核研究院的IBR-2脉冲堆制造二氧化钚燃料。

MOX燃料的系统化研究从1970年开始，初期采用机械混合铀钚氧化物的方法制造燃料，并在BOR-60和SM-2反应堆测试，部分组件燃耗达到20%。此后在BN-350和BN-600钠冷快堆开展进一步测试。这两座反应堆设计上不能完全使用MOX燃料，但可对25～30套MOX燃料组件进行测试。

苏联在上世纪70年代建成运行了3座小规模快堆MOX燃料生产设施。马亚克生产联合企业建立了Granat实验室规模设施和Paket小规模生产设施，采用传统的芯块法制造MOX燃料。原子反应堆研究院（NIIAR）建立了后处理和燃料制造一体化的ERC设施，采用电解精炼工艺从乏燃料获得混合氧化物粉末，再用振动密实法制造MOX燃料。Paket设施和NIIAR的ERC设施后来升级到了中试工厂规模。Paket设施1986年升级后年产量0.3吨，1993年升级后年产量达到1吨（40套燃料组件）。ERC设施1981年投产，年产量1吨[183]。

苏联决定建造使用MOX燃料的BN-800反应堆后，对MOX燃料研发加大力度。博奇瓦无机材料高技术研究院（VNIINM）在马亚克生产联合企业Granat设施运行基础上，进一步完善了Granat工艺，包括燃料成分高度均匀化、获得高质量粉末、无粉尘、可连续运行而不是批次运行、乏燃料后处理的溶解性好[184]。

国家原子能公司2010年决定在采矿与化学联合企业（MCC）建立商业生产设施。该设施2014年建成，位于采矿与化学联合企业的地下结构内，具备高度自动化水平，采用VNIINM开发的Granat工艺生产MOX粉末。2016—2017年完成设备开发，包括MOX燃料芯块、燃料棒、燃料组件的制造设备，以及检查设备、氩-氢混合物制备、分析实验室等。2018年12月，BN-800燃料组件批量生产正式启动。该厂每年可为BN-800反应堆生产400套燃料组件。2020年初，BN-800反应堆中装入了首批由采矿与化学联合企业制造的18套MOX燃料组件。这批组件采用钚和贫化六氟化铀尾料脱氟生产的贫化铀原料生产。俄罗斯计划在2020年继续向BN-800反应堆装入180套MOX燃料组件，在2021年将BN-800反应堆燃料全部换装成MOX燃料组件（MOX-TVS）[185]。

西伯利亚化学联合企业也曾有计划建造一座MOX燃料制造工厂，目的是根据俄美协议处置过剩的军用武器级钚材料，将其制造成快堆MOX燃料。

（3）混合氮化物燃料

为发展快堆闭合燃料循环，俄罗斯还在研发铀钚混合氮化物燃料，打算用于BREST铅冷快堆和BN-1200钠冷快堆两种反应堆。混合氮化物燃料的优势包括密度和热导率高于氧化物、燃料稳定性好、堆芯增殖比较高、不需要铀钚分离、具有负反应性反馈系数等，但也存在肿胀率高、与氧和水发生反应、氮-14吸收中子产生碳-14等的缺点。俄罗斯已有在BR-10、BOR-60反应堆使用氮化物燃料的18年历史。

目前，博奇瓦无机材料高技术研究院（VNIINM）、原子反应堆研究院（NIIAR）、扎巴巴欣全俄技术物理科学研究院（VNIITF）都在开展混合氮化物燃料的研究和测试，还启动了大规模堆内辐照计划。VNIITF开展了工艺建模研究和工艺热室实验研究[186]。VNIINM开发了实验燃料元件和组件制造工艺，生产了首批实验氮化物燃料组件的芯块和燃料棒，NIIAR组装燃料组件，在BN-600等反应堆进行辐照实验[187]。后来的实验燃料组件由西伯利亚化学联合企业制造[188]。2017年完成的堆内测试中，最深燃耗达到7.5%（重原子），实现了首炉装料的技术指标。2018年启动新的测试阶段，燃耗将达到12%，实现燃料循环的经济性。VNIINM和IPPE等单位还开发了可用于氮化物燃料的计算机模型。由于氮的天然同位素构成中氮-14 占 99.6%，其在反应堆中转化为半衰期 5700 年的碳-14，具有显著的环境风险，近期 VNIINM 又开展了制造氮-15 混合氮化物燃料的研究。

西伯利亚化学联合企业在其化学与冶金工厂正在逐步建立生产能力。CEU-1 设施采用实验生产技术，每年生产 200 千克。CEU-2 设施实现工业生产技术，从 2016 年开始建厂[189]。2020 年年初，西伯利亚化学联合企业完成了新的一批混合氮化物燃料组件 ETVS-22、ETVS-23、ETVS-24 的制造和接收实验。每个燃料组件包括 4 根燃料棒。这批实验组件将在 BN-600 反应堆进行辐照实验[190]。

西伯利亚化学联合企业正在建造的“突破”项目中试示范能源综合体（PDEC）将包含一座 BREST-OD-300 铅冷快堆和现场闭合燃料循环设施。其燃料制造设施计划 2021 年建成，将首先利用外部提供的材料制造铀钚混合氮化物燃料启动燃料，最终将利用现场后处理得到的产品制造混合氮化物燃料。

马亚克生产联合企业也曾计划建造一座年产 14 吨的快堆混合氮化物燃料工厂，并打算在未来扩大到年产 40 吨。

（4）耐事故核燃料

博奇瓦无机材料高技术研究院（VNIINM）还在研发用于 VVER 和西方国家压水堆的耐事故核燃料。其采用新的燃料成分和结构材料，排除反应堆温度升高时的蒸汽—锆反应可能性。俄罗斯的耐事故核燃料主要有 4 种方案，采用两种燃料包壳和两种燃料基体。两种燃料包壳为带包覆层的锆包壳和减小厚度的 42KhNM 铬镍合金包壳。两种燃料基体为传统二氧化铀和铀钼合金。此外，俄罗斯还在探索硅基体核燃料以及复合材料包壳。

新西伯利亚化学浓缩物工厂 2018 年制造了首批实验耐事故燃料组件，2019 年 1 月开始在原子反应堆研究院的 MIR 研究堆进行辐照实验，并在 2019 年 10 月完成第一阶段测试。每一套实验燃料组件都组合了上述 4 种设计方案。2019 年 12 月，新西伯利亚化学浓缩物工厂又完成了用于 VVER-1000 反应堆测试的 TVS-2M 型实验燃料组件的制造和接收测试。三套实验燃料组件每一套包含 12 根耐事故燃料棒，将在 2020 年装入罗斯托夫核电厂反应堆。

（5）REMIX 核燃料

赫洛平镭学研究院和库尔恰托夫研究院等机构正开发用于 VVER 反应堆的 REMIX 核燃料。该燃料采用后处理回收的铀钚混合物以及少量低浓铀制造。该研究 2014 年启动理论计算和实验研究，2016 年开始在原子反应堆研究院的 MIR 研究堆和巴拉科沃核电厂 3 号机组 VVER-1000 反应堆照射实验元件，2018 年启动 VVER-1000 反应堆中试运行安全性示范和燃料组件工业生产技术开发，辐照后研究从 2019 年启动，预计 2024 年可首次全堆运行。TVEL 公司副总裁 2019 年 3 月表示，由于带有钚的核燃料对现有乏燃料和核废物方式会带来影响，俄罗斯尚未最终决定是否对 REMIX 燃料商业化使用。

实验燃料元件制造中，由赫洛平镭学研究院生产 3.3 千克含钚 20%的铀钚再生混合物，由博奇瓦无机材料高技术研究院（VNIINM）将再生混合物与低浓铀混合制造燃料芯块，由西伯利亚化学联合企业制造 REMIX 燃料棒和实验燃料组件。MIR 反应堆装入 10 根实验燃料棒，基础辐照燃耗达到 50 兆瓦·天/千克，特殊实验还包括功率激增、LOCA 设计基准事故、引入正反应性等。巴拉科沃核电厂 3 号机组装入 3 套燃料组件。2019 年，巴拉科沃核电厂 3 号机组的实验燃料组件进入第三运行周期（每个周期 18 个月）。反应堆照射完毕后，还计划开展辐照后 REMIX 燃料的后处理[191]。2019 年，采矿与化学联合企业也提出建立一座 REMIX 燃料制造设施的计划。

（6）破冰船反应堆燃料

OKBM、VNIINM、库尔恰托夫研究院、原子反应堆研究院等单位先后开发了 20 多种破冰船核动力燃料设计。早期的破冰船反应堆燃料为弥散型燃料，燃料成分为 UAl_x 金属间化合物，基体材料为低熔点铝合金，包壳材料为耐腐蚀钢材料，燃料元件为环形。此后逐步采取改进措施，提升运行寿期、服役寿期、功率密度方面的指标，包括研发了棒状的圆柱形燃料元件和复杂截面形状的燃料元件，采用 SKGK 燃料元件的 14-5/02 型堆芯实现批量生产应用。20 世纪 70 年代开始开发的锆包壳燃料元件采取了圆柱形、有肋、有补偿装置的设计方案，经过多次改进后形成了批量化生产的 14-10 型堆芯设计，其中的 14-10-3M 型堆芯在安全性、可靠性、经济性能上达到了最优水平。

近年来研发的新型破冰船反应堆燃料，燃料成分探索开发新型二氧化铀-铝合金金属陶瓷燃料成分，其铀密度显著高于金属间化合物的燃料成分。包壳材料上，在探索开发 E-110M、E-635M、E-635opt 等新型锆合金和 42KhNM 铬镍合金（或称 42HNM、42CrNiMo）基础上，决定选择 42KhNM 合金。42KhNM 合金具有较大的长期运行的塑性（形变能力），抗腐蚀能力也更强。OKBM 为 RITM-200 反应堆开发了金属间化合物燃料成分的 14-15-1 型堆芯和金属陶瓷燃料成分的 14-15-2 型堆芯。2017 年，MSZ 机械制造厂生产了的 RITM-200 反应堆首批 14-15-1 型燃料组件（见图 5-1）。

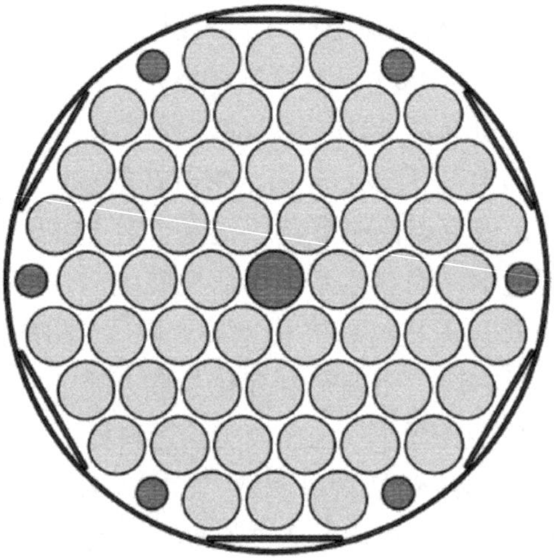

图 5-1 “俄罗斯”号破冰船 14-10-3M 堆芯燃料组件的横截面

4. 乏燃料管理

目前俄罗斯每年产生 650 吨乏燃料，包括 VVER-1000 乏燃料 200 吨、RBMK 乏燃料 375 吨，其他反应堆乏燃料 75 吨[192]。俄罗斯对动力堆和研究堆乏燃料管理的基本政策是对乏燃料进行处理，让裂变产物管理在环境上可接受，让回收的核材料重新返回核燃料循环[193]。RBMK-1000 反应堆乏燃料的铀钚易裂变同位素含量低，俄罗斯目前对其政策是集中贮存，不进行后处理。VVER-1000 乏燃料后处理 2017 年才启动，过去大量积累的乏燃料在后处理以前也将长期集中贮存。

（1）乏燃料贮存

俄罗斯主要乏燃料集中贮存地点都位于采矿与化学联合企业和马亚克生产联合企业。各类反应堆乏燃料去向安排如下。VVER-1000 乏燃料贮存在临近反应堆的水池内贮存 3～5 年后，运输到采矿与化学联合体的集中贮存设施。RMBK 反应堆乏燃料原来都贮存在反应堆的乏燃料水池，近年来也开始送往采矿与化学联合体的集中贮存设施，其中不满足接收标准的破损燃料送往马亚克生产联合体的 RT-1 进行后处理。VVER-440 在反应堆附近的乏燃料水池贮存 3～5 年后运输到 RT-1 后处理工厂。钠冷快堆 BN-600 采用高浓铀燃料，每年产生 3.7 吨乏燃料和 2.5 吨增殖区燃料，这些乏燃料在反应堆场址贮存 3 年后送往 RT-1 进行后处理。EPG-6 反应堆乏燃料目前在电站湿法和干法设施贮存，后续将送到 RT-1 后处理。AMB 反应堆乏燃料部分在反应堆水池贮存，部分已送往马亚克的湿法贮存设施。船用反应堆乏燃料在浮动技术基地或岸上设施贮存后，送往 RT-1 后处理。研究堆乏燃料也经过临时贮存后送往 RT-1 进行后处理[194]。

采矿与化学联合企业集中贮存过去积累的 VVER-1000 乏燃料和 RBMK-1000 乏燃料。现有 1 座 VVER-1000 乏燃料湿法贮存设施，1 座新建的 RBMK-1000 和 VVER-1000 乏燃料的干法贮存设施。湿法贮存设施于 1985 年建成，1986 年开始运行，2008—2010 年完成建筑结构升级，提升安全性，建成高密度贮存架和新水池，容量加大到 8 600 吨[195]，能够贮存热和辐射特性更高的乏燃料（初始燃料富集度 5%，燃耗 58 兆瓦・天/吨），将持续运行到 2045 年[196]。乏燃料在湿法贮存设施长期贮存后，再移送到干法贮存设施。干法贮存设施于 2012 年投入试运行，2014 年开始批量接收 RBMK-1000 乏燃料，乏燃料释放的热量通过自然对流排出，2016 年干法贮存二期工程投入试运行，接收 VVER-1000 和 RBMK-1000 乏燃料。该设施运行前，RBMK-1000 反应堆乏燃料只能长期贮存在反应堆的乏燃料水池。2012 年开始，RBMK-1000 乏燃料开始转为集中在采矿与化学联合企业干法设施贮存。除了核电厂反应堆，采矿与化学联合企业还从原子反应堆研究院接收完成了堆后检查的乏燃料组件。

马亚克联合体的乏燃料贮存设施为湿法贮存设施，其接收 VVER-440 和 BN 系列反应堆、研究堆乏燃料等，在后处理之前进行中间贮存，此外还接收未来将要后处理的 AMB、EGP 等反应堆乏燃料，其乏燃料贮存容量升级到约 9 000 吨。

俄罗斯采用专用铁路货运车，在武装保卫人员护卫下运输乏燃料。VVER-1000 乏燃料使用 TUK-10 和 TUK-13 不锈钢运输容器，破冰船乏燃料使用 TUK-120 容器，RMBK-1000 乏燃料使用 TUK-109 容器。近几年，俄罗斯还开发了 VVER-1000/440 乏燃料的新型运输容器。新研的 VVER-1000 乏燃料运输容器 TUK-141O 用于初始富集度和燃耗更高的乏燃料，每个容器可装入 18 套乏燃料组件，与原来使用的 TUK-13 一致。容器制造使用了高强度球形石墨。商用原型容器 2016 年完成制造并在 2017 年完成测试。为支持 TUK-141O 容器运输，还制造了 TK-U-141 铁路运输车。运往马亚克的 VVER-440 乏燃料也换用了 TUK-140 容器。

（2）后处理

俄罗斯目前运行一座商用后处理设施，即马亚克生产联合企业的 RT-1 厂。该厂在原有的军用后处理厂 B 工厂原址建造，1971 年建立，从 1977 年

3 月 29 日开始工艺试运行，采用基于 PUREX 流程的技术，设计为可对舰船反应堆、VVER 系列、RMBK 系列、BN 系列以及研究堆等乏燃料进行后处理，不处理军用生产堆乏燃料，设计能力每年 400 吨，实际每年处理量估计 100 多吨。截至 2019 年，RT-1 接收并后处理的乏燃料已达 6 500 吨，其中从国外 7 个国家返回的乏燃料 2 400 多吨，回收的铀材料全部返回核燃料循环重新利用[197]。

RT-1 后处理流程包括乏燃料溶解和铀钚分离，最终产品包括：富集度 2.6%的六水合硝酸铀酰，用于制造 RBMK-1000 燃料；富集度 17%的氧化铀；二氧化镎，用于生产钚-238；含钚-239/240 60%～75%的二氧化钚，装在特殊容器中贮存；含钚-239 98%的二氧化钚，用于制造实验混合铀钚燃料；锶-90、铯-137、锝-99、钯浓缩物，用于科研；高放废物玻璃固化体，送高放废物贮存库。

压水堆乏燃料。RT-1 处理数量最多的是俄罗斯及其他国家的 VVER-440 反应堆乏燃料，到 2019 年总处理数量 5 300 吨。2015—2016 年，RT-1 对 VVER-1000 乏燃料后处理进行了筹备，包括建立新的运输操纵流程并开展冷实验，又在 2016 年 12 月开展了中试热试验，对 12 套乏燃料组件进行了后处理。2017 年，RT-1 开始处理 VVER-1000 乏燃料。此外，马亚克生产联合企业还在 2017 年成功示范了 TVS-Kvadrat（用于西方压水堆）乏燃料的后处理。针对这两种乏燃料，RT-1 还正进行处理能力升级。第二条工艺线将装备重型切割机和处理氚的挥发氧化装置，以加大 VVER-1000 乏燃料的处理能力。第三条工艺线将升级以处理 TVS-Kvadrat 等外国反应堆乏燃料。升级后的 RT-1 的热堆乏燃料处理能力将提升到每年 600 吨重金属以上。

快堆乏燃料。RT-1 的快堆乏燃料后处理开始于 1983 年的 BN-350 乏燃料后处理。苏联解体后，位于哈萨克斯坦的 BN-350 乏燃料不再运送到 RT-1，RT-1 主要对 BN-600 乏燃料进行后处理，RT-1 的三条工艺线中的一条专用于快堆乏燃料后处理，到 2019 年总处理量超过 500 吨。为了筹备对未来 BN-800 的 MOX 燃料进行后处理，RT-1 在 2012—2013 年首次进行了 BN-600 辐照的 8 套 MOX 燃料组件的实验后处理，证明了技术能力，还计划 2020 年对 BN-800 反应堆乏燃料进行首次后处理。

研究堆乏燃料。RT-1 的工艺流程具有较好的多用性，可对大部分研究堆乏燃料进行后处理。近年来，RT-1 还实施了多个项目，扩大后处理的范围，从 2011 年到 2016 年开始，铀—钼、铀—碳、铀—氮、金属铀、铀—铍等复杂成分的燃料都可以进行后处理。2018 年，RT-1 还完成了乏燃料电化学溶解技术的应用项目，从而实现了对所有现有使用的燃料成分都能进行后处理，例如铀—锆成分燃料。2019 年，RT-1 首次对来自 IPPE 研究堆的铀锆成分乏燃料组件进行了实验溶解。该技术未来还可用于解决日本福岛核电厂破损核燃料问题，以及钚金属与钚合金燃料后处理。RT-1 还对铀—钍燃料进行后处理进行了可行性研究，认为在现有生产设施不需要大幅升级和产品质量不受影响的前提下，这一后处理工艺可以实现，并可推广用于世界各国研究堆铀—钍乏燃料。

舰船反应堆乏燃料。RT-1 一直以来对海军堆乏燃料以及破冰船反应堆乏燃料进行后处理。舰船反应堆乏燃料在浮动维护基地或岸上贮存设施进行中间贮存后，利用专用铁路火车运送到马亚克。2014 年，RT-1 启动了核潜艇铀—铍乏燃料后处理。2017 年，在多国合作项目下，RT-1 开始接收来自摩尔曼斯克地区安德烈耶瓦海湾贮存破损潜艇乏燃料组件。安德烈耶瓦海湾这一场址 1992 年以前曾是海军基地，从 20 世纪 60 年代以来积累了 50 多艘核潜艇的共 2.2 万套乏燃料组件，目前许多设施出现放射性物质泄漏，5 号厂房还有大量破损燃料元件难以处理，造成严重环境污染威胁。

RBMK 反应堆的破损与超规乏燃料。随着 RBMK-1000 乏燃料从 2012 年转为集中干法贮存，RT-1 开始对无法进行干法贮存的破损与超规 RBMK-1000 乏燃料进行后处理。2015 年以来，每年有 30 吨 RBMK-1000 乏燃料运送到 RT-1。

先进水法后处理技术。采矿与化学联合体在建的中试示范后处理中心（PDC）将采用第三代后处理技术。PDC 分两个阶段建设。一期工程为一座启动设施，主要包含一座热室实验室，2015 年建成试运，2016 年正式运行，其初步处理能力为每年 5 吨乏燃料。启动设施同时包含了新技术和成熟的老技术流程，其采用的新技术为：燃料组件解体、氧化挥发、高速离心机澄清、结晶提纯、微波煅烧等[198]，目的是开展热堆和快堆后处理新技术和高放废物处理技术研发，对后处理技术工艺的环保性和经济性进行测试和示范。二期工程预计 2021 年启动，将试运一座 VVER-1000 乏燃料后处理工厂，处理能力为每年 250～400 吨。

PDC 为第三代技术中试设施，首先将对 VVER1000 反应堆燃料进行水法后处理，未来还将对快堆乏燃料进行后处理，基础工艺为简化 PUREX 流程，采取铀、钚、次锕系元素联合萃取，目标产品为铀+钚+镎，关键工艺之一是锆包壳的热化学分解和燃料组分氧化挥发[199]，产品用于 REMIX 和 MOX 燃料制造，氚和碘-129 从废水中高效分离，减少了液体废物，降低固化废物量。

PDC 开发和测试取得的技术成果，将用于 RT-2 后处理厂。各代水法后处理技术对比见表 5-5。

表 5-5 各代水法后处理技术比较[200]

	第一代	第二代	第三代	第四代
液体放射性废物	每吨乏燃料产生中放废物和低放废物共 50 立方米	每吨乏燃料产生低放废物约 100 立方米	无	无
固化高放废物	每吨乏燃料产生 0.8 立方米	每吨乏燃料产生 0.15 立方米	每吨乏燃料产生 0.12 立方米	嬗变超钚元素，每吨乏燃料产生中放废物 4 立方米浅层地下处置
工厂	马亚克的 RT-1	法国 UP-2，UP-3，日本六个所	MCC 的 PDC	MCC 的 RT-2

采矿与化学联合体正在建造 RT-2 后处理厂，计划生产能力 700 吨/年。该项目早在 1984 年启动，但在 1989 年停止，现计划重新设计并恢复建造，预计 2025 年开始运行，采用第四代水法工艺，将处理 VVER1000、RBMK 和 BN 反应堆乏燃料。

干法后处理技术。西伯利亚化学联合企业（SCC）正在建造的“突破”项目中试示范能源综合体（PDEC）包括一座 BREST-OD-300 铅冷快堆和闭合燃料循环设施，其中乏燃料后处理设施将对混合铀钚氮化物燃料进行后处理，计划 2028 年建成。2014 年，西伯利亚化学联合企业宣布选择了全俄电力技术科研设计研究院（VNIPIET）开展设计工作，预计投资 200 亿卢布。PDEC 后处理能力 5 吨/年，基本技术方案采用联合后处理工艺，用氯化物高温化学工艺提取铀—钚—镎，用湿法冶金分离镅和锔，生产出铀—钚—镎—镅混合氧化物粉末。高温化学后处理工艺已经完成技术可行性确认，最终技术流程也已定型。

VNIITF 开展了氮化物燃料高温化学后处理工艺的开发、模拟、测试、示范，2012 年来已经开展实验室设施的重建和现代化，计划在 2015—2020 年开展技术开发与实验核实，完成工业设施设计决策。2018 年，VNIINM 和 SCC 宣布开发了微波直接脱硝工艺，并完成实验室规模测试。该工艺用硝酸盐生产铀、钚和镎的混合氧化物，不产生二次液体放射性废物，将用于 PDEC。马亚克生产联合企业也在 2018 年完成薄膜超滤装置进行悬浮固体溶液净化的实验工作，该工艺采用碱性沉淀技术和膜切向过滤技术深度净化溶液中的铀、钚、镅，使溶液变成低放射性溶液，将用于 PDEC 的废物处理，可大幅减少废物产生量。

原子反应堆研究院（NIIAR）2011 年开始建设一座多功能放射化学研究综合体，用于开发快堆乏燃料后处理技术。该设施从国家预算取得资金 46.95 亿卢布。其中，现已建成 K-16 高温化学设施，可处理 BOR-60 和 BN-600 反应堆的 MOX 乏燃料，处理能力每年 100～150 千克乏燃料。

气体氟化物后处理技术。俄罗斯曾探索独特的气体氟化物后处理技术，利用升华方法将六氟化铀和不可挥发的裂变产物氟化物分离，用蒸馏法（精馏）将六氟化铀和挥发性产物分离，固体废物量少，完全消除了液体废物产生，主要工艺产品是高纯度六氟化铀，可直接再次浓缩。主要研发成果包括，西伯利亚化学联合体 20 世纪 60 年代建立了 M-495 实验装置，将乏燃料氟化处理，对六氟化铀精馏提纯，分离钚并除去 β 和 γ 放射性核素；原子反应堆研究院 1968 年在热室内建立运行了 FREGAT 多用途设施，用于研发快堆乏燃料后处理技术。电化学工厂生产联合企业、基洛沃-切佩茨基（Kirovo-Chepetsk）化学联合体也建立了相关的工艺设施。库尔恰托夫研究院近年来提出船载或车载移动式后处理装置概念，包括电化学生产氟、氟化、精馏产物分离、氧化物高放固体废物玻璃固化四个生产环节，可用于偏远地区电厂和舰船反应堆的乏燃料后处理。

5. 放射性废物管理与核设施退役

俄罗斯历史上开展核武器研制和核电厂运行活动积攒了大量待处理的放射性废物以及待退役的遗留设施。到 2015 年年底放射性废物累积量已达 5.58 亿立方米，8.9×10^{19} 贝可，分布于 120 家企业的 830 个贮存场地。当前退役治理主要挑战包括将地表液体废物贮存池转为安全贮存、放射性设施退役、污染场址补救、低放废物深井注入、拆除核动力舰船与浮动技术基地、开展高放废物深地质处置概念研究、根据处置路径制定放射性废物分类系统等。

（1）法规政策与规划

法律政策。本世纪以前，俄罗斯采取长期贮存核废物，推迟最终处置的政策。本世纪以来，俄罗斯才开始逐步推进放射性废物处理处置以及遗留核设施退役工作。2011 年 7 月，俄罗斯发布联邦法律第 190-FZ 号《放射性废物管理以及修改若干俄罗斯联邦法律》，要求通过建立统一的国家放射性废物管理系统和设立国家放射性废物处理承担机构，强制处置所有放射性废物，为放射性废物的管理建立了国家体系。2012 年 3 月 1 日，俄罗斯总统令第 Pr-593 号批准的《俄罗斯联邦核与辐射安全领域直至2025年的基本国家政策》

进一步明确了目标、原则、关键任务。2015 年 12 月 7 日又通过第 2499-r 号政府令，给出措施确保 2011 年联邦法律第 190-FZ 号的落实。2016 年的联邦政府决议第 542 号《放射性材料与放射性废物衡算与控制国家系统的管理》采纳了放射性废物衡算与控制的监管流程，对放射性废物衡算与控制、存量数据收集、废物登记、贮存设施登记、存量数据维护、设施登记数据维护、废物登记认证等给出规定[201]。

联邦目标计划。俄罗斯政府还相继通过建立联邦目标计划，推进核遗留废物处理。2007 年建立了联邦目标计划《2008 年及直到 2015 年的核与辐射安全》（NRS），针对最紧迫问题实施了一系列退役治理项目。该计划取得的主要结果包括：拆除了 195 艘退役核潜艇（占待拆除总量的 97%）；回收 98.8%的放射性同位素电源并拆除其中的 86%；建立 RBMK 乏燃料的长期贮存设施；开展 EI-2 反应堆退役；退役 53 座危险核设施，补救 270 公顷受污染土地；关闭马亚克生产联合企业、西伯利亚化学联合企业的放射性废水开放式贮存设施等[202]。

2015 年 11 月，俄罗斯政府又批准了《2016 年及直到 2030 年的核与辐射安全》联邦目标计划（NRS-2），分三个五年阶段实施，重点实现闭合燃料循环技术、高放废物最终处置库、82 座核与辐射设施以及 2 艘破冰船退役等。该计划重点推动生产堆以及国防生产场址厂房设施的退役，占总预算的 73%；建立乏燃料和放射性废物处理处置的基础能力，占总预算近 20%；核与辐射安全监督，占总预算 5%；科学与技术支持，占总预算 2%。该计划 70%资金来源于联邦政府，剩余资金来源于国家原子能公司。

放射性废物按处置路线分类。俄罗斯联邦 2012 年 10 月 19 日第 1069 号决议给出放射性废物分类标准，将需要处置的放射性废物分为六类：一类：贮存降低衰变热后须在深层处置设施处置的高放废物；二类：须在深层处置设施处置，但不需要进行贮存降低衰变热的固体高放废物和含有半衰期 31 年以上核素的中放长寿命废物；三类：须在最多 100 米深的浅层设施处置的固体中放废物和含有半衰期 31 年以上核素的长寿命低放废物；四类：需在地表浅层设施处置的固体低放废物和极低放废物；五类：须在联邦法律第 190 号《放射性废物管理》生效时已建造和运行的深井注入设施处置的液体中低放废物；六类：需要在浅层处置设施处置的采矿和铀矿加工产生的放射性废物，或者在与原子能利用无关的运营活动中产生的废物，这些活动即具有高浓度天然放射性核素的矿物和有机物原材料的开采和处理。

（2）放射性废物管理国家统一体系

第 190-FZ 号联邦法律要求建立放射性废物管理国家统一体系，以确保废物管理与处置的安排和安全经济。统一体系也为放射性废物管理国家主管部门、原子能应用国家主管部门、原子能应用安全监管部门、放射性废物管理国家运营组织、专业化放射性废物管理组织、放射性废物产生组织等各机构开展合作提供了基础。

放射性废物管理国家统一体系分三阶段建立。第一阶段为 2012—2014 年，到 2014 年年底形成了法律与组织基础，建立了废物分类系统与处置接收标准，并对放射性废物及其贮存场址进行了初步登记。2016 年俄罗斯联邦政府令第 238-r 号根据登记结果，给出一批放射性废物处置设施、长期贮存设施的清单纳入国家核材料与放射性废物衡算与控制系统。第二阶段为 2015—2017 年，主要包括建立低放废物与中放废物处置设施，并选择了处置设施潜在场址。第三阶段为 2018—2024 年，包括建立高放废物处置体系、地下实验室试运行以及中低放废物处置设施试运行等。

（3）放射性废物管理组织施安排

国家原子能公司是放射性废物管理领域的国家主管机构，承担政府职能。俄罗斯国家原子能公司仍在逐步完善放射性废物国家统一管理体系中的各项要素，全面建立和完善放射性废物管理能力。

核电厂和大型核燃料循环企业负责开展自己厂址放射性废物的收集、初步处理和贮存，随着放射性废物管理体系完善，下一步还将负责对废物进行整备，使其满足相应处置接收标准。

专业化放射性废物管理组织是开展废物收集、分离、处理、整备、运输、贮存，以及废物贮存和处置设施运行、退役、终结的法律实体。目前规模最大的专业化废物管理组织是 RosRAO 放射性废物管理联邦国家单一制企业，其在俄罗斯各地设有 8 个地方性下属企业共 19 个分支机构，形成了区域性中低放废物设施网络，从使用放射源和放射性废物的组织以及和一些燃料循环企业接收废物，开展中低放废物的处理和长期贮存，从而管理俄罗斯全境场址的放射性废物。

放射性废物管理国家运营机构（NO RW 或称 NO RAO）隶属国家原子能公司，负责放射性废物管理工作的组织协调与实施，建立各类放射性废物处置的设施系统，也是唯一的放射性废物最终处置单位[203]。

放射性废物处置成本，来源于国家原子能公司的第 5 号特别储备基金用，以及国家运营机构的投资和工业计划资金。2013 年以来，俄罗斯还逐步对各类放射性废废物建立了 2022 年以前的废物处置费率。

Radon 科学与生产联合体负责管理科学、工业、医药、农业等领域产生的中放和低放废物（RW），其活动涉及放射性废物收集、运输、处理和安全储存，以及辐射紧急服务、放射生态学和汞监测等。

（4）放射性废物处理处置

废物贮存。2014 年到 2017 年建立和升级多个放射性废物贮存设施，包括在喀山、布拉戈维申斯、车里雅宾斯克三地的 RosRAO 场址建立了固体放射性废物临时贮存设施，在马亚克生产联合企业建立了中低放固体废物浅地长期贮存设施，采矿与化学联合企业（MCC）地下设施建立了长期固体放射性废物贮存设施的第一个贮存单元等。截至 2017 年 1 月，全俄罗斯境内共有 897 座放射性废物贮存设施。

废物处理技术。根据放射性废物的物理状态和组成采用多种处理技术，包括废水处理、蒸发、去活化、煅烧、分馏、水泥固化、沥青固化、玻璃固化、压实、熔化、去污、焚烧等。俄罗斯主要核工业企业和核电厂都有综合废物处理设施，近年来建造或正在建造新的放射性废物处理能力，促进技术流程和技术设备大规模现代化。乌拉尔电化学联合企业 2018 年年初建成了新的水泥固化设施，使用 200 升桶，全部活动为自动化操作。

四家造船企业也升级了放射性废物管理系统，包括北方造船厂生产联合企业、红星船舶维修中心、海豹船舶维修工厂、远东红星造船厂，放射性废物管理达到现代要求，提升安全水平。

西伯利亚化学联合企业（SCC）地表放射性液体废物贮存池为退役治理主要目标。B-1 贮存池清污 2011 年启动。B-25 贮存池清污 2016 年启动。2017 年，SCC 采用碎屑过滤器来分离浆状物的新方法对 B-1 贮存池完成了清污，并计划继续将该技术用于 B-25 贮存池以及其他企业类似设施的治理。

高放废物玻璃固化熔炉由谢维尔德洛夫斯克化学机械制造研究院（SverdNIIchimmash）开发。马亚克生产联合企业 RT-1 后处理厂首个高放废液玻璃固化装置 EP-500 于 1987 年运行，2001 年第三代熔炉投入运行，2007 年第四代熔炉投入运行。第四代 EP-500/4 熔炉每天可生产 5 批玻璃体，每批 600 千克。1987 年到 2010 年，4 台熔炉共处理高放废物 28 112 立方米，6.43 亿居里，生产玻璃体 6 216 吨。玻璃固化工艺利用直接蒸发-煅烧-玻璃固化技术产生铝磷酸盐玻璃基体。第四代熔炉关闭后，后处理产生的高放废液临时贮存。2015 年，RT-1 的第五代熔炉 EP-500/5 完成安装，并在 2016 年投入运行[204]。该项目属于 NRS 联邦目标计划。

中低放废物处置设施。原子反应堆研究院（NIIAR）、西伯利亚化学联合企业（SCC）、采矿与化学联合企业（MCC）三家单位曾建立深井注入设施，对产生的中低放放射性废物进行处置。原子反应堆研究院的处置设施位于实验与工业测试场址，西伯利亚化学联合企业的处置设施位于第 18 号和 18a 号测试场址，采矿与化学联合企业的位于谢维尔内测试场址。根据第 190-FZ 号联邦法律，深井注入设施由 NO RAO 所有并运行，并有权开展经济活动。

乌拉尔电化学联合企业（UECC）建立了第一个第三类和第四类放射性废物（中放短寿命废物和低放废物）近地表处置设施的第一个处置单元，设计容量 1 万立方米，由 NO RAO 运营。NO RAO 获得了 Rostechnadzor 颁发的许可证，运行第一个单元并启动了处置活动，在 2016 年处置了 47.45 立方米放射性废物。NO RAO 还在 2015 年获得了该近地表设施第二和第三单元的施工许可证。

位于车里雅宾斯克奥焦尔斯克的 2 座中低放废物处置设施也处在设计阶段，一个位于马亚克生产联合企业场址内，另一个位于谢韦尔斯克西伯利亚化学联合企业（SCC）场址内。NO RAO 还根据放射性废物产生量，计划在西北地区、西伯利亚地区、乌拉尔地区和中央地区建立此类设施。

中高放长寿命废物地质处置。俄罗斯从 20 世纪 60 年代直至本世纪初对地质处置设施的长期稳定性开展了全面的多学科研究。地质调查选址始于 20 世纪 90 年代[205]，在本世纪初选择了 2 个有前景的场址。2002 年到 2005 年，对最有前景的叶尼塞场址完成了全面地球物理学调查，并提出进一步开展深探井研究。2008 年，俄政府批准了建造放射性废物最终隔离设施的《意向声明》。2009 年到 2011 年又进行了 700 米深探井和地表地球物理学调查和工程研究，还制定了《投资理由说明》（包括《环境影响评价》）并获得批准。2012 年，领先工业技术设计勘探研究院（VNIPIpromtechnologii）竞标获得设计与调查工作合同。在完成并批准《设计文件》《项目文件》《工作文件》后，2018 年“建造放射性废物深地质处置设施的策略”获得批准，计划在 2019 年到 2023 年在建造地下实验室的地下结构期间，开展场地和实验室研究，2024 年在地下实验室启动技术试点研究与开发，2028 年在地下实验室考察试点研究的结果。

目前，NO RAO 正在克拉斯诺亚尔斯克地区的下坎斯基（Nizhnekansky）建立地下实验室，作为放射性废物管理国家统一体系建设的一部分。该实验室将在放射性废物管理国家统一体系建设第三阶段投入运行，主要目的是研究 450～525 米深度的岩石特性，确定第一类和第二类废物（中高放长寿命废物）最终隔离的可行性。地下实验室包括以下特征：地表辅助建筑与结构；3 个深 500 米的竖井；2 条横截面积 20 平方米、总长度约 5 000 米的水平巷道；4 个水平工作段，横截面积 40～60 平方米，总长度约 600 米，并有 4 个深 75 米的竖井。

（5）核设施退役

俄罗斯待退役设施包括生产堆、核电机组、研究堆以及各类核燃料循环设施和实验设施。俄罗斯通过核与辐射安全的联邦目标计划实施，加大了核设施退役力度。核设施退役由多个组织实施。

铀-石墨反应堆实验示范中心（UGR UDC）于 2010 年成立，主要开展铀-石墨生产堆的退役组织和项目管理，并对多个场址的铀浓缩工厂、放射化学工厂、废弃厂房等进行了拆除。俄罗斯 EI-1 反应堆于 2015 年 9 月完成退役，是首座完成退役的生产堆。

RosRAO 实施核潜艇与核动力维护船的拆除，包括拆除后反应堆舱的长期贮存。由于苏联解体后，冷战时期建造的 200 多艘核潜艇在水上搁置带来严峻的环境风险，国际社会从 20 世纪 90 年代开始对俄罗斯核潜艇退役提供资金和技术援助。2019 年 8 月，RosRAO 的北方分支机构 SevRAO 完成了原北方舰队科拉半岛基地的 120 艘拆除的核潜艇的反应堆堆舱处理，全部搁置在赛达湾的贮存场址（见图 5-2）。该场址未来还将贮存破冰船反应堆堆舱以及核动力维护船的放射性舱段[206]。

图 5-2　贮存在赛达湾的退役潜艇核反应堆堆舱

俄罗斯到 2017 年已完成退役的设施主要包括：莱布恩斯基物理与动力工程研究院（IPPE）的临界台架设施 AMBF-2-1600、废物贮存设施 227 号建筑；

原子反应堆研究院（NIIAR）的研究堆 AST-1；亚历山德罗夫科研技术研究院（NITI）的核动力陆上模式堆 KM-1、海军放射性废物管理示范的技术测试设施；卡尔波夫物理化学研究院（NIFHI）的 Gammatok-100 装置；西伯利亚化学联合企业（SCC）的 EI-2 反应堆以及 Gazgolder 贮存设施；VNIINM 的 B 建筑物；切佩茨基（Chepetsk）机械工厂的 7 号建筑；新西伯利亚化学浓缩物工厂（NCCP）的 22 号和 65 号建筑、17v 号厂房、矿石堆等；“启动”（Start）生产联合企业的放射性废物贮存设施 235 号和 560 号；下诺夫哥罗德设计局的持久性测试实验室；科米共和国的 Vodniy 放射性废物贮存设施等。

俄罗斯计划到 2030 年完成 82 个设施的退役项目。生产堆退役活动将持续推进。其他重点设施包括：SCC 的液体放射性废物贮存池 B-1 和 B-25、放射化学工厂、化学与冶金工厂、VOU M-2097 装置等；NCCP 的铀石墨反应堆（PUGR）燃料组件制造设施、18 号厂房、Makety 建筑群等；MCC 的放射化学工厂；VNIINM 的 A 建筑物、G 建筑物、53 号建筑物、U-5 装置、2 号和 9 号放射性污染场地；RosRAO 西北地区摩尔曼斯克部的放射性废物贮存设施等。

二、工业能力

经过近年来不断整合，俄罗斯核燃料循环前端产业由 TVEL 公司管理。核燃料循环后端产业由国家原子能公司的寿期后端部管理。

技术研发方面，有博奇瓦无机材料高技术研究院、赫洛平镭学研究院、原子反应堆研究院等多个综合性的科研单位，还有专业从事包括离心机研制、核燃料循环工艺设备研发制造的企业。

在生产方面，俄罗斯核燃料循环前端生产能力建设完善，规模庞大，主要包括 3 家铀矿开采企业、4 家铀转化与浓缩企业、2 家大型核燃料生产企业。核燃料循环后端领域，俄罗斯目前运行一家大型后处理设施，还在继续发展新的后处理工业能力，建立放射性废物管理国家统一体系和放射性废物处置能力（见表 5-6）。

表 5-6　俄罗斯核燃料循环研发与生产单位

类型	名称	缩写	核心业务领域
工艺与设备研制	博奇瓦无机材料高技术研究院	VNIINM	核燃料、后处理、材料、废物处理、退役
	原子反应堆研究院	NIIAR 或 RIAR	核燃料、后处理、乏燃料管理

续表

类型	名称	缩写	核心业务领域
工艺与设备研制	赫洛平镭学研究院	—	后处理、废物管理
	领先工业技术设计勘探研究院	VNIPIPT	铀矿开采技术
	离心机技术科学与生产联合企业 合并下列单位： 圣彼得堡离心机技术公司 新乌拉尔斯克研究与设计中心 下诺夫哥罗德实验设计局 乌拉尔气体离心机制造厂 新乌拉尔设备工厂	NPO Centrotech	离心机设计生产
	科夫罗夫机械工厂	KMP	离心机批量生产
	弗拉基米尔精密机械生产联合企业	VPO Tochmash	离心机部件生产
	谢维尔德洛夫斯克化学机械制造研究院	SverdNIIchimmash	燃料循环工艺设备
	全俄化学技术研究院	VNIIHT	燃料循环工艺设备
	中央设计与技术研究院	TsPTI	设施设计
	Rusburmash	RBM	采矿技术
生产	普里额尔古纳斯克工业采矿与化学联盟	PIMCU 或 PPGHO	铀矿采冶
	达卢尔公司	Dalur	铀矿采冶
	希阿格达公司	Khiagda	铀矿采冶
	乌拉尔电化学联合企业	UECC	铀浓缩
	电化学工厂生产联合企业	PA ECP	铀浓缩、贫化六氟化铀转化
	安加尔斯克电解化学联合企业	AECC	铀浓缩
	西伯利亚化学联合企业	SCC	铀原料处理、铀转化、铀浓缩、新型燃料制造、PDEC 建设
	MSZ 机械制造厂	MSZ	核燃料制造
	新西伯利亚化学浓缩物工厂	NCCP	核燃料制造、锂产品
	切佩茨基机械工厂	CMP	锆产品、铪材料
	马亚克生产联合企业	—	后处理
	采矿与化学联合企业	MCC	乏燃料贮存、MOX 生产、后处理厂建设
	RosRAO 放射性废物管理企业	RosRAO	废物管理、核潜艇退役
	Radon 科学与生产联合体	Radon	废物管理、辐射监测
	铀-石墨核反应堆实验示范中心	UDC UGR	设施退役
	放射性废物管理国家运营机构	NO RW	废物处置

图 5-3　俄罗斯核燃料循环科研生产单位分布

1. 工艺与设备研发制造

（1）博奇瓦无机材料高技术研究院（VNIINM）

博奇瓦无机材料高技术研究院（VNIINM）1945 年 12 月成立，成立时名为苏联内务部特种金属研究院（Inspetsmet NKVD），旧名称还有特种金属研究所、NII-9、人民委员会第一总局第一基地、Glavgorstroy 科学研究院、全俄无机材料研究院等。目前是 TVEL 公司旗下主要核燃料循环技术研发单位，开展核燃料、后处理、放射性废物管理等领域技术开发，开发和生产多种新型材料，并担任国家原子能公司的计量学服务中央牵头组织。

VNIINM 成立之初开展铀材料研究和铀矿石提取方法的开发，1947 年建立了半工业的放射化学设施开展钚生产研究，1948 年底开始支持马亚克生产联合企业的建立，50 年代开始对各类反应堆乏燃料进行后处理研究，60 年代在 5 号装置开展大量研究，后来成为 RT-1 后处理工厂技术与设备开发、试运行和技术改进的主要力量。七八十年代又开展了脉冲原理高效传质技术开发，应用于西伯利亚化学联合企业等多个生产企业。VNIINM 还开展了一系列放射性废物处理技术研发，包括气体中放射性气溶胶净化、核潜艇一回路以及放射化学工艺设备去污、核电厂液体废物沥青固化等，还与其他机构共同为马亚克生产联合企业研制应用了 EP-500 高放废液玻璃固化装置。50 至 70 年代，VNIINM 还形成了金属、腐蚀、冶金、放射化学等专业能力，开展国防和民用领域各种反应堆核燃料与材料的研发活动，并为苏联月球车研制了放射性同位素电源。90 年代以后，VNIINM 的活动包括核电厂燃料循环技术、放射性废物处理技术、改进国防领域材料与技术水平、生产锆合金部件、生产超导材料、生产过滤器设备和加工薄膜覆层等。本世纪以来，随着俄罗斯核工业取得新发展，VNIINM 在多个重大项目中发挥作用，包括为“突破”项目开发混合氮化物燃料制造技术；参与燃料生产模块、乏燃料后处理模块和放射性废物整备模块的开发建造；开展 BREST-OD-300 反应堆和 BN-1200 反应堆堆芯结构材料研究与制造技术开发；开发 ITER 反应堆铍板生产技术；开发 ITER 低温超导材料技术并在切佩茨基机械工厂（ChMZ）生产材料；在萨拉托夫的 Basalt 联邦国家单一制企业建立特种铍产品生产能力；研制生产铍箔片；开发 TVS-Kvadrat 核燃料组件；作为国家原子能公司的主要科学计量中心，开展测量统一化工作。

VNIINM 目前下设一批研究部门，从事燃料循环前端和后端各方面研究开发活动，包括：热堆二氧化铀燃料棒开发研究与设计部；快堆与气冷堆燃料元件开发研究设计与技术部；燃料研究单元（水冷堆弥散燃料元件）；乏燃料与放射性废物管理科学技术部；放射性废物管理、衡算与控制部；材料科学与技术部（复合材料、磁性材料、特种材料）；核退役部；超导与功能材料技术与材料科学部；材料技术部（航空材料、涂层等）；特殊非核材料与同位素产品技术开发研究部；研究计量学部等。VNIINM 还具备工业生产能力，产品包括铍金属箔产品、各类冶金产品、合金金属锭、磁性材料、复合纳米材料、超导材料、过滤器等。

（2）原子反应堆研究院（NIIAR）

俄罗斯联邦国家科学中心原子反应堆研究院（NIIAR 或 RIAR）于 1959 年由苏联部长会议下命令成立，目的是开展反应堆相关技术研发，1964 年成立反应堆材料测试综合体和放射化学部，1976 年由建立了化学与技术部，1991 年建立放射性同位素与放射化学部，1994 年获得“国家科学中心”地位，2008 年改制为股份公司。

目前，NIIAR 开展反应堆材料、反应堆燃料、核燃料循环、同位素生产等领域科研生产活动，重点开发示范创新技术，提供高技术服务，并促进核领域技术在核医学、工业等其他领域应用。NIIAR 场址正在建立一座多功能放射化学综合体和 MBIR 快中子研究堆。

反应堆材料科学与技术方面，开展核反应堆装置材料与部件测试，包括开发辐照后检查设备与方法，考察各类核反应堆部件性能，考察核反应堆辐照对燃料组成、结构和功能材料变化的影响；开发各类反应堆的乏燃料操纵技术，开展乏燃料长期贮存研发；研制各类堆内辐照设备；针对反应堆延寿开展材料测试等。NIIAR 反应堆材料试验综合体规模庞大，共有 49 个热室，9 个重型手套箱，还有乏燃料贮存水池和运输全尺寸乏燃料组件的能力。其实验设施可对 1.9×10^{16} 贝可活度的物项进行操纵。2 个热室专用于 VVER、RBMK 和 BN 动力堆燃料组件研究，内部长度 7.5 米，宽度 4.0 米，高度 7.2 米。该综合体还有俄罗斯唯一的再制造能力，用于将燃料棒进行处理，包括给其装上仪表，以开展特定的堆内和堆外实验。

核反应堆的物理学、工程、辐照技术与安全方面，取得燃料元件、燃料组件和材料的物理学、热物理学、热工水力、裂变产物释放以及行为的实验数据，用于校核计算代码，开发先进反应堆，证明现有反应堆安全性；模拟燃料元件和燃料组件的稳态和瞬态运行条件，考察其特性，包括设计基准事故；开发方法和技术手段，对事故情况下的燃料组件、燃料元件及其碎片进行检查；开发和测试核设施控制与安全装置；应用辐照技术，生产超钚元素和各类同位素以及辐照改性材料等。

放射化学和燃料循环方面，包括开发乏燃料后处理技术，利用高温化学方法将武器级钚和反应堆级钚纳入燃料循环；开发燃料振动密实元件和燃料组件的设计与生产方法；开发并运行远程制造 MOX 燃料元件与组件的计算机化生产线，为 BN-600 反应堆生产 MOX 振动密实 MOX 燃料；乏燃料后处理与操纵设备设施的开发、测试与运行；开发次锕系元素和长寿命裂变产物嬗变流程；开发放射性废物管理流程等。

放射源与放射化学制品方面，包括开发反应堆核素制造技术，以及核素提取、提纯方法和放射化学生产的开发和优化，开发电离辐射源设计与制造技术，开发核素产品认证方法和技术工艺控制方法等。NIIAR 是俄罗斯最大同位素生产机构之一，其放射性核素源与放射化学部拥有 34 个热室和 30 多个屏蔽手套箱，其中 22 个热室可操作放射性高至 10 万居里的材料。目前主要运行 6 个设施：1）超钚元素及制品生产设施，产品包括锔-244 阿尔法粒子源、锎-252 中子源以及钚-242、镅-243 等同位素；2）生产磷-33、铬-51、锰-54、铁-59、锶-89、钌-106、镉-109、锡-113、锡-117m、锡-119m、锡-121m、钨-188、铊-204 等的化学制品的设施；3）钼-99 生产线；4）碘-125 生产线；5）碘-131 生产线；6）制造基于钴-60、硒-75、钆-153、铱-192 的伽马射线放射源的设施。

NIIAR 先后建有 8 座研究堆，在建 1 座（MBIR），设有研究堆综合体，目前运行着俄罗斯大部分的高通量研究堆，包括回路式反应堆 MIR、高通量反应堆 SM、快堆 BOR-60、VK-50、池式反应堆 RBT-6、池式反应堆 RBT-10/2。这些反应堆具有世界先进水平的运行参数和特性，开展各种反应堆堆型的材料测试。一座多功能放射化学综合体也在建设当中。

（3）赫洛平镭学研究院

赫洛平镭学研究院 1922 年成立，合并了当时位于彼得格勒的科学院镭学实验室、国家辐射研究所镭学部等辐射学研究机构，成为苏联国内核科学技术的发源地，1932 年还曾建成了欧洲首个回旋加速器。1945 年以后研究范围扩大，启动了从乏燃料中分离钚的研究，支持苏联后处理工厂的建立。六七十年代在加奇纳（Gatchina）创立了科学与实验综合体。80 年代还开展了扩大 RT-1 工厂的研究。目前开展核物理、放射化学、辐射生态学、放射地球化学等研究，以及放射性核素和放射源生产等。机构性质为股份公司。

镭学研究院设有应用放射化学部，开展乏燃料与放射性废物管理的科研与实验工作，其研究领域和活动包括：开发去污溶液新配方；放射性废物贮存设施退役；乏燃料与放射性废物处理技术工艺数学建模；开发去污新设备；开发和改进分析方法；应用和改进现代技术工艺在线控制方法；开发手套箱分析使用的自动化设备和离子选择性电极；研究废物固化体中的辐射化学过程；研发放射性核素固定以及核燃料的新型材料；开发现代乏燃料后处理水法技术；开发乏燃料溶解与溶液澄清工艺；研发乏燃料和放射性废物处理的新型萃取系统；开发放射性废物最小化处理和固化方法；开发乏燃料处理中获得最终目标成分的方法；开发用于高放废物固化的等离子体化学过程；开发萃取物深度提取的精馏方法；开发和核实从废物以及乏燃料后处理中分离个别同位素的方法，特别是铂族金属和稀土元素。

研究部门配备有各类乏燃料的溶解设备、用于新型萃取流程研发的实验台架，并创建了离心萃取器自动化萃取台架、测试放射性废物蒸发技术的自动化蒸发台架、放射性废物玻璃固化台架等。位于加奇纳场址的研究设施有 13 个水平传送装置连接的热室和 6 个垂直传送装置与热室连接的手套箱，开展乏燃料后处理与放射性废物处理的大量开发与核实工作，支持 RT-1、RT-2、PDC 等设施的工艺研发，此外还开展了热堆 REMIX 燃料研发、反应堆同位素生产（碘-125、碘-129、锶-90、钌-106、锑-125、铈-144、钷-147 等）[207]。

镭学研究院的同位素产品包括基于 27 种放射性同位素的几十种放射源，满足国内市场份额 60%、海外市场份额 40%，还利用列宁格勒核电厂反应堆生产钼-99/锝-99 医用同位素满足圣彼得堡 90%以上的医用需求。

（4）领先工业技术设计勘探研究院（VNIPIpromtechnologii）

领先工业技术设计勘探研究院（VNIPIpromtechnologii，VNIPIPT）成立于 1951 年，目的是满足核工业的原料需求，为铀矿开采与加工企业开展设计工作，还曾支持塞米帕拉金斯克和新地岛核爆炸试验场的相关设计工作和平核爆炸活动。

VNIPIpromtechnologii 曾支持 60 多家露天开采和地下开采企业建设，涉及铀、锂、铍、钽-铌、金、煤炭、建筑材料等，特别是俄罗斯境内目前主要天然铀开采企业普里额尔古纳斯克工业采矿与化学联盟（PIMCUP），以及中亚和哈萨克斯坦地下地浸钻孔铀矿企业；曾开展 39 个和平核爆炸项目，利用地震探测地壳寻找矿床；支持切尔诺贝利 4 号机组事故后反应堆下方混凝土板的建造；开展放射性污染场地整治和放射性废物贮存设施设计建造等。

2014—2015 年，VNIPIpromtechnologii 成为 ARMZ 铀矿持股公司的一家工程设计中心，并开设三家分支机构。近期项目包括为达卢尔公司研制了减少黄饼水分的设备，为 PIMCU 重建尾矿池，为 PIMCU 建立 6 号地下铀矿（占俄罗斯铀矿储量的 35%）等。

（5）离心机技术科学与生产联合企业（NPO Centrotech）

TVEL 公司在 2015—2016 年以原有的几家气体离心机研发生产企业为基础，整合成立了离心机技术科学与生产联合企业（NPO Centrotech），以推进设计活动，提供全寿期产品。2015 年首先合并了俄罗斯原有的三大离心机设计机构，新乌拉尔斯克研究与设计中心（NRDC）有限公司、下诺夫哥罗德设计局股份公司、圣彼得堡离心机技术（Centrotech-SPb）股份公司，2016 年又继续整合了几家生产企业，包括乌拉尔气体离心机工厂（UGCMP）有限公司、电化学转换器工厂（Electrochemical Converters Plant）、新乌拉尔设备工厂（Uralpribor）等。目前其业务涵盖离心机产品从销售到退役的全流程，并生产 3D 打印机和储能装置等多种非核产品。

圣彼得堡离心机技术（Centrotech-SPb）股份公司，源自于 1945 年成立的列宁格勒基洛夫工厂设计局（OKB LKP）。1964 年，OKB LKP 成为独立机构机械制造中央设计局（TsKBM）。1992 年，TsKBM 成立离心机技术科学与技术中心（STC Centrotech-TsKBM）。1998 年，Centrotech 脱离 TsKBM 加入电化学工厂生产联合企业，2006 年独立为 Centrotech-SPb。Centrotech 早在 1952 年开始生产高经济性的工业用铀浓缩气体离心机。首个离心机设计 1955 年完成，曾用于建造 1957 年运行的中试厂，直至 90 年代研发了几代工业离心机并投入生产[208]。

新乌拉尔斯克研究与设计中心（NRDC）位于新乌拉尔斯克，原本是乌拉尔电化学联合企业 1957 年投入运行的中试工厂“第 20 号车间”。中试工厂于 1959 年建立了离心机实验室，此后开展离心机技术研发，作为乌拉尔电化学联合企业设计与开发中心，2007 年独立成为新乌拉尔斯克研究与设计中心（NRDC）有限责任公司，设有设计部、气体动力学研究与寿期测试部、动力学测试与研究部、物理化学测试实验室、物理学与力学研究组、结构分析组、复合材料转子制造技术开发部、特种设备技术部等研发部门[209]。

下诺夫哥罗德实验设计局（OKB-下诺夫哥罗德），1961 年成立时隶属于高尔基汽车工厂（GAZ），负责为中型机械制造部生产非标准设备，1962 年开始新型气体离心机开发以及现有离心机运行优化工作，逐渐建立了大规模的离心机研发科学与实验基地，在台架设备、制造设备、减振装置、磁悬浮装置等方面积累大量经验，80 年代又研制了稳定同位素生产离心机，并在 VNIIEF 建立了生产能力。2003 年，实验设计局脱离了高尔基汽车工厂，加入了泽列诺戈尔斯克的电化学工厂生产联合企业，并基于此前开发的 K43 超临界离心机启动第九代离心机研发。在 2007 年到 2009 年核工业改革期间，成为独立机构下诺夫哥罗德试验设计局封闭式股份公司，曾先后隶属于技术供应出口公司（Techsnabexport）、气体离心机工程设计中心、TVEL 公司，2015 年由封闭式股份公司改为股份公司。

乌拉尔气体离心机制造厂（UGCMP），位于新乌拉尔斯克。该厂原为 1962 年乌拉尔电化学联合企业场址上建立的备件工厂，1964 年启动生产，主要为铀浓缩工厂生产设备和备件，1999 年开始为气体离心机生产定子，生产量每年 8 万件。2005 年，俄罗斯联邦原子能机构决定在乌拉尔电化学联合企业建立批量化生产先进气体离心机的工业生产示范工厂。2007 年，乌拉尔离心机工厂有限责任公司正式成立，脱离了乌拉尔电化学联合企业，有 1 000 多名工作人员加入了新公司。2009 年，UGCMP 建成批量化生产设备，2011 年开始批量生产，2013 年启动第九代离心机生产[210]。

新乌拉尔设备工厂（Uralpribor），位于新乌拉尔斯克，也是 2007 年脱离乌拉尔电化学联合企业（UECC）成立的独立企业，具有设计能力，主要开展铀浓缩工厂以及核电厂工艺控制装置、工艺测量装置、应急防护、自动化控制、电源系统等的研制生产。

（6）科夫罗夫机械工厂（KMP）

科夫罗夫机械工厂（KMP）原为杰格佳廖娃（Degtyareva）第一工厂的下属部门，于 1950 年独立，早期生产步兵机枪，1959 年开始为核工业生产气体离心机，2006 年归属到技术供应出口公司（Techsnabexport），并将业务集中到气体离心机生产上，目前隶属于 TVEL 公司，2012 年掌握了第九代气体离心机生产能力，目前离心机生产占全部营业收入的 95%以上。

KMP 主要生产能力包括板材切割、机械加工、热处理、电镀和涂层、焊接、橡胶与塑料零件生产、冲压工艺等。KMP 还有两家子公司，Elemash Magnet 生产永磁体以及相关产品，KMZ-Spetsmash 开展工具制造。

（7）弗拉基米尔精密机械生产联合企业（VPO Tochmash）

弗拉基米尔精密机械生产联合企业（VPO Tochmash）位于弗拉基米尔，历史可追溯到 1910 年，曾先后生产各种民用和国防产品，1958 年开始组织生产铀浓缩气体离心机，1966 年改称弗拉基米尔精密机械制造工厂，1977 年改称弗拉基米尔精密机械生产联合企业，将国防产品和离心机作为两个主要方向，2007 年从联邦国家单一制企业转变为开放股份公司，2008 年加入 AEP，还开始生产乏燃料运输与贮存容器，2009 年加入 TVEL 公司。2012 年以来，VPO Tochmash 停止气体离心机生产，集中生产两类核工业产品。一类是生产气体离心机部件，包括定子、机身、多支管、减震器等，供给离心机组装企业。另一类是用于 RBMK-1000 核电厂反应堆堆芯的部件。2017 年，国家原子能公司开始在科夫罗夫市 KMP 场址上建立一个 VPO Tochmash 分厂。该分厂 2018 年开始生产气体离心机部件。

（8）谢维尔德洛夫斯克化学机械制造研究院（SverdNIIchimmash）

谢维尔德洛夫斯克化学机械制造研究院（SverdNIIchimmash）成立于 1942 年，目前是俄罗斯放射化学工艺、核燃料循环、放射性废物处理处置工艺设备和技术综合体的首要研制机构，并为其他工业领域研制有关设备。

SverdNIIchimmash 成立最初开展化学工程研究和军民化学工业机械设备开发，初期主要产品包括蒸发和结晶设备、过滤器等，1957 年开始进入核工业领域，首先研制了将草酸钚转化为干燥二氧化钚粉末的煅烧设备，此后为核工业研制了各种工艺设备，包括钚化学与冶金设备、放射性同位素热源生产设备等，60 至 80 年代在各地成立分支部门研发规模，1975 年成为非标准设备的主要研发和制造企业，包括放射化学设备、特种产品生产设备、放射性废物处理设备、动力堆核燃料批量制造设备、海水淡化设备、带有密封磁性系统的设备等，包括为 RT-1 后处理制造了各种后处理工艺设备以及高放废液玻璃固化熔炉，八九十年代以后又针对干法后处理工艺开发相关设备；研制的燃料制造设备包括生产 RBMK 反应堆燃料元件的 PB 生产线、组装 VVER-1000 燃料元件的 RV 生产线、组装 BN-350 燃料元件的 ST-10 生产线、核燃料芯块生产线等，1988 年又为新西伯利亚化学浓缩物工厂研制 VVER-1000 燃料 ST 自动化生产线。本世纪以来的主要新项目包括，支持 BREST-OD-300 乏燃料后处理工艺研发、采矿与化学联合企业的中试示范中心设备开发、放射性废物处理设备研制、新型核燃料工艺设备研制、MOX 燃料制造设备研制等。

SverdNIIchimmash 目前自身具备科研、实验、工程设计设施，开展相关计算并编写技术文档。其研发领域包括四个方面：（1）化学与放射化学技术、海水热工艺淡化、工业流体浓缩、传热传质过程、非均匀液体系统过程、核燃料生产、放射性废物处理等研究；（2）核工业与能源工业技术设备和装置的研制，用于核燃料制造、燃料元件和组件组装、乏燃料后处理、放射性废物处理与贮存、特种材料生产、水处理等；（3）研制化学、冶金、石油和天然气等领域使用的非标准技术设备；（4）研制一般工业废物处理设备。

（9）全俄化学技术研究院（VNIIHT）

全俄化学技术研究院（VNIIHT）成立于 1951 年，原名第 10 研究院（NII-10），主要研发领域为铀和稀有金属矿石处理的化学处理技术以及核级结构材料生产技术，1967 年改称全苏化学技术科学研究院（VNIIHT），1992 年改称全俄化学技术科学研究院，2003 年成为联邦联邦国家单一制企业，2008 年又改制为股份公司。

VNIIHT 20 世纪五六十年代主要活动是开发铀矿石处理技术、铀转化与浓缩技术，以及锂、钽、铌等材料生产技术，支持了苏联一批核工业生产企业建设。1968 年，VNIIHT 又开始参与海军液体放射性废物处理设施的建立。1975 年，其为普里额尔古纳斯克的采矿与化学工厂研发的苏联最大铀矿处理工厂投入运行。1968 年到 1984 年，VNIIHT 先后建立了三个开发地下浸出技术的研究站点，并在 1985 年成立地下浸出技术部。VNIIHT 先后支持了国内外的 20 多家超大型湿法冶金工厂建设。

目前，VNIIHT 设有地质学部、地下浸出部、核级工程材料部、核材料部、离子交换技术部、高温工艺部、湿法冶金部、核材料与核设施的辐射与核安全部等研究部门，以及粉末材料实验室、冶金工艺实验室、离子交换技术实验室等一批实验室。研发能力涉及核燃料循环、微电子与太阳能、结构材料、航空材料、水处理、化工、废物再循环等，在新技术领域，正开发钼、钪、铼、铌等金属的生产新技术。VNIIHT 还具有小规模的高温金属、稀有金属、稀土金属以及合金材料的生产能力。

（10）中央设计与技术研究院（TsPTI）

中央设计与技术研究院（TsPTI）是 TVEL 公司 2011 年以来将旗下各生

产企业的设计与开发部门整合起来形成的新企业，性质为股份公司，其在各地有 6 个分支机构，位于新乌拉尔斯克、谢维尔斯克、埃列克特罗斯塔利、安加尔斯克、新西伯利亚、格拉佐夫（Glazov）。此外还设有克拉斯诺亚尔斯克代表办公室，以及子公司 NPZHK 工程公司。TsPTI 目前主要职责是作为一家设计院，评估工程项目前景并开展设计，使 TVEL 不需要依靠第三方设计机构从而降低项目成本和时间。

（11）Rusburmash 公司

Rusburmash 公司（RBM）成立于 1998 年，2007 年成为 ARMZ 铀矿持股公司的下属勘探公司，为核工业开展各类钻井、勘探、施工活动，研发钻探和采矿的各类新技术，在俄罗斯和哈萨克斯坦设有多个机构。

2. 工业生产

（1）普里额尔古纳斯克工业采矿与化学联盟（PIMCU 或 PPGHO）

普里额尔古纳斯克工业采矿与化学联盟（PIMCU 或 PPGHO），又称斯拉夫斯克近阿尔贡工业采矿与化学联盟，为俄罗斯外贝加尔地区规模最大的采矿与矿石加工企业，也是俄罗斯铀矿开采的旗舰企业，由苏联部长会议 1968 年命令成立，为核工业生产铀原料，其他产品包括有色金属和贵金属原料，曾先后建立 20 多个业务部门，包括矿井、湿法冶金工厂、硫酸厂、热电厂等，并设有一家中央科学研究实验室，进行产品分析，解决地下整体浸出、矿石拣选等相关技术紧迫技术问题。PIMCU 于 1994 年成为开放式股份公司。

（2）达卢尔公司（Dalur）

达卢尔公司（Dalur）2001 年注册成立，目的是开发外乌拉尔斯基的铀矿资源，是俄罗斯第一个采用地下浸出法开采铀矿的企业，目前在 3 个矿床开展作业。Dalmatovskoye 矿床 2006 年建成运行了主要工艺技术厂房，每年可处理 700 吨铀，进入商业开发阶段。Khokhlovkoye 矿区从 2008 年开始启动地质勘探和地下浸出实验工作，2019 年启动工业开发和中试运行。2017 年以来，Dobrovolnoye 矿床也计划建设一个中试工业钻孔地下浸出铀矿。达卢尔公司采用原地浸出工艺，其黄饼生产成本在全球最有竞争力[211]，近年来还实施了产钪项目，2016 年开始商业生产高纯钪和铝钪合金产品。

（3）希阿格达公司（Khiagda）

希阿格达公司（Khiagda）位于布里特亚共和国维季姆（Vitim）铀矿矿区的中心，2008 年归属 ARMZ 铀持股公司，预计潜在储量可达 35 万吨，目前运行 Khiagdinsky 矿区并筹备开发 Istochnoe 和 Vershinoye 矿区。Khiagdinsky

矿区采用原地浸出工艺，1999 年开始开采，随着建设新的生产厂址，2019 年开采能力达到每年 1 000 吨，未来将达到 1 800 吨，此外还建立了硫酸工厂。

（4）乌拉尔电化学联合企业（UECC）

乌拉尔电化学联合企业（UEIP、UEKhK、UEHK，UECC），又称乌拉尔电化学工厂，位于新乌拉尔斯克（Novouralsk），是俄罗斯历史最长、也是世界上规模最大的铀浓缩企业，其产能占俄罗斯铀同位素分离能力约一半，占全世界的约 20%。2008 年，UECC 从联邦国家单一制企业改制为股份公司，2010 年加入 TVEL 燃料公司。

乌拉尔电化学联合企业 1949 年到 1988 年生产武器高浓铀，并在离心机技术发展中发挥重要作用。其场址于 1957 年建成俄罗斯第一个离心机中试设施，60 年代初运行世界上第一个离心机铀浓缩工厂，1967 年开始装备第五代离心机级联，1984 年开始装备第六代离心机，1987 年 12 月，最后的气体扩散级联关闭。1997 年开始装备第七代离心机，2003 年起开始使用第八代离心机（2006 年商业运行），2013 年第九代离心机投入商业运行。目前其运行第五代至第九代离心机。

乌拉尔电化学联合企业 1954 年就开始生产低浓铀，满足舰船反应堆、研究堆、核电厂需要，1973 年开始向国际市场供应浓缩铀。

乌拉尔电化学联合企业还参与了美俄协议下的高浓铀低浓化工作，生产富集度 1.5%的低浓化产品，并从西伯利亚化学联合企业和电化学工厂生产联合企业接收六氟化铀形式的高浓铀，用 Y 形管道装置将二者掺混起来。

UECC 的仪表工厂 1961 年开始运行，生产核工业仪表与控制系统、微压计、压力开关、多路电源等。备件工厂 1964 年开始运行，为扩散厂设备制造备件。2007 年，UECC 在仪表工厂与备件工厂基础上，成立了三家独立的气体离心机研发或制造企业，即新乌拉尔斯克研究与设计中心（NRDC）有限责任公司、新乌拉尔设备工厂（Uralpribor）、乌拉尔气体离心机制造厂（UGCMP）。三家企业在 2015 年到 2016 年合并到离心机技术科学与生产联合企业。

乌拉尔电化学联合企业曾生产多种非核产品，包括汽车尾气催化剂净化器、航天器机载电源、工业用高性能过滤器和过滤装置、航空与装甲车辆电池等。

（5）电化学工厂生产联合企业（PA ECP）

电化学工厂生产联合企业（PA ECP 或 PO ECP）为苏联政府 1955 年 12 月 14 日决议建立，原本是军用高浓铀生产企业，位于克拉斯诺亚尔斯克-45，现在地名为热列兹诺戈尔斯克。1987 年停止生产核武器高浓铀，2008 年从联邦国家单一制企业改制为开放式股份公司，2015 年又改为电化学工厂生产联合企业股份公司，股权归属国家原子能公司。目前主要活动为铀浓缩生产、同位素生产、六氟化铀脱氟处理等。

铀浓缩。1962 年 10 月 30 日首批扩散机投入运行，1964 年开始运行首批离心机，1970 年达到设计能力，1990 年最后一批扩散机停止运行。PA ECP 在 1987 年停止生产武器用高浓铀，转为生产民用低浓铀。1994 年建成液态六氟化铀装料装置，从而为国际市场供应六氟化铀。1996 年开始参加美俄“兆吨换兆瓦”计划。1998 年启动主要车间设备现代化改造，通过整区维修技术实现了设备平均维修时长从 19 个月缩短到 4～5 个月，并换装了静止变频器。1998 年，从事离心机技术研发的圣彼得堡离心机技术公司（Centrotech-SPb）加入到 PA ECP 并改称 Centrotech-ECP，扩大了同位素生产的范围。2003 年，另一从事离心机技术研发的机构下诺夫哥罗德实验设计局也加入到 PA ECP。2016 年起，Centrotech-ECP 和下诺夫哥罗德实验设计局都合并到新成立的离心机技术科学与生产联合企业。

同位素生产。1971 年，PA ECP 使用离心机技术首次获得了富集度 80% 的铁-57，从此成为苏联首个用工业气体离心机生产稳定同位素的企业，1972 年交付了首批铁-57 同位素，1993 年同位素生产车间投入运行，1998 年同位素车间的首个化学装置投入运行，用于处理离心机供料和产物。目前生产 21 种化学元素的 107 种同位素，年产量几百千克[212]。

贫化六氟化铀脱氟。PO ECP 是俄罗斯首个建立贫化六氟化铀脱氟工艺的企业。W-ECP 设施 2009 年 12 月投入运行，引进了法国阿海珐公司技术，将贫化六氟化铀转化为适合长期贮存的八氧化三铀，并得到氢氟酸和无水氟化氢副产品。

（6）安加尔斯克电解化学联合企业（AECC）

安加尔斯克电解化学联合企业（AECC）20 世纪 50 年代建立，位于伊尔库茨克地区的安加尔斯克，2008 年从联邦国家单一制企业改制为开放式股份公司，2010 年归属到 TVEL 公司。AECC 目前是俄罗斯主要铀浓缩企业之一，2007 年还成立了国际原子能机构（IAEA）主办的国际铀浓缩中心。

铀浓缩。苏联部长会议 1954 年决定建立安加尔斯克电解化学工厂，1957 年一期工程 308 台扩散机投入运行，到 1963 年逐步建成主体设施，包括 1 座铀转化工厂、4 座铀浓缩厂房以及能源和辅助设施，1964 年达到设计能力，成为当时世界上规模最大的气体扩散工厂。1985—1995 年，铀浓缩设施从气体扩散法逐步转换为离心分离法，产能提升，能耗下降。2005—2009 年又建立了新的离心分离级联。

铀转化（已停）。AECC 的铀转化厂于 1972—1974 年建立了新的六氟化铀生产工艺与设备，2012 年完成六氟化铀生产现代化，铀转化中心投入运行。2014 年 4 月，停止铀转化生产，并开始建立替代性的铌和钽产品等非核工业能力。2015 年开始还将过去积累的贫化六氟化铀送往电化学工厂生产联合企业进一步处理。

（7）西伯利亚化学联合企业（SCC）

西伯利亚化学联合企业（SCC 或 SKhK）于 1949 年由苏联部长会议决定建立，位于谢维尔斯克，曾是军用核材料主要生产场址之一，开展高浓铀和军用钚生产、核弹头部件制造与核弹头拆除、供电供热等，曾建造运行 5 座产钚堆、1 座后处理工厂、1 座化学与冶金武器部件制造设施、1 座铀浓缩工厂，并有核材料贮存能力。

2008 年，SCC 从联邦国家单一制企业改制为开放式股份公司，2009—2010 年加入 TVEL 燃料公司，2014 年改为股份公司。目前，SCC 主要设施包括四座生产厂：铀浓缩工厂、铀转化工厂、放射化学工厂、化学与冶金工厂，重点开展退役弹头处置和各类铀原料处理、铀转化与浓缩等核燃料循环前端生产，以及放射性废物处理处置和军工退役治理[213]。

SCC 还在建立闭合燃料循环相关能力，在现有的化学与冶金工厂内建立了 REMIX 燃料和混合氮化物燃料制造能力，支持新型燃料研发活动，还在建设“突破”项目的中试示范能源综合体（PDEC）。PDEC 主要包括一座 BREST-OD-300 铅冷快堆，以及混合铀钚氮化物燃料制造设施和快堆乏燃料后处理设施。

铀转化。SCC 拥有俄罗斯目前唯一运行的铀转化设施，为铀浓缩工业提供六氟化铀原料。最早的转化设施 1954 年开始运行，过去称 S 厂、10 号目标、SZ 设施等。天然铀和再生铀产品在放射化学工厂进行提纯后，作为原材料供给转化设施。铀转化工厂采用高温四氟化铀直接氟化或氧化物直接氟化工艺生产六氟化铀。氧化物原料为外部企业供应，或者用其他含铀产品、硝酸铀酰溶液等直接生产。得到的产品六氟化铀供应给同位素分离工厂或者俄罗斯其他铀浓缩企业。铀转化设施同时还生产铁、高温金属和稀土元素的氟化物。

铀浓缩。SCC 的气体扩散工厂早在 1953 年 7 月开始运行，1955 年首次生产出武器级高浓铀[214]。到 1961 年，建成并运行 6 个气体扩散厂房，分离能力达到 1 300 吨分离功/年，逐步启动了民用核电厂低浓铀生产。军用高浓铀生产持续到 1989 年。到 1993 年，6 个厂房中的 2 个已经拆除、1 个安装了第六代离心机、3 个安装了第五代离心机。90 年代开始向国外供应浓缩铀，1992 年建立了接收后处理再生铀的设施并建立了再生铀浓缩的离心机级联。SCC 还有高浓铀掺混低浓化的设施。

其他同位素生产。SCC 的离心机设施还生产稳定同位素，包括氙-124、氙-126、氙-128、锡-112、硒-74 等。

化学与冶金工厂（KhMZ）。目前主要活动是开展核弹头处置、磁性合金生产、超细粉末生产、快堆核燃料制造等。该工厂 1961 年投入运行，原本主要活动是制造铀钚核弹头部件，持续到 2001 年。目前正在开展核弹头处置活动，将核弹头高浓铀材料进行处理和提纯后，输送给铀转化工厂转化成六氟化铀，再输送到同位素分离工厂，掺混成低浓铀。该厂还有生产钕-铁-硼合金磁性材料以及超细金属粉末的生产能力。近年来，该厂还建成了生产快堆铀钚混合氮化物燃料、热堆 REMIX 燃料的设备，并为先进燃料开发制造实验燃料组件。CEU-1 设施采用实验生产技术，每年生产 200 千克。CEU-2 设施 2016 年开始建造，将实现工业生产技术。

放射化学工厂（RHZ）。1961 年投入运行，过去主要开展生产堆乏燃料后处理提取铀和钚，并进行精细提纯，处置液体放射性废物。现在的主要活动是铀原材料提纯。该厂建立了对天然铀原料，包括天然铀金属锭和氧化物（黄饼），以及乏燃料后处理获得的再生铀氧化物，进行提纯的工艺。该工艺包括：将天然铀溶解后萃取提纯，除去杂质，将再生铀均一化并除去铀-232 的衰变产物、锝-99 和其他杂质。其产品为铀的硝酸溶液，供给铀转化工厂进一步处理。产生的二氧化钚（低于武器级标准）在专用贮存设施贮存。该厂还有一个地表放射性废物贮存设施。

其他工业活动。正在筹建和运行的包括生产特殊目的使用的锂离子电池和电解液、深度处理钛铁矿生产二氧化钛、生产超细二氧化锆粉末、生产一系列氟化物产品、扩大同位素制品的类型。

退役治理。液态和固态放射性废物贮存设施运行、设施退役。主要活动包括，将停用生产设施安全化，保持核安全，放射性废物贮存设施，

中试示范能源综合体。SCC 正在建立一座中试示范能源综合体（PDEC，ОДЭК），是俄罗斯“突破”项目的方向之一。PDEC 包括 BREST-OD-300 铅冷快堆、铀钚氮化物混合燃料制造设施、乏燃料后处理设施、联合放射性废物管理设施等。2018 年，根据“突破”项目协调理事会决定，SCC 担任了

PDEC 的运行组织。PDEC 的一期工程为燃料制造模块（MΦP），投资约 40 亿卢布，2018 年完成了三座厂房施工和设备交付[215]，2020 年启动了燃料制造设备安装，计划 2021 年建成。燃料制造设备由 SverdNIIchimmash 研制，将使用原材料和后处理回收的材料制造快堆燃料。2019 年 11 月，俄罗斯 Titan-2 公司又与西伯利亚化学联合企业签署了建造 BREST-OD-300 反应堆的总承包合同，反应堆将在 2026 年建成。PDEC 的后处理模块对快堆混合氮化物乏燃料进行后处理，主要采用高温化学工艺分离铀-钚-镎，用先进水法工艺分离镅和锔，生产出铀-钚-镎-镅混合氧化物粉末。高温化学后处理工艺已经完成技术可行性确认，最终技术流程也已定型[216]，计划 2028 年建成。

（8）MSZ 机械制造厂

MSZ 机械制造厂（MSZ，Elemash），位于莫斯科地区的埃列克特罗斯塔利，是俄罗斯最大工业企业之一，产品包括 RBMK-1000、VVER、BN、西方压水堆和沸水堆、研究堆、舰船反应堆等各种反应堆燃料。

MSZ 原本是第一次世界大战期间成立的军需品工厂，1945 年被第一总局接管，为 F-1 反应堆生产金属铀燃料直至 1968 年，1954 年为首座核电厂奥布宁斯克核电厂生产了第一批核燃料，随后开始生产舰船反应堆核燃料，在五六十年代还曾生产气体扩散厂部件、中子发生器、锂-6 和氢化锂等。1965 年开始批量化生产核电厂燃料元件。1982 年，MSZ 的世界首个自动化燃料棒制造生产线投入运行，此后为 RBMK、VVER、BN 型反应堆生产燃料元件的生产线相继投入运行。1993 年，MSZ 开始和西门子公司合作，为西欧国家核电厂生产核燃料，2001 年又开始和阿海珐公司合作。2004 年，一条新的燃料元件生产线投入运行，专用生产出口核燃料，大幅加大产能。2011 年，MSZ 还为俄罗斯首艘浮动核电厂生产了 2 个反应堆堆芯。2014 年，MSZ 制造了新一代“北极”级破冰船反应堆的首批燃料棒。

MSZ 采用火焰喷射工艺将六氟化铀转化成二氧化铀，但该工艺生产的二氧化铀粉末自由流动性不足，因此进一步采用压粉处理工艺，压制燃料芯块。2003 年，MSZ 的“干法铀转化”工厂投入运行生产二氧化铀粉末。

（9）新西伯利亚化学浓缩物工厂（NCCP）

新西伯利亚化学浓缩物工厂（NCCP）为 1948 年苏联部长会议决定成立，1949 年开始修建，1950 年代初投入运行，1992 年改组为股份公司，目前是 TVEL 下属企业。NCCP 目前主要产品包括 VVER 动力堆燃料组件、国内外研究堆燃料，并供应燃料芯块、多种铀产品、锂金属和化合物、锂-7 产品、沸石催化剂、工艺气体等。NCCP 的一水合氢氧化钠锂-7 供应全世界 70%市场需求。

NCCP 最初是苏联生产堆燃料的主要生产企业，初期建立了 1 个实验生产车间，1952 年投入运行，后来扩大到从铀矿石到燃料元件的各种化学、冶金、机械工艺。随着新技术工艺和新型制造设备的引入，NCCP 产生持续扩大，质量不断提升。1960 年到 1968 年间，燃料运行的破损率从 5.2%下降到了 0.07%。60 年代以后，NCCP 开始生产陶瓷型研究堆燃料元件和组件，主要工艺包括热混合挤压和采用高温气锻冷拔工艺。1980 年，NCCP 还建立了压水堆燃料元件大规模生产能力并生产首批燃料。1997 年，NCCP 又首次生产了 VVER-440 反应堆燃料。初期生产以组装为主，目前已建立了包括燃料芯块粉末生产、芯块生产和主要零件生产的全面生产流程。现在为 VVER-1000 和 VVER-1200 反应堆供应 5 种型号的燃料组件，并且和 OKBM、VNIINM 等共同开展了西方压水堆燃料组件研发。

NCCP 具有六氟化铀转化、含铀混合物提纯，以及生产铀酸铀酰、二氧化铀、金属铀、铀合金等生产能力。NCCP 还向其他燃料制造企业供应燃料芯块产品。

NCCP 在 60 年代建立了大规模的锂生产工艺，产品供给各个工业部门并进入国际市场，在 2012—2013 年完成了设备现代化。其他生产活动还包括，2006 年开始生产沸石催化剂生产线，供应石油和天然气工业。2011 年开始生产铀-铝棒，用于医用同位素生产。

（10）切佩茨基机械工厂（ChMZ）

切佩茨基（Chepetsk）机械工厂（ChMZ 或 CMP）位于乌拉尔地区格拉佐夫（Glazov）市，其最主要活动是生产核燃料锆包壳，其他产品包括锆原材料与合金、天然铀和贫化铀、钙金属，以及核能领域结构材料等。ChMZ 于 1996 年改制为开放式股份公司，2014 年改为股份公司。

ChMZ 于 1946 年基于第 544 号枪弹工厂建立，当时目的是生产金属铀，在多个国内研究机构和企业支持下迅速建立了技术工艺和生产能力，1948 年首次生产了四氟化铀并用四氟化铀生产了金属铀锭。50 年代初，ChMZ 开始启动大规模钙金属生产，满足核工业需要。1957 年，ChMZ 又开始建立锆金属生产厂，在 1959 年首次生产锆锭，1966 年又开始筹建生产锆合金产品的轧制和冲压车间，1973 年，锆管材生产达到设计能力。目前，锆产品包括金属锭、碘化锆、氧化锆，以及各种管材、线材、板材，包括燃料元件和组件的包壳和零件。

ChMZ 从 1984 年开始向国外供应钙产品，现在是世界上最大钙生产企业之一，产品包括金属锭和颗粒，以及钙铝合金等。此外还有钛、铌、钽、铪等出口产品，并为 ITER 等大型国际项目制造了超导材料。二氧化铪商业生产能力 2017 年建立，其原料为生产反应堆级锆产生的湿法冶金废物。

（11）马亚克生产联合企业

马亚克（意为“灯塔”）生产联合企业 1948 年建立，建成了苏联第一座生产堆和钚工艺设施生产核武器钚材料和部件，从 70 年代以来运行了大型商用后处理设施 RT-1。马亚克生产联合企业是俄罗斯核武器综合体的主要生产企业，企业性质为联邦国家单一制企业，2014 年获得联邦核组织地位。在核燃料循环领域，马亚克是俄罗斯目前主要乏燃料后处理场址，对各类动力堆、研究堆的乏燃料进行后处理。目前，马亚克生产联合企业还生产同位素产品、机械和仪表制品，开展遗留设施退役治理以及相关研究活动。

乏燃料贮存与后处理。马亚克联合体的乏燃料贮存设施为湿法贮存设施，其接收各类就反应堆乏燃料在后处理之前进行中间贮存，容量已升级到近 9 000 吨。

RT-1 后处理厂 1977 年投入试运行，其工艺研发单位为博奇瓦无机材料高技术研究院和马亚克生产联合企业，设备研制单位是斯维尔德洛夫斯克化学机械研究院，工厂设计单位是全俄能源技术科研设计研究院[217]。RT-1 近年来不断升级工艺，扩大支持后处理的乏燃料的范围和处理量，并升级了高放废物处理设施，2016 年还运行了第五代高放废液玻璃固化熔炉。

放射性同位素生产。L-2 和 Ruslan 两座生产堆分别于 1988 年和 1979 年开始运行，除了生产核武器氚材料，还生产大量同位素产品。目前还有一座新的多功能研究堆正在建造，计划 2023 年运行，取代 L-2 和 Ruslan 反应堆。放射性同位素工厂 1962 年开始运行。马亚克生产联合企业是世界主要的放射性同位素电离辐射源生产企业，其同位素产品生产总量占俄罗斯的 60%。产品包括基于钴-60、铱-192、铯-137、镅-241、钚-238、钚-239、钷-147、锶-90、铁-55 等同位素的 α、β、γ 源和中子源，以及碳-14 和氦-3 等同位素制品。其生产的铯-137 占世界市场的 100%，碳-14 占 80%，镅-241 占 30%。

（12）采矿与化学联合企业（MCC）

采矿与化学联合企业（GKHK 或 MCC）建立于 1950 年，曾是核武器钚材料生产的主要企业之一，目前归属国家原子能公司寿期后端部，性质为联邦国家单一制企业。采矿与化学联合企业目前继续开展核武器易裂变材料管理，2014 年获得“联邦核组织”地位。

在核燃料循环领域，采矿与化学联合企业正发展乏燃料管理和 MOX 燃料制造产业。国家原子能公司 2019 年提出将采矿与化学联合企业建成“一站式乏燃料管理”基地，集成乏燃料贮存、后处理、核燃料制造以及高放废物地质处置研究，提升核燃料循环后端效率，降低成本，实现安全发展。

乏燃料贮存。乏燃料贮存设施位于 MCC 的“同位素化学工厂”，对 VVER-1000 和 RBMK-1000 反应堆乏燃料集中贮存。VVER-1000 乏燃料湿法贮存设施 1986 年开始运行，2008—2010 年完成建筑结构升级，提升安全性，建成高密度贮存架和新水池，容量加大到 8 600 吨。新建的 RBMK-1000 和 VVER-1000 乏燃料的干法贮存设施 2012 年投入试运行，2014 年开始批量接收 RBMK-1000 乏燃料，2016 年二期工程投入试运行，接收 VVER-1000 和 RBMK-1000 乏燃料。同位素化学工厂还生产用于乏燃料管理的相关设备。

MOX 燃料工厂。MCC 从 2011 年到 2014 年在多个研究机构和企业的支持下以原有军用后处理设施“放射化学工厂”为基础建立了为 BN-800 反应堆生产 MOX 燃料的设施。2016—2017 年完成 MOX 燃料制造设备开发，包括 MOX 燃料芯块、燃料棒、燃料组件的制造设备，以及检查设备、氩-氢混合物制备、分析实验室等。该厂每年可为 BN-800 反应堆生产 400 套燃料组件。

中试示范后处理中心（PDC）。PDC 是根据《2008 年直至 2015 年核与辐射安全》联邦目标计划以及 2006 年联邦原子能机构批准的“建造基于创新技术的乏燃料后处理中试示范中心”计划建立的。2008 年以来，建立了实验台架，测试溶剂萃取设备、新型泵阀、氧化挥发设备和溶液澄清设备等。一期工程为启动设施，2015 年建成，二期工程预计 2021 年启动。整个设施建成后将在中试规模对 VVER-1000 乏燃料进行后处理，后续发展快堆乏燃料后处理技术，其技术将具有经济性、安全性、环保性。该设施还将支持 RT-2 大型后处理设施的技术研发和建造。

RT-2 后处理设施。苏联早在 1974 年决定建造 RT-2 后处理工厂，用于当时计划建造的 VVER-1000 反应堆燃料后处理，该项目在 1989 年停止。俄罗斯目前打算在中试示范中心所取得结果的基础上建立 RT-2，预计 2025 年开始运行，采用第四代水法工艺，将处理 VVER1000、RBMK 和 BN 反应堆乏燃料。

放射性同位素电源。MCC 从 2014 年以来开展镍-63 放射性同位素电源研发。镍-63 为人工放射性同位素，β 发射体，半衰期约 100 年。镍-63 放射性同位素电源可供航天、仪表、微电子等多个工业部门使用，支持其器件微型化。其研发涉及到反应堆、放射化学、同位素、半导体等多个技术领域。

（13）RosRAO 放射性废物管理企业

RosRAO 放射性废物管理企业隶属于国家原子能公司寿期后端部，在俄罗斯各地设有 8 个地方性下属企业共 19 个分支机构，对俄罗斯全境场址的放射性废物进行管理。其主要业务是对中低放废物和乏燃料、海军放射性废物、核动力舰船退役产生的废物等进行接收、运输、处理、整备、贮存的全面管理，此外还开展技术和设施开发，对现有基础设施进行现代化并建立新设施，开发全套放射性废物管理技术并进行成本优化等。

苏联部长会议 1957 年颁布《放射性物质运营安全管理》命令，1958 年开始陆续在列宁格勒、摩尔曼斯克、车里雅宾斯克、下诺夫哥罗德等地成立了一批 RADON 放射性废物管理机构。2008 年，15 家 RADON 专业化企业都归属到国家原子能公司，以列宁格勒 RADON 为基础，合并其余 14 家，成立 RosRAO 联邦国家单一制企业。2009 年，RosRAO 又合并基洛沃-切佩茨基（Kirovo-Chepetsk）的化学联合体以及多个放射性废物贮存设施。2011 年，SevRAO 联邦国家单一制企业和 DalRAO 联邦国家单一制企业也成为 RosRAO 的下属企业。

RosRAO 目前发展四个方面放射性废物管理技术，包括机器人技术、特种车辆、废物处理装置、废物运输与贮存容器，重点发展节省资源的新技术，如采用大型运输容器降低后勤成本、弃用高耗能技术和产生大量二次放射性废物的技术、利用移动式设施在废物形成和贮存阶段最大化废物处理、建立和运行固体放射性废物临时贮存的简易结构等。

在遗留设施治理方面，RosRAO 重点对海军核动力舰艇的核动力装置运行期间积累的乏燃料和放射性废物开展相关工作，对放射性设施进行环境恢复。RosRAO 参与退役核动力舰艇拆除，主要包括处理与贮存反应堆舱、场址和区域环境恢复、建立并运行乏燃料和放射性废物处理设施设备、处理乏燃料和放射性废物等。

2019 年 11 月，俄联邦政府第 2684-r 号命令任命 RosRAO 为危险 I 类和 II 类废物管理的联邦运营机构，负责建立从废物管理和处理的完整体系。为建立 I 类和 II 类废物处理能力，俄罗斯将从 2019 年到 2023 年在各地建立以 7 个生态技术园区为联络点的生产与后勤能力，其中 4 个将以化学武器销毁设施作为基础建立，计划 2020 年完成设计文件，2021 年启动施工和采购，2022 年启动设备安装，2023 年投入运行。

（14）Radon 科学与生产联合体

Radon 科学与生产联合体开展全国科学、工业、医药、农业各领域产生的中低放废物的管理工作，包括废物接收、运输、处理、安全贮存，并开展辐射应急、辐射生态与汞污染监测，性质为联邦国家单一制企业，隶属于国家原子能公司寿期后端部。

Radon 科学与生产联合体目前设有放射性废物接收与运输技术与辐射应急服务中心、辐射生态安全中心、辐射分析专家中心、地质生态学与地区恢复研究中心、应用辐射化学技术示范工厂、放射性废物处理技术开发与分析控制中心等业务部门。目前业务领域分四个方面，包括在莫斯科地区开展辐射监测；实施地方放射性物质、放射源、放射性废物的衡算与控制；提供辐射应急响应；放射性废物管理，包括废物运输、收集、分类、处理、整备、贮存等。其放射性废物处理能力包括：综合泥浆整备设施、移动式液体放射性废物处理装置、固体放射性废物等离子体-化学处理、超压机、固体放射性废物压实装置、可燃固液放射性废物焚烧装置、玻璃固化、水泥固化、沥青固化、核电厂废物处理、医用废物等离子体处理综合设施等。

Radon 科学与生产联合体前身是 1960 年代在莫斯科地区建立的中央辐射安全站（CSRB）。该机构 1961 年开始从库尔恰托夫研究院等机构接收放射性废物和放射源，逐步开发使用了固体和液体放射性接收车辆和贮存设施，1968 年建成首个大型废物处理厂房，六七十年代还重点开发了沥青固化工艺，研制了沥青固化装置 UBD-200 和 URB-8，其优势是设备简单、对地下水影响小，废物减容量等，还开发了马亚克生产联合企业的高放废液玻璃固化装置。1980 年代研发了等离子体焚烧技术、移动式液体放射性废物处理装置、移动式水泥固化装置等。在 1986 年切尔诺贝利事故后，参与事故应急。

（15）铀–石墨核反应堆实验示范中心（UDC UGR）

铀-石墨核反应堆实验示范中心（UDC UGR）于 2010 年 9 月 24 日成立，目的是开展生产堆退役活动，并开发通用、创新、安全的核设施退役新技术，以备其他核工业企业使用。

UGR UDC 成立以来开展了铀-石墨反应堆退役的组织和项目管理工作，还对多个场址的铀浓缩工厂、放射化学工厂、废弃厂房等进行了拆除。首座铀-石墨反应堆 EI-1 反应堆于 2015 年 9 月完成退役。

目前主要业务领域包括：

综合工程与辐射调查：开展受污染区域辐射调查；对核武器贮存场址进行地质雷达研究；对建筑、技术设备和难于进入区域进行工程与辐射调查；对铀-石墨反应堆的石墨体进行 γ 和中子扫描；对放射性废物贮存设施进行辐射与工程调查；对样本进行辐射研究；形成初步数据，支持得出核安全结论。

核设施退役：开发拆除技术设备与技术系统；放射性废物的取出与整备；对受放射性核素污染的表面进行去污；建立工程安全屏障；拆除建筑结构；放射性废物贮存库退役；受污染区域复原。

工程服务：开展研发活动，确保退役和废物管理工作安全开展；开发退役技术，包括建模和原型示范；开发反应堆退役的技术流程；研制专用设备，用于高辐射区域的远程勘察和远程作业。

（16）放射性废物管理国家运营机构（NO RAO）

放射性废物管理国家运营机构（NO RAO 或 NO RW）隶属国家原子能公司，性质为联邦国家单一制企业，是依据 2011 年第 190-FZ 号法律指定的国家放射性废物管理运营机构，也是俄罗斯唯一负责开展放射性废物最终处置以及相关活动的机构。目前其在季米特洛夫格勒、谢维尔斯克、泽列诺戈尔斯克、新乌拉尔斯克、奥焦尔斯克设有分支机构。

主要活动包括对接收的废物进行安全处理，确保废物设施安全环保，废物最终隔离设施的运行和终结，开展最终隔离设施的预先准备和前设计工作，担任最终隔离设施设计和建造的客户，开发和实施最终隔离点实体保护的措施等。NO RW 根据俄罗斯联邦政府确定的收费率，接收待处置的放射性废物。

第六章　前沿科学与应用技术

俄罗斯将科研能力与技术创新作为保持核工业领先地位的基石，依靠近80年核工业探索建设形成的庞大科研规模和丰富的技术积淀，继续更新和壮大科学技术创新潜能，推进科技探索前沿，拓展军民应用领域，营造新的发展潜力，正在形成科技进步带动国防、经济、环境、社会发展的良性循环。目前，俄罗斯推动核领域基础科学和应用技术研究，推动聚变技术研发，为下一代技术发展营造基础，同时调动现有能力，拓展同辐技术应用，营造多元化新市场空间。

一、基础与前沿研究

俄罗斯拥有一批基础性、综合性科研单位，以核领域基础与前沿性研究为重点方向，涉及基础物理、等离子体物理、激光器技术、聚变科学、新型材料、建模仿真、辐射应用等，营造新的科技发展方向，为核工业各领域发展下一代新技术创造条件。这些科研力量分布在国家原子能公司、国家研究中心库尔恰托夫研究院、俄罗斯科学院、高校等。俄罗斯政府通过各种政府计划支持科研能力建设。

1. 国家原子能公司

俄罗斯国家原子能公司旗下囊括了核领域几乎所有主要研究机构，其平均科研与开发费用为每天100万欧元（2014年）[218]，还确立了到2020年将科研投资提升到营业收入4.5%以上的目标。

国家原子能公司除在各业务板块安排部署科研活动，还成立专门推动科技发展的创新管理机构，将科技创新作为发展核心，着眼借助新技术和先进生产设施加大竞争优势。管理公司“科学与创新”公司2011年成立，把一批基础性和前瞻性的科研单位纳入该板块。创新管理机构负责协调原子能公司下属各机构的科学研究活动，采纳了最新的科研规划与评价手段，如指定科研客户负责科研产出及成果应用，特别关注能够促进各领域工作者进一步取得共同成功的科技成果等。科技创新采取多种形式，重点是继续加强自身技术与竞争力，少数情况下也与第三方开展联合项目或者采购创新技术。

创新管理机构管理的主要科研单位包括莱布恩斯基物理与动力工程研究院（IPPE）、特洛伊茨克创新与热核研究院（TRINITI）、卢奇科研与生产联合企业、装置科学研究院（NIIP）、卡尔波夫物理化学研究院（NIFHI）、原子反应堆研究院（NIIAR）、反应堆材料研究院（IRM）、全俄化学技术研究院（VNIIHT）、稀有金属工业研发研究院（Giredmet）、技术物理与自动化科学研究院（NIITFA）等。此外，俄罗斯两大核武器设计单位也在基础研究中发挥突出作用，形成专长领域。

莱布恩斯基物理与动力工程研究院（IPPE）主要基础研究领域覆盖核物理学、核数据、辐射材料科学、加速器技术等研究，拥有串列加速器、级联加速器、静电加速器等构成实验能力。其特色领域是核激光与光子学，设有技术物理学实验室、原子激发实验室、RLK-8 激光器反应堆综合体等，开展等离子体物理学、裂变能直接转换、核激励激光等相关研究。IPPE 还运行国际核数据中心、辐射防护与安全领域热数据标准与参考数据工业中心等。

全俄实验物理科学研究院（VNIIEF）的基础性研究方向包括：研究重核及其裂变的属性，研究裂变机理，测量裂变截面、辐射俘获洁面、裂变平均中子数、裂变 γ 光子数等；研究轻核的基态和激发态以及核反应机理，研究光子、氘核、氚核与轻核发生的反应等；中等核的巨共振、直接中子衰变等；参与了欧洲核子研究委员会（CERN）大型强子对撞机（LHC）的大型粒子对撞机实验（ALICE）装置研制；中微子磁偶极矩研究，由俄罗斯机构和美国、德国研究机构合作开展；开发人造氚反中微子源，利用 4 千克氚，产生 $6\times10^{14}\ cm^{-2}s^{-1}$ 反中微子通量密度；和联合核研究院（JINR）合作开发建立了 TRITON 氚设施，用于开展氚相关的核物理基础研究等[219]。

扎巴巴欣全俄技术物理科学研究院（VNIITF）的基础研究领域中，锕系元素性质理论研究、固体计算辐射物理学居世界领先地位。VNIITF 建立了强大的计算机建模仿真能力，对流体动力学、等离子体物理学、中子输运、辐射与带电粒子、激光与物质相互作用等问题开发物理学与数学模型、算法和计算机数值求解程序，解决核材料的核与辐射安全、电离辐射仪表和装置设计优化、辐射对电子设备的效应评价、反应堆中子物理学参数、中子和质子医学治疗等问题，包括实现了 VVER-1000 和 VVER-1200 反应堆全规模 3D 计算机模拟。

特洛伊茨克创新与热核研究院（TRINITI）为核聚变与激光技术研究机构，研究领域包括受控核聚变、等离子体物理学、激光物理学与工程、基于磁流体发电机的脉冲电源等，应用范围包括等离子体、固态与半导体物理学、高能量密度辐照下的材料研究等，以及热核反应堆开发、高温等离子体诊断技术与装置、X 射线源、各类激光器、等离子体加速器、新技术工艺等。TRINITI 的重点研究领域是受控核聚变，相关重大设施包括 Angara 5-1 设施（Z 箍缩）和热核综合体 SFT（强磁场托卡马克），其研制的快中子谱仪首次记录了中子能量谱和高温氘氚托卡马克等离子体种子辐射谱的各向异性，下一个重大项目涉及到高温脉冲等离子体力学。在激光物理学领域，TRINITI 开发了多种有前景的激光器，并不断改进激光系统参数。目前的重点是开发移动式激光器技术，功率可达 50 千瓦。

TRINITI 还建有“高能量密度下材料的热物理学、强度与其他特性”数据库，支持反应堆技术研究，其内容包括：碳化锆、铪、钛、锆合金、反应堆钢材料的高温物理特性，UN-ZrC、UN-ZrN、ZrO_2-UO_2、U-ZrO_2、Zr-UO_2 等燃料成分的抗辐射性能和辐射损伤累积动力学。

原子反应堆研究院（NIIAR）在反应堆物理、反应堆材料和核燃料循环开展大量实验性研究，其拥有多达 6 座研究堆，有 80 多个热室开展堆后研究，为世界规模最大，主要辐照设施包括 SM-2 反应堆、VK-50 沸水堆、BOR-60 钠冷快堆，以及在建的 MBIR 大型快中子研究堆。NIIAR 还在建造一座多功能放射化学研究中心，将着重开发闭合燃料循环的相关技术。

反应堆材料研究院（IRM）主要设施是 IVV-2M 研究堆和围绕其建立的一系列实验台架以及堆后研究设施。PURS 台架用于热离子燃料元件测试，RISK 台架用于在各类气体介质中测试各类燃料元件，URAL 台架用于结构材料的堆内测试[220]。IRM 的主要活动包括热离子反应堆燃料、核火箭发动机燃料以及用于多种反应堆的先进燃料成分测试。其屏蔽设施的 14 个屏蔽热室形成 2 条工艺链条，并有 5 个装备相关设备用于专门研究计划的重型屏蔽箱。

稀有金属工业科研与开发研究院（Giredmet）是俄罗斯重要的材料科学研究设计机构，其科研活动涉及稀有金属及其化合物和合金、高纯产品、半导体材料、纳米材料和纳米技术等，主要包括功能材料与纳米材料科学、半导体材料技术与电子工业产品、高技术化学与冶金工业设计、质量控制诊断与计量学支持等。

技术物理与自动化科学研究院（NIITFA）成立于 1960 年，原名为全苏辐射工程科学研究院（VNIIRT），是苏联辐射技术研制的主要单位。目前，

NIITFA 为股份公司。NIITFA 在核医学方面研制 AGAT 系列近距离放射治疗装置、开发用于 PET 成像放射性药物合成的自动化设备、合成放射性药物、研制放射治疗的临床剂量计，特别是正在研制首台俄罗斯本土 PET/CT 扫描机，已经开发出一种型号的 PET 扫描机。NIITFA 的其他科研产品还包括：钴-60 和电子加速器辐照设施、X 射线荧光仪器、测量物质成分的伽马活化与中子分析设备、各类测量仪表、放射性同位素电源、电离辐射气体放电探测仪、高温超导体等。

装置科学研究院（NIIP）成立于 1956 年，历史上曾用名称有高温原子反应堆测试实验室、测量仪表实验室、跨区域辐射测试中心等，早期曾开展飞机和导弹用高温反应堆的陶瓷燃料元件研发，1967 年成为抗辐照问题的主要研发机构。2001 年，NIIP 改制为联邦国家单一制企业，目前活动包括无线电电子设备与材料抗辐射研发、核反应堆电气设备与材料辐照测试、核设施电离辐射计量测定等。

卡尔波夫物理化学研究院（NIFKhl 或 NIFHI）是俄罗斯化学和化工领域的重点研究机构，其下属的奥布宁斯克科学研究物理化学研究院，开展辐射化学、核物理学的研究，主要领域包括：原子核的相互作用，物质与材料的离子化辐射、半导体、放射性药物等。其奥布宁斯克分部运行一座 WWR-TS 研究堆，并生产医用同位素钼-99。

2. 库尔恰托夫研究院

库尔恰托夫研究院是独立于国家原子能公司以外的核领域最重要研究机构，在俄罗斯核工业与技术发展中始终发挥引领和关键性作用，2010 年成为唯一一家“国家研究中心”。

2011 年以来，俄政府逐步将政府出资的一批基础科学研究院整合到库尔恰托夫研究院，包括一些隶属国家原子能公司的研究机构[221]，意图通过建立多学科的科学基地，给国家科技发展的优先领域带来科技突破；将科研成果快速付诸实践应用；发展世界级超级科研设施等科学基础能力；发展科研人才队伍；发展国际科学合作，保护俄罗斯科研环境和国家利益，提高国内科研效率等。

合并到库尔恰托夫研究院的核领域研究单位包括洛古诺夫高能物理学研究院（IHEP）、阿里汗诺夫理论与实验物理学研究院（ITEP）、康斯坦丁诺夫圣彼得堡核物理学研究院（PNPI）、戈雷宁“普罗米修斯”结构材料中央研究院。

库尔恰托夫研究院（KI）是从 1943 年成立的苏联科学院 2 号实验室发展而来，1949 年改名苏联科学院测量仪表实验室，1956 年改名原子能研究院，1960 年改名库尔恰托夫研究院，1991 年获得“俄罗斯研究中心”的地位，2010 年成为“国家研究中心”。

库尔恰托夫研究院在苏联和俄罗斯核工业与技术发展中始终发挥引领和关键性作用，在核领域的重大创新技术发展中，扮演“科学指导机构”的角色。过去重要成就包括，建造了欧洲的第一座核反应堆 F1 反应堆（1946 年）；在苏联首枚原子弹（1949 年）、首枚热核武器（1953 年）、第一座核电厂（1954 年）研制担任科学领导；在舰船反应堆、空间核反应堆发展中发挥先驱探索作用，还研发建造了世界上首个托卡马克装置（1955 年）。

目前，库尔恰托夫研究院依托先进实验能力，开展从基础研究到技术应用的全周期、全领域研发。其主要研究领域包括：下一代核电技术；等离子体物理学与托卡马克基础与应用研究；利用同步加速器辐射源、中子源、质子源、重离子源开展的研究；核医学；纳米、生物、信息、认知、社会与人文的交叉研究；信息与通信技术与系统；超大型国际项目科学协调；跨领域人才培养等。主要设施包括 4 座研究堆、9 个临界装置、专用同步加速器辐射源、核聚变托卡马克装置、带有“热室”的材料科学实验室、同位素分离设施、物理、化学和放射化学实验室联合体、超级计算机等。

洛古诺夫高能物理学研究院（IHEP）1963 年成立，是一家世界性基础物理学研究中心，1994 年获得俄联邦国家科学中心地位，2012 年并入库尔恰托夫研究院。IHEP 研究领域包括物质基本结构、基本粒子、场和加速器物理等，在基本粒子研究方面处于世界领先水平。其主要研究设施为 1967 年建立的 700 亿电子伏质子加速器 U-70，又称“谢尔普霍夫”（Serpukhov）加速器，目前仍是俄罗斯最大的带电粒子加速器。

阿里汗诺夫理论与实验物理学研究院（ITEP）成立于 1945 年，当时是苏联科学院的 3 号实验室，早在 1949 年运行了苏联首座重水研究堆，2012 年从国家原子能公司转入库尔恰托夫研究院。ITEP 主要研究领域包括理论物理学、天体物理学、基本粒子物理学、核物理学、等离子体物理学、固态物理学、纳米技术、反应堆与加速器物理学、计算机科学等，参与大型强子对撞机（LHC）等国外大型对撞机和加速器的实验项目，在前沿领域开展暗物质、中微子振荡、中微子磁矩等研究。

康斯坦丁诺夫圣彼得堡核物理学研究院（PNPI）1956 年作为苏联科学院约费物理与技术研究院的分支机构成立，1971 年成为苏联科学院下的独立研究机构康斯坦丁诺夫列宁格勒核物理研究院，1994 年获得俄罗斯国家科学中心地位，2011 年加入库尔恰托夫研究院。PNPI 主要活动包括理论与数理物理学、辐射纳米与生物技术、分子生物学、中微子物理学、粒子束基础与应用研究、核反应堆与加速器物理学、核医学等。研究基地主要包括 VVR-M 研究堆综合体、PIK 反应堆综合体、СЦ-1000 加速器综合体、Ц80 回旋加速器等。

戈雷宁“普罗米修斯”(Прометей)结构材料中央研究院成立于 1939 年，1994 年获得俄联邦国家科学中心地位，是核工业、造船工业、海洋装备和石油天然气工业的材料科学研究中心，2016 年加入库尔恰托夫研究院。目前主要活动包括研发各种用途钢材料、轻型耐腐蚀钛合金和铝合金、非金属材料和复合材料、纳米结构材料等，并开发材料生产、处理、连接、涂层等技术，开发结构保护措施等。

3. 科学院、高校、其他

俄罗斯核领域科研机构还包括俄罗斯科学院下属研究机构，有列别杰夫物理学研究院（FIAN）、布德克尔核物理研究院（BINP SB RAS）、核研究院、应用物理学研究院等，以及一些独立科研机构和设有核专业的高等院校等。

科学院列别杰夫物理学研究院（FIAN 或 LPI）成立于 1934 年，有 1 800 多人，院士 24 名，在特洛伊茨克、萨马拉、普罗特维诺等地设有分院，曾在包括 IPPE、科学院核研究院在内的一批重要科研机构成立中发挥作用，其历史上的重要研究成果涉及受控核聚变与热核武器基础原理、惯性约束聚变原理、混合反应堆概念、中子物理学研究、拉曼散射、超导理论、μ 介子催化核反应、宇宙重子不对称起源、超对称概念等。FIAN 目前开展物理学各个领域的基础研究，设有理论物理学部、核物理学与天体物理学部、固态物理学部、光学部、量子无线电物理学部、天文学中心等，还参与欧洲核子研究中心大型强子对撞机的大量实验工作。

科学院西伯利亚分院布德克尔核物理研究院（BINP SB RAS）于 1958 年成立，目前为联邦预算单位，在基本粒子物理学、加速器物理学与技术、同步加速器辐射源、自由电子激光器、高温等离子体物理学、受控热核聚变等领域为世界领先研究机构，其科研成果对全世界加速器科学与技术的发展产生影响。BINP 目前拥有雇员 2 800 人，6 名俄罗斯科学院院士，其大型实验生产设施有 1 000 名工作人员。

科学院核研究院（INR RAS）成立于 1970 年，主要开展原子核、基本粒子、宇宙射线物理学、中微子天体物理学等研究，有研究人员、工程师和技术人员 1 000 人，包括 3 名院士，其主要设施包括质子加速器、中子研究综合体、射线治疗中心、贝加尔湖水下中微子望远镜、巴克桑（Baksan）中微子观测站等。

科学院应用物理学研究院（IAP RAS）于 1977 年在高等教育部辐射物理学研究院多个研究部的基础上成立，2016 年吸收了俄罗斯科学院的微观结构物理学研究院和机械工程研究院，2018 年转到俄罗斯联邦科学与高等教育部。目前主要研究领域包括大功率电子器件、等离子体电动力学、天然介质中的物理现象及其诊断、低频率水声学、物理声学、非线性动力学、激光器物理学和非线性光学、量子系统、X 射线光学、纳米材料和装置等，并且是俄罗斯发展大型激光器的主要基地。

科学院普罗霍罗夫通用物理学研究院（IOF RAS）于 1982 年在 FIAN 的 A 研究部基础上成立，其主要研究方向包括激光物理学与光学、量子电子学、集成光学、新材料技术、凝聚态物理学、表面物理学、微电子学和纳电子学、等离子体物理学与受控核聚变、水温物理学、激光医疗与生态等。IOF 为联邦预算单位，并且是一家联邦研究中心。

约费物理与技术研究院成立于 1918 年，在 2013 年以前属于俄罗斯科学院，2013 年根据俄罗斯政府令第 2591-r 号转到俄罗斯科学组织联邦机构，2018 年又转到俄罗斯联邦科学与高等教育部，性质为联邦预算单位，目前主要研究领域包括等离子体物理学、原子物理学、天体物理学、固态物理学、介电质和半导体物理学、固态电子器件、纳米异质结构物理学等。

叶夫列莫夫电物理学装置研究院（NIIEFA）可追溯到 20 世纪 30 年代末，当时 Elecrosila 工厂的科学家在库尔恰托夫的领导下研发了苏联第一台用于核物理学研究的回旋加速器。1945 年 12 月，苏联政府下达决议成立了一家特种设计局，在 Elecrosila 工厂开展电磁换能器设计，此后研究领域又扩大到核物理、高能物理、受控核聚变等。1954 年，该设计局成为一家独立机构并迁往圣彼得堡郊区，改名 Metallostroy，1960 年又改名为电物理学装置科学研究院（NIIEFA）。NIIEFA 研制了苏联和东欧国家的绝大部分大型带电粒子加速器、约 20 个磁约束和惯性约束聚变科研设施（托卡马克装置 T-3、T-4、T-10、T-14，仿星器“暴风”-2，Z 箍缩 Angara-5 等），开发了工业和医学领域使用的各类高电压加速器和激光器、快中子反应堆的各类液态金属感应泵等。目前，NIIEFA 性质为股份公司，是俄罗斯重要的电物理学设备和装置科研生产中心，其产品用于等离子体物理学、核物理学、基本粒子物理学等科学研究、医疗保健、辐射与能源应用、无损检测等。

联合核研究院（JINR）是俄罗斯组建的国际性政府间研究组织，位于莫斯科州杜布纳，有 18 个成员国，其目的是联合成员国的科技力量，作为大型多学科国际科学中心，开展现代核物理前沿的基础研究，开发应用高技术并发展高校教育。其主要实验设施包括欧洲和亚洲唯一的原子核与重离子超导加速器 Nuclotron 设施、重离子回旋加速器 U-400 和 U-400M、中子脉冲堆 IBR-2M 等。目前正在建设的 NICA（基于 Nuclotron 的离子对撞机设施）是俄罗斯政府资助的大型项目，2013 年启动建设，将研究致密重子物质的性质，包括夸克—胶子等离子体。

俄罗斯还有 14 所拥有核相关专业的主要高校。其中核领域科研和高等教育规模最大的是**国家研究核大学莫斯科物理学与工程学院（NRNU MEPhI）**。该校位于莫斯科，并在 20 个城市设有 21 个分校区，学生总数达 3.8 万，建有研究堆、加速器设施等。**托木斯克理工大学（TPU）**是俄罗斯西伯利亚和远东地区的主要理工高校，1896 年成立，建有一座研究堆（IRT-T）、12 兆电子伏回旋加速器、热室、同位素和放射性药物生产设施等，开展基础物理学研究，目前重点发展核医学技术。**莫斯科国立大学的 Scobeltsyn 核物理学研究院（MSU SINP）**成立于 1961 年，设有多达 16 个核与基础物理研究院系，还在杜布纳设有分院，并有生产车间，主要研究领域包括核物理学、高能物理学、物质与辐射相互作用、宇宙射线天文物理学、空间物理学、信息技术、纳米结构等。**莫斯科物理学与技术学院（MPhTI）**是俄罗斯重要工程技术大学，其兰道物理学与科研学院（2019 年以前称为基础与应用物理学院）设有核物理学实验方法、基本相互作用、高能物理学等研究实验室。

4. 科研设施

俄罗斯拥有基础与前沿科研的各类大型科研设施，研究堆运行数量世界最多，大型加速器设施占世界显著比例，还有用于基础物理学观测和实验的专用装置、用于反应堆技术研发的台架和热室设施等。2010 年，俄罗斯政府提出投资 1 300 亿卢布建设 6 个大型科研设施以振兴基础研究，现在有 2 座设施已进入建设阶段。

加速器。加速器是俄罗斯基础科研的重要基础。全世界约 110 台可将粒子加速到 1 000 兆电子伏以上的加速器中，有 10 台在俄罗斯，主要是同步加速器辐射源、对撞机、质子同步加速器等。其中，全世界运行的 7 台对撞机中，有 1 台位于俄罗斯布德克尔核物理研究院（BINP SB RAS）。俄罗斯还有多个研究机构拥有同步加速器辐射源，包括列别杰夫物理学研究院（FIAN）、库尔恰托夫研究院、布德克尔核物理研究院、联合核研究院（JINR）、托木斯克理工大学（TPU）等。俄罗斯政府出资建设的 6 个大型设施之一，联合核研究院（JINR）的 NICA（基于 Nuclotron 的离子对撞机设施）项目已于 2013 年启动建设。另一大型项目，布德克尔核物理研究院的超级 C-τ 正负电子对撞机也将启动建造。2019 年 12 月，俄罗斯政府批准投资 371 亿卢布在新西伯利亚建造同步加速器设施“西伯利亚环形光子源集体使用中心”（SKIF SKK）。俄罗斯用于粒子物理学科研的大型设施见表 6-1。

表 6-1　俄罗斯用于粒子物理学科研的大型设施[222]

类型	所属单位	设施
加速器	IHEP	质子同步加速器
	BINP	VEPP 4M、VEPP-2000、VEPP-2M 正负电子对撞机
	JINR	NUCLOTRON 原子核与重离子超导加速器
	PNPI	1 000 兆电子伏质子同步回旋加速器
	LPI	1 200 兆电子伏电子同步加速器
	ITEP	1 万兆电子伏质子同步加速器
	INR	p-LINAC 质子直线加速器
反应堆	PNPI	VVR-M
	加里宁核电厂	VVER-1000
	KI	IR-8
	NIIAR	SM-3
其他	INP	巴克桑中微子观测站、贝加尔中微子望远镜
	LPI	泰安山（Tyan Shan）宇宙射线观测站
	MSU SINP	通卡（Tunka）河谷广泛空气阵雨（EAS）切伦科夫实验装置

研究堆和临界装置。俄罗斯目前运行 57 座研究堆和临界装置（IAEA 统计），在建 3 座新的研究堆。俄罗斯陆续对重要的老旧研究堆进行现代化改造，继续发挥其科研价值。在 2010 年公布的 6 个大型设施项目也有 2 个大型研究堆设施的项目，即 MBIR 和 PIK。

MBIR 多用途快堆与辐照试验 2015 年开始建造，将代替即将关闭的 BOR-60 反应堆，作为核技术创新的新一代研究实验平台。MBIR 是一座高通量快中子研究堆，热功率 150 兆瓦，电功率 50 兆瓦，快中子通量密度 5.3×

10^{15} n/cm²/s，可使材料辐射效应达到每年 40 dpa[223]。反应堆将采用 MOX 燃料，设计寿命 50 年[224]，由 IPPE 在 2007 年提出方案，首席设计机构为 NIKIET，总设计为 VNIPIET，指导机构为 IPPE，项目客户 NIIAR 为反应堆所在地，2019 年完成了控制组件安装和反应堆容器水压测试，水压测试证实了母材的强度和焊缝的质量，目前计划 2024 年在实现功率启动，将用于开展各种大型研究和应用计划。

核物理学研究院的 PIK 高通量中子研究堆热功率 100 兆瓦，热中子最大通量密度 5×10^{15} n/cm²/s，有 50 个实验站，反应堆已在 2011 年 2 月首次临界，设施全部建成后将有 38 座建筑物，成为世界级中子研究中心。俄罗斯国家原子能公司 2019 年 11 月还宣布将在采矿与化学联合企业建造一座熔盐研究堆，预计建造将花 10 年时间。该反应堆将对镅、锔、镎等次锕系元素的燃烧开展研究。

莱布恩斯基物理与动力工程研究院（IPPE）2019 年年初完成 BFS 临界装置升级活动，进入调试阶段。此次升级扩大了实验设施，改进了实验技术，安装了现代化测量设备，将使用期限延长了 40 年。BFS 是世界上规模最大的研究快中子反应堆中子物理学参数的临界装置，可对 3 000 兆瓦快堆活性区进行模拟，是目前对 BN、BREST、SVBR 等快堆进行全尺寸模拟实验的唯一实验工具。

阿夫里坎托夫制造实验设计局（OKBM）近年来也完成了 ST-659 和 ST-1125 临界装置升级活动。这两座装置在水堆的基础和应用研究占有特殊地位，具有独特的测量设备以及各种系统与装置，曾支持大量全尺寸堆芯以及堆芯局部的研究，包括对核动力破冰船反应堆、小型核电厂反应堆、供热反应堆、浮动核电厂的反应堆堆芯都开展了实验，以确定并优化堆芯构成。俄罗斯运行、在建和计划建造的研究堆如表 6-2 所示。

表 6-2　俄罗斯运行、在建和计划建造的研究堆（IAEA 2020）[225]

序号	名称	运行机构	启动时间	现状	类型	稳态功率
1	IRV-2M	NIIP	—	在建	池式	4 兆瓦
2	PIK	PNPI	—	在建	罐式	100 兆瓦
3	MBIR	NIIAR	—	在建	快中子、功率	150 兆瓦
4	OR-M	KI	1989	运行	罐式	300 千瓦
5	IR-8	KI	1981	运行	池式	8 兆瓦
6	GIDRA	KI	1971	运行	均匀	10 千瓦

续表

序号	名称	运行机构	启动时间	现状	类型	稳态功率
7	ARGUS	KI	1981	运行	均匀	20 千瓦
8	IVV-2M	IRM	1966	运行	池式	15 兆瓦
9	MIR.M1	NIIAR	1981	运行	池式	8 兆瓦
10	RBT-6	NIIAR	1975	运行	池式	6 兆瓦
11	SM-3	NIIAR	1961	运行	压力容器	100 兆瓦
12	BOR-60	NIIAR	1968	运行	快堆	60 兆瓦
13	RBT-10/2	NIIAR	1983	运行	池式	7 兆瓦
14	VK-50	NIIAR	1964	运行	沸水堆	200 兆瓦
15	BIGR	VNIIEF	1977	运行	快中子、脉冲	500 千瓦
16	BR-1M	VNIIEF	1979	运行	快中子、脉冲	5 千瓦
17	BR-K1	VNIIEF	1995	运行	快中子、脉冲	10 千瓦
18	VIR-2M	VNIIEF	1980	运行	均匀，脉冲	25 千瓦
19	GIR-2	VNIIEF	1993	运行	快中子、脉冲	1 千瓦
20	BARS-4	NIIP	1980	运行	瞬态猝发	10 千瓦
21	U-3	Krylov*	1964	运行	池式	50 千瓦
22	BARS-5（FNRS）	VNIITF	1986	运行	快中子猝发	10 千瓦
23	IGRIK	VNIITF	1975	运行	均匀	30 千瓦
24	YAGUAR（NHUAR）	VNIITF	1988	运行	均匀、脉冲	4 千瓦
25	FBR-L	VNIITF	1981	运行	快中子猝发	5 千瓦
26	IBR-2M	JINR	1978	运行	快中子、脉冲	2 兆瓦
27	BARS-6	IPPE	1994	运行	瞬态猝发	10 千瓦
28	IR-50	NIKIET	1961	临时关闭	池式	50 千瓦
29	IRT-T	TPU	1967	运行	池式	6 兆瓦
30	WWR-TS	NIFHI	1964	运行	罐式	15 兆瓦
31	FM SM-3	NIIAR	1970	运行	临界装置	20 瓦
32	STEND-4	MSZ**	1967	运行	临界装置	30 瓦
33	STEND-5	MSZ**	1967	运行	临界装置	30 瓦
34	ST-659	OKBM	1963	运行	临界装置	0.1 千瓦

续表

序号	名称	运行机构	启动时间	现状	类型	稳态功率
35	ST-1125	OKBM	1975	运行	临界装置	0.6 千瓦
36	Aksamit	KI	2002	运行	临界装置	0
37	P	KI	1987	运行	临界装置	0.2 千瓦
38	EFIR-2M	KI	1973	运行	临界装置	0.1 千瓦
39	DELTA	KI	1985	运行	临界装置	0.1 千瓦
40	SK 物理	KI	2000	运行	临界装置	0.6 千瓦
41	NARCISS-M2	KI	1983	运行	临界装置	10 瓦
42	FM MIR.M1	NIIAR	1966	运行	临界装置	5 瓦
43	KVANT	KI	1990	运行	临界装置	1 千瓦
44	ASTRA	KI	1981	运行	临界装置	0.1 千瓦
45	B-1000	KI	1986	运行	临界装置	0.2 千瓦
46	BFS-1	IPPE	1961	运行	临界装置	0.2 千瓦
47	BFS-2	IPPE	1969	运行	临界装置	1 千瓦
48	AMBF-2	IPPE	1984	运行	临界装置	0.1 千瓦
49	RBMK	NIIAR	1982	运行	临界装置	25 瓦
50	PIK 物理模型	PNPI	1983	运行	临界装置	0.1 千瓦
51	MAKET	ITEP	1976	运行	临界装置	0.1 千瓦
52	IKAR-S	VNIIEF	2008	运行	石墨临界装置	0.1 千瓦
53	FKBN-2M	VNIIEF	2001	运行	快中子临界装置	0
54	FKBN-2	VNIITF	2000	运行	快中子临界装置	0.1 千瓦
55	UVPSh	MEPhI	1964	运行	次临界装置	0
56	UG 次临界	MEPhI	1955	运行	次临界装置	0
57	UV	MEPhI	1980	运行	次临界装置	0

注：*克雷洛夫国家研究中心；**梅季希机械制造工厂。

试验台架和热室设施。反应堆技术研发单位的大型试验基地都配备各类测试台架，用于开展热工水力、力学、寿期特性、热物理学、化学过程、结构稳态与动态、材料特性、反应堆设备等测试。主要测试台架现有 70 多座，如 NIKIET 的水高压台架 SVD-2、大型热工水力测试台架 LHTB、超临界参数台架 SCPB；OKBM 的高温气体设施（氦气）；Electrogorsk 研究与工程中心（EREC）的 PSB-VVER 测试设施（水）；IPPE 的 TT-1M 设施（铅）等[226]。

原子反应堆研究院（NIIAR）建有全世界最大规模的热室设施。材料试验综合体有 49 个热室，9 个重型手套箱，可对 1.9×10^{16} Bq 活度的物项进行操纵，有 2 个热室专用于 VVER、RBMK 和 BN 动力堆燃料组件研究，内部长度 7.5 米，宽度 4.0 米，高度 7.2 米。放射性核素源与放射化学部有 34 个热室和 30 多个屏蔽手套箱，其中 22 个热室可操作放射性高至 10 万居里的材料。

大型激光器。科学院应用物理学研究院（IAP RAS）是俄罗斯发展大型激光器的基地，2006 年建成运行俄罗斯首台拍瓦级光学参量啁啾脉冲放大（OPCPA）激光器 PEARL 装置，输出功率 0.2 拍瓦，2007 年升级到 0.56 拍瓦。下一代 PEARL-X 装置输出功率将达到 4～10 拍瓦。目前，应用物理学研究院还在筹备建造 XCELS（艾瓦极端光研究中心）设施，其具有 12 个 15 拍瓦 OPCPA 放大装置，激光能量达到 200 拍瓦。该项目也是俄罗斯政府 2010 年提出筹备建设的 6 个大型设施之一。

二、聚变能源技术

1. 托卡马克

俄罗斯惯性约束核聚变研究开始于 1950 年，几十年来在库尔恰托夫研究院建立一系列大型托卡马克装置开展聚变技术研究，目前正对 T-15 装置进行升级，还启动了与意大利合作的 IGNITOR 托卡马克装置项目。

苏联科学家萨哈罗夫和塔姆于 1950 年 10 月在世界上首先提出利用磁场约束高温等离子体的初步原理，1951 年计算了 900 兆瓦环形热核氘-氚反应堆 MTR 的参数。库尔恰托夫研究院 1951 年启动了环形系统等离子体引发与加热的实验研究。1958 年，世界上首个“托卡马克”装置 T-1 在库尔恰托夫研究院启动。1959 年到 70 年代初，库尔恰托夫研究院陆续建成 T-3、T-3a、TM-1、TM-2、TM-3、T-4 等装置，详细研究了降低辐射损失、等离子体热约束等基础问题。70 年代的 TMG 装置第一壁首次采用全石墨材料取代金属材料，显著降低了等离子体的离子有效电荷数值。T5 装置采用的线圈系统可产生垂直于等离子体电流方向的磁场，可对等离子体的磁州位置进行控制，从而研究了竖直方向和水平方向的等离子体平衡问题[227]。T-10 于 1975 年开始试验，开展了等离子体辅助加热技术等研究，曾是苏联最主要的托卡马克装置，运行到 1988 年 5 月。70 年代的 T-11 装置进一步研究等离子体加热方法，TM-1-VCh 开展了离子回旋加热实验，奠定了离子回旋共振加热物理学以及 ITER 等大型托卡马克的基础。T-7 从 1979 年运行到 1988 年，是首个使用了超导磁体的托卡马克装置。70 年代初，苏联科学家还提出了将等离子体横截面形状拉长提高其稳定性的方案，并据此建立了 T-8、T-9、T-12 等多个装置。T-8 装置是世界上首个 D 形横截面的托卡马克装置。T-14 又称 TSP，是首个设计采用氘氚燃料的托卡马克装置，1987 年运行[228]。

在各种装置开展研究的基础上，库尔恰托夫研究院建立了 T-15 大型装置。该装置利用注入中性原子以及电子回旋共振和离子回旋共振进行辅助加热，使用 Nb_3Sn 超导体线圈以及世界先进的诊断综合体。装置 1988 年建成并启动实验，运行到 1995 年因苏联解体后的经济困难中断了实验。苏联 1980 年还提出原型核热反应堆 OTR 作为 T-15 的下一代装置，采用氘氚等离子体[229]。

约费物理与技术研究院也从 20 世纪 60 年代中期开始进行托卡马克实验，并建立了几个小型托卡马克装置。1964 年运行首个小型装置 TUMAN-1，70 年代陆续运行了 TUMAN-2/2a，TUMAN-3 等，1998 年建成了 GLOBUS-M 小型球形托卡马克装置。参与研制的单位还有叶夫列莫夫电物理学装置研究院（NIIEFA）、特洛伊茨克创新与热核研究院（TRINITI）等。苏呼米物理与技术研究院建立了 R-05 托卡马克装置。特洛伊茨克创新与热核研究院建立了 SFT 强场托卡马克设施。

苏联和美国、欧洲原子能共同体、日本等于 1985 年一起发起了国际热核实验堆（ITER）项目。俄方主要活动包括研制磁体、面向等离子体部件、加热与电流驱动、包层、结构材料等，提供 10%的反应堆建造经费。俄罗斯将现有运行的一批托卡马克装置、线性装置模拟实验、等离子体物理学代码和诊断技术作为 ITER 项目等离子体物理学支持。主要参与机构包括库尔恰托夫研究院、叶夫列莫夫电物理学装置研究院、多列扎利动力工程研究院、科学院应用物理学研究院、特洛伊茨克创新与热核研究院、约费物理与技术研究院、博奇瓦无机材料高技术研究院、切佩茨基（Chepetsk）机械工厂、Cryogenmash、俄罗斯科学院西伯利亚分院布德克尔核物理研究院等。布德克尔核物理研究院院作为 ITER 国外参与方的集成中心，负责组装和测试各国交付的部件。

2010 年，俄罗斯还开始对 T-15 进行大幅升级，该项目也属于联邦目标计划《2010 年到 2015 年直至 2020 年的新一代核能技术》。升级后的装置叫做

T-15MD，加热功率达到 20 兆瓦，脉冲持续时间达到 1 000 秒[230]，主要实验任务包括支持 ITER 项目建立物理学与技术数据库、开发托卡马克聚变中子源、探索获得高 β 值的可能性、开展等离子体与材料相互作用研究、测量等离子体电流与压力变化等[231]，计划 2020 年物理启动，2024 年全面运行（见图 6-1）。

图 6-1 T-15MD 装置的环形线圈

库尔恰托夫研究院 2019 年启动聚变示范堆 DEMO 装置的预先概念设计，主要目标是实现 40 兆瓦氘氚聚变反应堆的持续运行，并为发电功率百万千瓦级聚变反应堆选择合适的技术。DEMO 装置设想 2055 年以后建成。

俄罗斯与意大利两国政府还在 2010 年签署了开展聚变装置研发的谅解备忘录，由意大利新技术、能源与环境国家机构（ENEA）与库尔恰托夫研究院完成 IGNITOR 装置规划，将建在特洛伊茨克创新与热核研究院。该项目也是俄罗斯 2010 年提出的 6 个大型科研设施项目之一。该装置利用超强磁场使托卡马克装置紧凑化，显著降低聚变反应堆的体积和成本，其真空室体积是 ITER 的百分之一。该项目预计成本 3.55 亿欧元，2017 年启动技术设计报告编制。

2. 聚变-裂变混合核反应堆

聚变-裂变混合反应堆不需要聚变反应堆的高温高压，因此更容易实现，具有短期内商用化的前景。俄罗斯早在 1977 年就提出了第一个聚变-裂变混合反应堆设计。2013 年以来，库尔恰托夫研究院开发了 DEMO-FNS（聚变中子源），并设计了了中试混合反应堆装置（PHF），可实现易裂变材料增殖[232]，支持聚变堆技术开发，并为聚变电站生产氚燃料。DEMO-FNS 设计利用热核反应产生的中子照射铀-238 产生易裂变材料，其超导体托卡马克装置聚变功率 40 兆瓦，裂变功率 400 兆瓦。库尔恰托夫研究院计划在 2026 年建成 3 兆瓦的试验装置 FNS-ST，2033 年建成 DEMO-FNS，2045 年建成 PHF，2055 年建成商用设施[233]。

全俄技术物理科学研究院（VNIITF）、托木斯克理工大学（TPU）、布德克尔核物理研究院（BINP SB RAS）院等 2020 年初也公布了新的钍燃料混合反应堆设计。其特点为功率中等、相对紧凑、高度安全、废物量少。

3. 仿星器

美国于 1951 年建成世界首个仿星器装置后，苏联也启动了相关研究，主要研究活动集中在库尔恰托夫研究院、科学院普罗霍罗夫通用物理学研究院和位于乌克兰的哈尔科夫物理与技术研究院（KhFTI 或 KIPT），主要实验基地位于 KhFTI。KhFTI 从 20 世纪 60 年代到 80 年代陆续建立了“天狼星”“飓风-1（Uragan-1）”“飓风-2”“飓风-3”仿星器装置。“飓风-3”是当时世界最大的扭曲仿星器[234]，1988 年安装更先进的螺旋线圈后升级为“飓风-3M”。莫斯科的普罗霍罗夫通用物理学研究院（IOF RAS）也曾建 L-2 仿星器装置[235]。

4. 磁镜

苏联科学家还曾提出多种非传统的紧凑聚变装置设计，在国际上产生影响并被美、日等多个国家继续发展。苏联科学家布德克尔和美国科学家同时在 20 世纪 70 年代提出开端磁镜概念，此后苏联又提出轴对称双极磁镜概念、气体动力阱概念，以及将惯性约束和磁约束相结合的磁化等离子体线性压缩的 MAGO 概念等。布德克尔核物理研究院（BINP SB RAS）建立了 GDL（或称 GDT）、SHIP、GOL-3 等磁镜装置，库尔恰托夫研究院建立了 MultiCusp、OGRA-4、PR-8 等磁镜装置，科学院列别杰夫物理学研究院院建立了 FRC 反场位形装置，特洛伊茨克创新与热核研究院也建立了 KT、TOP、TOP-Liner 三个反场位形装置[236]。2016 年，布德克尔核物理研究院在现有装置上实现了将稳态等离子体加热到 1 000 万摄氏度量级高温。

布德克尔核物理研究院在开展气体动力学（GDL 装置）和电子束驱动多

磁镜（GOL-3 装置）两种方案研究的基础上，提出建立气体动力学多镜磁阱聚变原型堆 GDML。该装置具有较低的建造成本和相对较低的输出功率，使用氘燃料，其贝塔值约 50%，聚变功率密度远高于托卡马克装置，可将等离子体体积缩小到 10 到 100 分之一。GDML 项目 2013 年开始，采取模块化方式分多个阶段建造，以实现不断升级发展[237]（见图 6-2）。

图 6-2　布德克尔核物理研究院的 GDL（左）和 GOL-3（右）装置

三、核技术应用

1. 同位素生产

俄罗斯是世界最大同位素生产国之一，同位素生产总体占有世界市场份额的 22%，产品大部分出口到国际市场[238]。俄罗斯同位素生产能力的 90%以上属于国家原子能公司的科研生产机构，产品覆盖广泛。国家原子能公司还成立了同位素公司（股份公司），负责在国际市场上销售国家原子能公司下属各机构生产的同位素产品。

俄罗斯生产同位素的最大企业是马亚克生产联合企业和原子反应堆研究院。俄罗斯超过 60%同位素产品由马亚克生产联合企业生产。马亚克是世界上最大的铯-127 生产单位，其钴-60 生产也占全世界市场的 60%，也是俄罗斯唯一的钚-238 和镅-241 生产企业。马亚克每年还生产数千个放射源，超过 90%的产品出口。原子反应堆研究院在生产数量上居全国第二，在同位素产品种类上居全国第一。

医用放射性同位素。医用同位素产品主要包括钼-99、碘-131、碘-125、镥-177、锶-89、锕-225、钐-153 等，以及锝-99m、铼-188 等短寿命同位素的发生装置，用于医学诊断和肿瘤、心脏病治疗等。

原子反应堆研究院是俄罗斯最大的钼-99 生产机构。2010 年，国家原子能公司在原子反应堆科学研究院启动了钼-99 商业生产计划，采用高浓铀靶件辐照工艺。首个生产设施 2012 年启动，每周生产 250～300 居里，第二个生产设施 2013 年启动，每周生产 500～600 居里。目前两座设施轮流运行，计划未来将国际市场销售量从不到 5%扩大到的 10%[239]。原子反应堆研究院其他特殊同位素产品还包括治疗某些癌症的而锶-89、用于某些耐辐射肿瘤治疗的中子源锎-252 等。

钼-99 的其他主要生产单位包括卡尔波夫物理化学研究院（高浓铀靶件）、赫洛平镭学研究院（中子活化法）、托木斯克理工大学（中子活化法）等。2017 年，核武器研发机构 VNIIEF 也决定用完成低浓化的 Argus-M 反应堆生产钼-99。俄罗斯还在开发多种钼-99 生产新工艺，包括：使用低浓铀靶生产；用均匀水溶液低功率反应堆，以硫酸铀酰或硝酸铀酰水溶液作为燃料；中子俘获反应钼-98（n，γ）钼-99；电子加速器产生韧致辐射，打到铀靶发生裂变；质子加速器通过重元素靶产生伽马射线和中子，再用铀靶裂变生产 Mo-99；低能质子加速器中利用富集钼-100 的靶直接生产锝-99m。此外还研究用其他同位素代替锝-99m 的方法。

工业用放射性同位素。产品主要包括钴-60、铯-137 等密封放射源，用于医疗设备消毒、农业产品辐照等。铱-192、硒-75 等密封放射源，用于无损测试（伽马射线照射）等领域。俄罗斯原子能公司还是世界上少数生产镅-241、锎-252、钋-210、碳-14、锶-90、氪-85 的企业。

钴-60 生产以马亚克生产联合企业和和 NIIAR 为主。列宁格勒核电厂从 2001 年以来就利用 RBMK-1000 反应堆生产钴-60。2016 年以来，Rosenergoatom 启动了在核电厂生产工业用钴-60 的项目，到 2019 年年底，库尔斯克核电厂、斯摩棱斯克核电厂、列宁格勒核电厂的 7 座 RBMK-1000 核电机组都参加了钴-60 生产。

稳定同位素。稳定同位素产品包括钼-98、钼-100、锗-72、锗-76、锌-64、钨-186、镥-176 等 200 多种，主要用于基础研究领域，如双 β 衰变、寻找暗物质等，或作为医用和工业放射性同位素的生产原料。

电化学工厂联合企业和西伯利亚化学联合企业利用气体离心机生产稳定同位素，取得较好的富集度和化学纯度。电化学工厂是世界上最大的稳定同位素生产单位，2018 年新启动了效率提高的铱-191 生产装置，恢复了锗-76 生产，并计划生产用于中微子科学研究的铬-50。电化学装置联合企业

（Elektrokhimpribor）采用电磁分离技术生产稳定同位素，该企业还有一个小型实验设施可根据客户需求定制产品（见表 6-3）。

表 6-3 俄罗斯主要的同位素生产单位

机构	设施	同位素
马亚克生产联合企业	L-2 和 Ruslan 反应堆、热室	同位素产品生产总量占俄罗斯的 60%，包括钴-60、铱-192、铯-137、镅-241、钚-238、钚-239、钷-147、锶-89、锶-90、铁-55、磷-32、硫-35、碳-14、氢-3 等
库尔恰托夫研究院	30 MeV 回旋加速器、液体燃料反应堆、热室	碘-123、铊-201、钼-99、锶-89 等
制药厂（Burnazyan 中心）	热室	镓-67（柠檬酸盐）、锶-89、碘-131、铊-201、铁-59 等
原子反应堆研究院	反应堆、热室	锔-244、锎-252、钚-242、镅-243、磷-33、铬-51、锰-54、铁-59、锶-89、钌-106、镉-109、锡-113、锡-117m、锡-119m、锡-121m、钨-188、铊-204、钼-99、碘-125、碘-131、钴-60、硒-75、钆-153、铱-192、钐-153、镥-177、铯-131 等
物理与动力工程研究院	反应堆、热室	磷-32、锶-82、氙-133、锕-225；钼-99 发生器、钨-188、锶-90、碘-125、钌-106 等
卡尔波夫物理化学研究院	WWR-TS 反应堆、热室	钼-99、钐-153、钼-99/锝-99m 发生器、碘-131 放射药物等
回旋加速器公司	23 MeV 和 14 MeV 回旋加速器	镓-67、锗-68、锶-85、钯-103、铟-111、金-195、锗-68/镓-68 发生器等
反应堆材料研究院	IVV-2M 反应堆、热室	碳-14、磷-32、磷-33、硫-35、钇-90 等
赫洛平镭学研究院	回旋加速器、热室反应堆	碘-125、碘-129、锶-90、铷-106、锑-125、铯-144、钷-147 等
库尔斯克核电厂、斯摩棱斯克核电厂、列宁格勒核电厂	7 座 RBMK-1000 反应堆	钴-60 等
放射学与 X 射线学中央研究院	回旋加速器、热室	碘-123 药物、硫-82/Rb-82 发生器、PET 同位素等
应用化学研究院	热室	氢-3、碳-14、磷-33、碘-125 标记的化合物等
国防部第二中央研究院	30 MeV 回旋加速器	镓-67 等
托木斯克理工大学核物理学院	IRT-T 反应堆、回旋加速器、热室	镓-67、碘-123、铊-199；钼-99/锝-99m 发生器等

续表

机构	设施	同位素
俄罗斯科学院核研究所	直线加速器	锗-68、锶-82、钯-103、锡-117m、铜-64、铜-67、硒-72、镭-223、锕-225 等
西伯利亚化学联合企业	离心机	稳定同位素，包括氙-124、氙-126、氙-128、锡-112、硒-74 等
电化学工厂生产联合企业	离心机	稳定同位素，包括生产 21 种化学元素的 107 种同位素
新西伯利亚化学浓缩物工厂	锂生产设施	已成为世界上最大的锂-7 产品供应商，占世界市场份额的 70%
全俄实验物理科学研究院	电磁分离设施 S-2	生产高纯度钚、镅等同位素

2. 辐射技术应用

俄罗斯辐射技术历史悠久，近年来快速振兴发展，大量教育机构、研究机构和商业组织都在国家支持下发展辐射技术。截至 2017 年初，俄罗斯国民经济领域拥有 15 万个电离辐射源，应用领域包括：核电厂；工程地质与资源开采工业；医学、科学、教育、工业、海关机构；放射性废物处置等。俄罗斯约有 6.47 万台 X 射线仪器、设备、设施，约有 8 万台使用天然或人工核素放射源的仪器、设备、设施，包括伽马源探伤仪 1 300 台、密封核素放射源 6.18 万、放射性同位素仪器与设备 1.49 万。还有带电粒子加速器 471 台，包括电子加速器 389 台，质子和离子加速器 82 台。俄罗斯辐射装置数量每年增长 5%～7%，约 1 500 台，其中 X 射线装置占 40%～43%，放射源占 51%～54%。加速器也正在升级改造。

（1）射线成像装置

俄罗斯约有 6.47 万台 X 射线仪器、设备、设施。医用 X 射线装置十分普及。在工业领域，俄罗斯约有 12 658 台 X 射线无损探测设备，包括 8 675 台探伤仪和 3 983 台筛分装置。

俄罗斯 X 射线诊断技术市场在本世纪以来大幅增长，国内每年购买 X 射线装置 1 万多台，国内工业企业几乎能够制造各类 X 射线装置，约有 15 家厂家向国内市场供应超过 5 千台 X 射线装置，其中 4 400 台为医学设备。主要企业包括 Amico、PMP Proton、Mosrentgrnprom、Gelpik、SpektrAp 等。

俄罗斯 SPECT、PET、CT 等计算机断层扫描装置和血管造影装置主要依赖从美国、日本、荷兰等国家进口，2017 年全国有 282 台 SPECT 扫描仪和

54 台 PET 扫描仪，2018 年的进口量估计超过 5.5 亿美元。俄罗斯每百万人口拥有 0.36 台 PET，而欧洲为 1.1 台，日本为 3.7 台，美国达 7.11 台。

技术物理与自动化科学研究院（NIITFA）研制了国产 PET 扫描机。叶夫列莫夫电物理学装置研究院（NIIEFA）计划建立一座使用国产设备的 PET 示范中心。国家原子能公司 2018 年以来和 MedInvestGroup 公司、俄罗斯卫生部下属的国家医学研究辐射中心、通用电气医疗公司等医学领域机构启动合作，促进核医学设备和核药物研发和应用。2019 年 2 月国家原子能公司和通用电气签署合作路线图计划，在俄罗斯实现核磁共振、CT、射线治疗、SPECT 等高技术医学设备本土化生产，包括在 2020 年前启动核磁共振扫描仪组装。

（2）放射源设备和放射性药物

俄罗斯医学机构拥有约 1 500 个各类带有放射源的仪器设备，教育和科研机构约有 7 500 个，其余由其他经济领域使用。

俄罗斯有 306 家单位使用放射性同位素进行近距离和接触式放射治疗，有 272 家单位用放射性同位素进行诊断。在钴-60 放射治疗领域，俄罗斯有 173 个近距离放射治疗装置，128 个接触治疗装置，还有 5 台伽马刀，建有 4 家治疗中心。诊断方面，有 5 个放射源诊断中心。

国家原子能公司正陆续开发基于放射性同位素微源的医学设备。NIIEFA 研发了 Efatom 医用 γ 断层成像装置，用于诊断各类疾病，其伽马腔技术指标与外国同类设备相当，并已计划批量化生产。NIITFA 开发了新一代的 AGAT-SMART γ 接触放射治疗设施。俄罗斯卫生部的齐巴（Tsyba）辐射科学中心也开展医用放射性同位素微源设备研发应用，在 2015 年首次进行了国产碘-125 同位素微源的癌症治疗。国家原子能公司还计划在俄罗斯各地建立全国核医学中心网络。

俄罗斯应用了 22 种放射性药物和 6 种用于 PET 诊断的放射性药物。俄罗斯虽然生产大量医用同位素，但制药环节一直依靠外国公司，同位素产品也大部分销往国外。国家原子能公司的“俄原医疗”（Rusatom Healthcare）公司 2018 年以来先后和三家制药公司达成协议，将建立核药物生产厂，估计投入 5 000 万美元，将生产药物超过 60 种。

国家原子能公司还利用其设施能力发展辐射技术的工业应用，包括材料辐照改性、医疗设备与产品消毒、废物辐射处理、害虫和有害微生物治理、医疗废物去污、废水净化等。如 NIITFA 和 TRINITI 正开发辐射水处理技术，可解决地表水源水处理问题。仪表工程专业科学研究院（SNIIP）正开发基于辐射技术的等离子体发生器，用于开发危险废物和市政废物处理的特种设备。

（3）加速器辐照

俄罗斯 2017 年有约 470 台加速器，其中 181 台用于医疗，56 台用于科研与教育，236 台用于各企业和海关等国民经济应用领域[240]。俄罗斯医学领域的占比相对欧洲发达国家偏少。欧洲发达国家的医用加速器已达到每 10 万～14 万人一台，俄罗斯为每 16.7 万人一台。

在工业领域，加速器辐射技术应用增长迅速。2013 年，俄罗斯 50 家单位运行 60 多台，到 2017 年已增长到 236 台，应用领域包括无损测试、电子束焊接、同位素生产、食品和医疗产品消毒、半导体材料及微电路和芯片制造、材料测定和改性、乏燃料去活化、高聚物交联、三废净化、跨境运输管控、线缆绝缘硬化、橡胶硫化、生产热收缩材料、表面处理、纺织品尾工、纳米粉末制备、石油辐射-热裂解等。近期发展的新领域包括用加速器生产生物相容材料等。俄罗斯有 17 个食品和药品辐射处理和消毒中心，运行了 4 台伽马射线装置和 18 台电子加速器，其中大部分都隶属于科研机构。俄罗斯 60 家企业应用了电子束焊接工艺，其中 17 家企业属于国防领域。2015 年，VNIIEF 生产了 30 台 6～10 兆电子伏的电子加速器供给俄罗斯企业用于无损测试，可对厚度达 600 毫米相当于钢材料的制造物件进行射线检查。

在医学领域，俄罗斯用于近距离放射治疗的有 181 台电子加速器、4 个质子治疗中心（此外正在建设 2 个），9 个立体定向射波刀（stereotactic cyberknife）装置。近年来，加速器数量逐渐超过了钴源辐照装置数量。俄罗斯国家原子能公司还在联合其他企业和机构开发一种进口替代的 6 兆电子伏医用直线加速器，用于恶性肿瘤的精确放射治疗，计划 2022 年研制出首个装置。

用于辐照技术设施的电子加速器生产单位包括：俄罗斯科学院西伯利亚分院的布德克尔核物理研究院、叶夫列莫夫电物理学装置研究院（NIIEFA）、俄罗斯科学院莫斯科无线电技术研究院、国家研究核大学莫斯科物理学与工程学院（MEPhI）、俄罗斯科学院西伯利亚分院大电流电子器件研究院、俄罗斯科学院乌拉尔分院的电物理学研究院、莫斯科国立大学的 Skobeltsyn 核物理学研究院、Istok 研究与生产联合企业、VNIIEF、VNIITF、克尔德什研究中心等。

3. 反应堆激光器

莱布恩斯基物理与动力工程研究院（IPPE）1986 年提出了基于核反应堆抽运光量子放大器，建立大功率反应堆激光器系统的概念。该系统包括脉冲快中子反应堆和核抽运激光放大器两部分。IPPE 建立了反应堆激光器实验装置“B 台架”，于 1999 年投入运行，用于开展原理研究、计算代码核实、设备部件开发，并论证其实践可行性。B 台架的 BARS-6 快中子脉冲反应堆由 NNIITF 开发，1995 年运行，是一座双堆芯自猝灭的脉冲快中子堆，采用富集度 90%的铀钼合金燃料（U9Mo）。共同开展这一领域研究的还有全俄实验物理科学研究院（VNIIEF）、全俄技术物理科学研究院（VNIITF）、科学院普罗霍罗夫通用物理学研究院、国家研究核大学莫斯科物理学与工程学院等[241]。

第七章　结　论

第一，俄罗斯核工业规模庞大、体系完整，实力雄厚。

俄罗斯核工业于20世纪40年代为加快发展核武器而建立，已有近80年历史。俄罗斯国家原子能公司拥有各类单位企业300多家，约25万人。本报告梳理的核武器、核能与动力、核燃料循环、前沿与应用研究领域的核心科研生产单位就有近100家。

美苏冷战时期的军备竞赛曾是核工业发展的重要推动力力量，促使苏联建立起一批高产能的大型军用核材料和核武器研发生产企业。高峰时期，核武器工业包括设计机构3家，相关技术研发单位3家，批量制造企业4家，非核部件制造企业3家，核材料生产与武器部件制造企业6家，核试验场2个。苏联围绕这些企业建立了10个“封闭行政区域”，向核军工发展提供资源保障。苏联核弹头数量在20世纪五六十年代一直落后于美国，70年代中后期终于与美国持平，80年代高峰期达到约3.5万～4万枚，比美国多1万多枚。本世纪以来经整合和改革转型，俄罗斯仍有核武器设计单位2家、非核部件设计单位1家、批量制造单位2家、核材料管理单位2家。

核能与动力发展于20世纪50年代。苏联针对各种用途发展了各种反应堆堆型与技术，陆续成立起一批反应堆研发、试验、制造的科研院所与生产企业。有4家单位陆续承担了多种应用领域重要工程项目，逐渐发展为综合性的反应堆科研院所，拥有各类堆型技术的专业研究设计队伍和大型实验测试平台，并能开展一定规模的设备生产，支持各类核能与动力主线装备研制。还有20多家其他科研生产单位，专业开展特种燃料、核动力设备、仪表、大型部件等研发和制造，以及核电厂设计建造与维护等。整个冷战时期，苏联建造核潜艇数量和核动力卫星数量大幅超过美国。苏联上世纪50年代以来还发展了大规模的核能发电产业，建成运行了世界唯一的核动力破冰船船队。

俄罗斯核燃料循环工业在40年代伴随核武器诞生。冷战时期其最主要任务就是生产核武器材料，主要包括了4家铀浓缩企业、3家军用钚生产企业、3 家大型核燃料制造厂，以及十多家从事铀浓缩离心机、核燃料循环工艺与设备研发的科研院所。目前少量企业仍有军工生产任务，这些企业都开展民用核燃料循环。俄罗斯铀浓缩产能为每年 2.8 万吨分离功，燃料制造产能约为每年 2 760 吨，占世界产能的显著份额。动力堆乏燃料后处理厂从 1977 年运行至今，部分实现闭合核燃料循环。

俄罗斯核工业的整个历程中，对核领域关键技术持续创新和更新换代，保持了技术领先，不断创造出新的发展潜力。如在威慑领域，俄罗斯曾紧跟美国发展大型洲际弹道导弹、分导式多弹头、反导武器等，近来又启动了核动力巡航导弹和核动力鱼雷研发。舰船核动力技术自 20 世纪 50 年代诞生以来，已发展应用第 4 代，海军核动力舰艇与美国匹敌，是强大海上力量的中坚，核动力破冰船也为世界上独有。苏联 20 世纪 50 年代研发铀浓缩离心机以来，逐步用离心机取代气体扩散工艺，离心机技术也不断更新换代，现已在研发第十代和第十一代离心机。乏燃料后处理工艺不断巩固发展，RT-1 厂现已能对几乎所有类型动力堆和研究堆的各种成分乏燃料进行后处理，还在继续筹建废物量更少的先进工艺。俄罗斯核电主力堆型 VVER 压水堆也诞生于 20 世纪 50 年代，先后研发了 20 多种不同型号，有着 60 多年应用和改进的经验积累，目前国内在建 4 座，国外在建 9 座。

美俄两个核大国历史上对核技术用于各类领域、各种应用方向的不同技术路线探索，都达到了前所未有的深度广度。俄罗斯除了目前广泛应用的核能发电、舰船核动力，还探索发展了导弹核动力、空间核推进、陆上移动式反应堆、浮动核电厂、核能供热等。每一种应用领域还对多种堆型和技术开展过研究和试验，其中一些取得显著的应用成果。近年来开发的核动力巡航导弹、核动力鱼雷，正受到广泛关注。其他显示出巨大应用价值和应用前景的，还有诸如为快速核潜艇开发的铅铋冷却反应堆核动力装置、为大潜深的特种任务核潜艇开发的小型核动力装置、可实现闭合燃料循环并增加快堆增值比的混合氮化物燃料、发展热堆闭合燃料循环的 REMIX 燃料、生产各种稳定同位素的电磁分离技术和离心机技术等。

第二，军民核工业高度整合，保持核心能力，激发创新能力。

俄罗斯核工业为满足国家安全战略的紧迫需求而诞生，至今保持了政府统管的组织形式。在核工业结构上，俄罗斯与西方国家相比的最显著特点是军用和民用核工业生产一直保持紧密结合。

俄罗斯核工业建立以来的绝大部分时期都由一个管理机构统一管理。初步建立时期为第一总局。50 年代初改组调整后，中型机械制造部负责管理核工业除核电厂建设与运行以外的科研生产，直至1986年。苏联解体后的管理机构先后为原子能部和联邦原子能机构。2007年又在联邦原子能机构基础上成立国家原子能公司，以“国家公司”的特殊组织形式继续代表政府履行管理几乎全部核工业科研生产的职能。

俄罗斯没有像西方国家那样，将民用核工业分离到私营领域，政府仅直接控制核军工企业。无论在苏联时期的中型机械制造部，还是目前的国家原子能公司，军用与民用虽然分属不同的管理部门和业务板块，但科研生产始终紧密结合。这一做法使核工业保留和发展了军工企业的核心能力，又促进了将技术潜力转化为创新技术与产品。

俄罗斯铀浓缩企业是这方面的成功案例。其在苏联时期主要任务是生产军用高浓铀，但同时也为民用领域生产浓缩铀，并在1971年就进入了国际铀浓缩市场。在技术上，铀浓缩企业从20世纪50年代末就开始装备离心机，逐渐淘汰扩散机，直至90年代全部淘汰扩散机，离心机技术也不断更新换代，保持领先。苏联在80年代末就停止了武器用高浓铀生产，由于有先进的分离技术和高产能，铀浓缩企业在核工业转折期得以继续扩大民品生产，尤其是扩大海外市场份额，成为目前俄罗斯核工业的重要收入来源。

第三，核工业调整转型，提升经济效益，寻求可持续发展。

苏联解体以后，俄罗斯核工业曾面临军工生产大幅下降、民品产业极不景气的局面。俄罗斯本世纪初以来加大力度改善核工业结构扭转局面，军工企业大幅精简并广泛参与民品科研生产，核燃料和核电产业成立垂直一体化公司提升效能，后端产业加大投资促进升级，力图实现核工业可持续发展。

苏联原有的十几家核武器科研生产单位满足了大规模建设核武库的需求。本世纪初以来，俄罗斯调整精简了核武器科研生产结构，保留少量核心研发生产单位，大部分企业借助已有的高科技优势转为以民品生产为主，一些企业还合并到核心研发生产单位，一方面满足核力量建设需求，另一方面提高经济收益，并扩大了基础研究、常规武器、能源技术、高科技民用产品等领域的科研生产。

为打破苏联时期管理模式，摆脱经济困境，激发民用核工业的生产潜力，俄罗斯在2006年前后的核工业改革中，将核燃料与核电产业的科研生产单位逐步改制为股份公司，纳入到垂直一体化公司，逐步理顺产业链，集中优势能力，实现高效管理，并更好地与国际市场接轨。俄罗斯还占有了大规模的海外铀资源储备，为核能工业可持续发展打下基础。

俄罗斯借助核燃料和核电产业的传统优势，在国际市场上积极推广发展相关产品，扩大经济收益，形成政治影响力。俄罗斯的铀浓缩和核燃料制造在国际市场占有了相当份额。核电出口获得了政府在政治和融资上的支持，提供独特的“一体化方案”，不仅建造核电机组，而且可针对资金不足、基础能力短缺的国家，满足核电厂的终生维护、燃料供应、乏燃料回收储存和最终处置、融资、人员培训等全方位需求，对核电新型国家很有吸引力。俄罗斯还充分调动科研生产能力，将同位素产品、研究堆与核科学中心、后端技术等纳入技术和产品出口范围。俄罗斯运行大量研究堆、放射化学设施，并有独特的稳定同位素分离技术，充分利用现有能力发展同位素生产，已是世界同位素市场的主要供应国之一，近年来还在继续扩大钼-99、钴-60 等主要产品的产能。

第四，撬动世界一流科研潜能，打造新型技术与装备。

为保持核科技领先优势地位，充分发挥核技术与装备对战略威慑、科学探索、经济发展的影响力和带动能力，俄罗斯政府本世纪初以来通过一系列“俄联邦国家计划”和“联邦目标计划”，投入大量资金发展一批核领域新技术与新装备。俄罗斯近 10 年来每年国内生产总值为世界第 8 到 12 名，排在巴西、意大利之后，仅约为美国的十分之一。但其核工业拥有苏联时期遗留的丰富技术财富，具有世界一流技术水平和发展潜力，能够在短时间内发展出产生战略价值、政治影响、经济收益、推动科学前沿进展的新技术和新装备。

新型核动力军事装备和高科技装备可形成不对称战略威慑优势，带动太空、极地、深远海等领域的先导开发，抢占制战略高点。近年来的新型装备研制计划，包括核动力巡航导弹、核动力鱼雷、兆瓦级空间核动力飞船、第四代核潜艇、新一代核动力破冰船、浮动核电厂等，不断受到国际社会密切关注。

在民用技术发展上，俄罗斯同时注重技术指标和经济指标，降低造价和运行成本，降低废物负担，提升运行水平和经济效能。新型反应堆、核燃料、离心机、后处理工艺等，均以经济效能为重要衡量指标，广泛试验而谨慎选择，力图不断提升核电、核燃料循环企业运行的经济效益，提升产品的国际竞争力。

俄罗斯还在翻新苏联遗留的庞大科研基地，打造新一代科研基础能力，瞄准新兴技术突破点，给未来技术创新营造新的潜力。新建大型项目包括惯性约束聚变设施、快中子研究堆、热中子研究堆、粒子对撞机、同步加速器、放射化学科研设施、托卡马克装置等。

第五，发展后端产业，推动闭合燃料循环发展，建立废物管理与退役治理体系，打造清洁、高效的核工业。

俄罗斯核工业的下一步转型方向，是建立高科技的后端产业，实现闭合燃料循环和铀资源充分利用，推进遗留废物和设施的退役治理，打造清洁、高效、可持续发展的核工业。

俄罗斯坚持贯彻闭合燃料循环发展政策，将铀资源的充分利用和核工业的清洁高效作为远景目标。俄罗斯利用现有 RMBK 和钠冷快堆，已部分实现一次式的闭合燃料循环，其 VVER 反应堆、舰船反应堆、研究堆等乏燃料后处理回收的铀，制成 RMBK 反应堆燃料再次使用，RMBK 反应堆乏燃料暂不进行后处理；后处理回收的钚制成 MOX 燃料在 BN-800 钠冷快堆使用，目前该堆也正在向全面使用 MOX 燃料转换。国家原子能公司估算，按目前方案，轻水堆乏燃料最多可使用 21%[242]。在目前基础上，国家原子能公司提出两种新的闭合燃料循环方案。一是仅利用 REMIX 燃料和轻水堆实现闭合燃料循环；二是轻水堆和快堆二元核能系统，轻水堆使用再生二氧化铀燃料和 MOX 燃料，快堆使用含次锕系元素的 MOX 燃料。对于国际市场，俄罗斯提出向客户供应再生二氧化铀燃料和 MOX 燃料，回收乏燃料的方案。

俄罗斯正将三家苏联时期的军用钚生产企业发展为后处理产业中心。马亚克生产联合企业将继续升级和扩大现有 RT-1 后处理厂。西伯利亚化学联合企业将建成中试示范能源综合体，该综合体包括铅冷快堆、燃料制造设施、后处理设施以及相关废物处理设施，将对快堆闭合燃料循环进行示范，该项目是《2010 年到 2015 年直至 2020 年的新一代核能技术》联邦目标计划“突破”项目的主要内容。采矿与化学联合企业将建成“一站式乏燃料管理”基地，集成乏燃料贮存、后处理、核燃料制造以及高放废物地质处置研究。

俄罗斯近年来还加快了退役治理力度，正在分三阶段建立放射性废物管理国家统一体系，在原有能力基础上建立了全国性放射性废物管理与技术开发、设施退役、废物处置等专业企业，明确了各类废物处置路线，通过“核与辐射安全”联邦目标计划推动重点技术研发和设施退役工程进展，还启动了高放废物地质处置地下实验室建设。

第六，俄罗斯核工业发展的不确定因素。

确保安全是核工业健康发展的前提。世界核工业历史上的一些重大核事故曾都给核工业带来巨大后果，包括许多新项目建设延缓和取消、一些国家核工业产能和发电运转水平长期低迷、核工业面临的政治环境和公众接受度下降等不可逆影响。俄罗斯历史上发生过多次的严重核事故，特别是 1986 年切尔诺贝利核事故，2019 年还发生了一次核装置爆炸造成 5 名科学家死亡的事故。陈旧设施常年运行、大量新技术新装备开发测试，都可能给核安全带来压力和挑战（见表 7-1）。

表 7-1 俄罗斯/苏联发生的一些严重涉核事故

年份	事故情况
1957 年	马亚克生产联合企业一个高放废液贮罐发生爆炸，放射性污染面积达 2.3 万平方千米，事故后 18 个月撤离居民 1 万人
1958 年	苏联首艘核潜艇 K-3“列宁共青团”号反应堆发生泄漏，后来更换了整个反应堆舱
1961 年	K-19 号核潜艇反应堆一回路管道破口，多人因放射性照射死亡。潜艇后来更换了反应堆舱
1965 年	“十一月”级潜艇 K-11 号换料期间打开反应堆顶盖时意外提起了控制保护棒，发生临界反应，放射性物质释放并发生火灾
1968 年	携带 SS-N-5 核导弹的柴电潜艇 K-129 沉没，98 人死亡。潜艇残骸和核弹头后来被美国打捞出来
1968 年	装备铅铋冷却反应堆的 K-27 号核潜艇反应堆运行期间堆芯被冷却剂中的氧化物颗粒堵塞，造成燃料熔化，至少 20%燃料元件破损，多人死于放射性照射
1968 年	“扬基”级核潜艇 K-140 号在海军基地维修期间，因控制棒线缆安装错误，反应堆自动启动并功率激增，堆芯熔毁
1970 年	携带核鱼雷的“十一月”级 K-8 号核潜艇沉没，52 人死亡
1970 年	“查理”级 K-429 号核潜艇在港口期间发生反应性事故，导致火灾和放射性泄漏
1972 年	一艘核潜艇的核鱼雷泄漏了放射性物质，多人死亡
1972 年	首艘“阿尔法”级核潜艇 K-64 号液态金属冷却剂泄漏后凝固并破坏了反应堆设备
1973 年	装有核反应堆电源的卫星再入大气层落入太平洋
1974 年	塞米巴拉金斯克试验场 1207 号钻孔 316 米深处的地下核试验爆炸后释放的气体形成半径 1～1.5 千米的火焰喷射，持续 2 小时
1977 年	液体燃料核导弹在发射井中发生燃料泄漏并爆炸
1978 年	装备核反应堆电源的“宇宙”-954 卫星坠落在加拿大，放射性物质散落在大片区域，苏联向加拿大赔偿 300 万加元
1979 年	“回声”I 级 K-166 号核潜艇因艇员操作错误一回路丧失冷却，反应堆堆芯熔毁
1980 年	K-222（前 K-162）号核潜艇大修期间反应堆发生临界事故，堆芯熔毁且一回路严重损毁
1982 年	“阿尔法”级核潜艇 K-123 号航行期间蒸汽发生器泄漏了约 2 吨液态金属冷却剂，反应堆严重损坏
1983 年	装备核反应堆电源的“宇宙”-1402 卫星再入大气层，坠落在巴西以东的大西洋，绝大部分铀燃料在大气层中烧掉
1985 年	“回声”-Ⅱ级核潜艇 K-431 号在反应堆更换燃料后，由于操作人员违反核安全规程导致反应堆临界引发爆炸和火灾，造成 10 人死亡
1986 年	带有 16 枚核导弹的“扬基”级战略核潜艇 K-219 号导弹发射筒爆炸后，潜艇沉没，4 人死亡

续表

年份	事故情况
1986 年	切尔诺贝利核电厂（位于乌克兰）4 号机组在低功率试验期间发生反应性事故，这是一起 INES 7 级事故。事故后有 11 万人从该地区疏散，损失严重
1989 年	带有核鱼雷的“麦克”级 K-278“共青团员”号核动力攻击型潜艇起火后沉没，42 人死亡
1989 年	“回声”-II级 K-192 号核潜艇运行期间一回路泄漏，部分燃料熔化
1993 年	西伯利亚化学联合企业的后处理厂一个硝酸铀溶液地下贮罐发生化学爆炸，造成周围地区污染
1996 年	装备钚-238 放射性同位素电源的火星探测器发射失败，坠落在智利以西的太平洋
2000 年	“奥斯卡”II级“库尔斯克”号核潜艇沉没，118 人死亡
2019 年	尼奥诺克萨导弹试验场发生核装置爆炸，5 名全俄实验物理科学研究院科学家死亡

俄罗斯国家原子能公司 2007 年成立时，获得国家补贴是其年收入的两倍，随着近年来经济效益不断提升，已成为俄罗斯主要纳税人。然而，要将现有基础能力和生产模式向清洁高效的现代化核工业转变，许多先进技术和重大项目开发仍依靠政府投资支撑。俄罗斯 2015 年经历了经济大滑坡，出现负增长，2016 年以来仍增速缓慢，使国家大型投资项目受到影响。俄罗斯政府将核工业拨款纳入到《“发展原子能工业综合体”的俄联邦国家计划》，2012 年到 2015 年的年度拨款额度从 1 100 多亿卢布大幅上涨到 1 700 多亿卢布，遭遇经济滑坡后的 2016 年大幅下降到 800 多亿卢布后，直至 2019 年已逐年下降到 660 多亿卢布，2020 年才恢复到 1 020 亿卢布水平。2019 年 8 月，俄罗斯政府还宣布从 2019 年 1 月 1 日起提前结束联邦目标计划《2010 年到 2015 年直至 2020 年的新一代核能技术》的投资，将重点放在已取得科研成果的实际应用上。原计划的后续科研建设活动纳入到新版《“发展原子能工业综合体”的俄联邦国家计划》当中。同时，直至 2035 年以前的核工业总投资从 11 600 亿卢布减少到 8 800 亿卢布，减少达 2 800 亿卢布[243]。一些大型项目都已受到经济因素影响。俄罗斯原计划在 2030 年建成 2 座 BN-1200 反应堆，现已将建成时间推迟到 2036 年。国家原子能公司原本计划利用自有资金在 2020 年前建成 SVBR-100 铅铋冷却快堆，该项目实际上已基本中止[244]。在军用领域，俄罗斯新型核潜艇、核动力航母等大型核动力舰船装备项目的规划，也明显受到经济因素制约。

除了安全和经济两方面因素，核领域技术攻关难度也是核工业发展面临的主要挑战。俄罗斯许多核领域大型科研项目具有很强的探索性和前瞻性，很多都是世界上独一无二的，所需开展的支撑性基础科研任务繁重，技术开发的难度和风险大、周期长，普遍发生了推迟拖期情况。如曾轰动一时的兆瓦级空间核动力装置原计划 2018 年研制成功，但现仍在为地面测试做准备，完成时间已经推迟到 2030 年。BREST-OD-300 铅冷快堆原计划 2015 年完成详细设计，2020 年以前建成试运行，现在建成时间已推迟到 2026 年。俄罗斯坚持将快堆闭合燃料循环作为核工业未来发展方向，而西方国家的快堆和后处理研发项目因政治、经济、技术等多种因素而进展缓慢或已实际告停。俄罗斯也正在不断对规划进度做出调整，强调新技术的经济性和安全性指标，要求新开发的装备具有经济竞争力，注重必要的基础积累，同时极力扩大核工业的经济收益，应对核工业转型和发展面临的多方挑战。

附　表

本书涉及的俄罗斯核领域主要单位名称对照表

译名	缩写	主要业务领域
全俄实验物理科学研究院	VNIIEF	核武器、基础科学
全俄技术物理科学研究院	VNIITF	核武器、基础科学
全俄自动化技术科学研究院	VNIIA	核武器
脉冲技术研究院	NIIIT	核武器
谢达科夫测量系统科学研究院	NIIIS	核武器
道路运输设备设计局	KB ATO，或 DB MTE	核武器
电化学装置联合企业	Electrokhimpribor	核武器
装置制造工厂	PSZ	核武器
“前卫”电动机械厂	—	核武器
乌拉尔电动机械工厂	UEMZ	民品
阿夫里坎托夫机械制造实验设计局	OKBM	核能与动力
多列扎利动力工程科研设计研究院	NIKIET	核能与动力
莱布恩斯基物理与动力工程研究院	IPPE	核能与动力
水压机实验设计局	OKB Gidropress	核能与动力
亚历山德罗夫科研技术研究院	NITI	核能与动力
莱布恩斯基物理学与动力工程研究院	IPPE 或 FEI	核能与动力、基础科学
红星公司	—	核能与动力
卢奇科研与生产联合企业研究院	NII NPO Luch	核能与动力
机械制造中央设计局	TsKBM	核能与动力
仪表工程专业科学研究院	SNIIP	核能与动力
原子反应堆研究院	NIIAR	核能与动力
反应堆材料研究院	IRM	核能与动力
工程技术中央科学研究院科研与生产联合企业	NPO TsNIITMASH	核能与动力
AEM 技术公司	—	核能与动力

续表

译名	缩写	主要业务领域
奥尔忠尼基泽-波多利斯克工厂	ZiO-Poldolsk	核能与动力
核管道线路安装厂	ATM	核能与动力
AAEM 汽轮机技术公司	—	核能与动力
捷克 ARAKO 公司	—	核能与动力
伊诺尔斯克工厂	—	核能与动力
捷克 ŠKODA JS a.s.公司	—	核能与动力
乌拉尔化学机械制造厂	Uralhimmash	核能与动力
下诺夫哥罗德机械制造厂	NMZ	核能与动力
莫斯科多金属工厂	MZP	核能与动力
核建造出口集团	ASE	核能与动力
俄罗斯核电站电能与热能生产公司	Rosenergoatom	核能与动力
全俄核电站运行研究院	VNIIAES	核能与动力
核船队	Atomflot	核能与动力
博奇瓦无机材料高技术研究院	VNIINM	核燃料循环
赫洛平镭学研究院		核燃料循环
领先工业技术设计勘探研究院	VNIPIPT	核燃料循环
离心机技术科学与生产联合企业	NPO Centrotech	核燃料循环
科夫罗夫机械工厂	KMP	核燃料循环
弗拉基米尔精密机械生产联合企业	VPO Tochmash	核燃料循环
谢维尔德洛夫斯克化学机械制造研究院	SverdNIIchimmash	核燃料循环
全俄化学技术研究院	VNIIHT	核燃料循环
中央设计与技术研究院	TsPTI	核燃料循环
Rusburmash	RBM	核燃料循环
普里额尔古纳斯克工业采矿与化学联盟	PIMCU 或 PPGHO	核燃料循环
达卢尔公司	Dalur	核燃料循环
希阿格达公司	Khiagda	核燃料循环
乌拉尔电化学联合企业	UECC	核燃料循环
电化学工厂生产联合企业	PA ECP	核燃料循环
安加尔斯克电解化学联合企业	AECC	核燃料循环
西伯利亚化学联合企业	SCC	核燃料循环
MSZ 机械制造厂	MSZ	核燃料循环

续表

译名	缩写	主要业务领域
新西伯利亚化学浓缩物工厂	NCCP	核燃料循环
切佩茨基机械工厂	CMP	核燃料循环
马亚克生产联合企业	—	核燃料循环
采矿与化学联合企业	MCC	核燃料循环
RosRAO 放射性废物管理企业	RosRAO	核燃料循环
Radon 科学与生产联合体	Radon	核燃料循环
铀-石墨核反应堆实验示范中心	UDC UGR	核燃料循环
放射性废物管理国家运营机构	NO RW	核燃料循环
特洛伊茨克创新与热核研究院	TRINITI	核聚变
稀有金属工业科研与开发研究院	Giredmet	材料
戈雷宁“普罗米修斯”结构材料中央研究院	—	材料
技术物理与自动化科学研究院	NIITFA	核技术应用
装置科学研究院	NIIP	核技术应用
卡尔波夫物理化学研究院	NIFKhl 或 NIFHI	基础科学
库尔恰托夫研究院	KI	核能与动力、 基础科学
洛古诺夫高能物理学研究院	IHEP	基础科学
阿里汗诺夫理论与实验物理学研究院	ITEP	基础科学
康斯坦丁诺夫圣彼得堡核物理学研究院	PNPI	基础科学
科学院列别杰夫物理学研究院	FIAN 或 LPI	基础科学
科学院西伯利亚分院布德克尔核物理研究院	BINP SB RAS	基础科学
科学院核研究院	INR RAS	基础科学
科学院应用物理学研究院	IAP RAS	基础科学
科学院普罗霍罗夫通用物理学研究院	IOF RAS	基础科学
约费物理与技术研究院	—	基础科学
叶夫列莫夫电物理学装置研究院	NIIEFA	基础科学
联合核研究院	JINR	基础科学
国家研究核大学莫斯科物理学与工程学院	NRNU MEPhI	基础科学

参考资料

[1] V.N.Mikhailov & G.A.Goncharov.I.V.Kurchatov and the Development of Nuclear Weapons in the USSR[J]. Atomic Energy. 1999(86): 266-282.

[2] I. Kudrik et al. The Russian Nuclear Industry：the Need for Reform [R]. Bellona Report Volume 4-2004. Miljøstiftelsen Bellona. 2004.

[3] I.N.Golovin et al. From Laboratory No.2 of the USSR Academy of Sciences to the Russian Science Center "Kurchatov Institute" [J]. Atomic Energy. 1999(86): 243-253.

[4] P.Podvig. Russian Strategic Nuclear Forces[M]. MIT Press. 2004.

[5] Ministry of Medium Machine Building. httpss://www.globalsecurity.org/wmd/world/russia/minsredmash.htm

[6] Efim Pavlovich Slavsky. httpss://www.globalsecurity.org/wmd/world/russia/slavsky.htm

[7] H.Kristensen & R.Norris. Global Nuclear Weapons Inventories, 1945 – 2013[J]. Bulletin of the Atomic Scientists. 2013(69): 75-81.

[8] S. Schimid. Organizational Culture and Professional Identities in the Soviet Nuclear Power Industry[J]. Osiris. 2008(23): 82-111.

[9] A.Kruglov. The History of the Soviet Atomic Industry[M]. London and New York: Taylor & Francis. 1994.

[10] C.M.Johnson. The Russian Federation's Ministry of Atomic Energy：Programs and Developments [R]. PNNL-13197. 2000.

[11] Short history of the russian nuclear industry. https://www.rosatom.ru/en/press-centre/short-history-of-the-russian-nuclear-industry/

[12] G.Mukhatzhanova.Russia Nuclear Industry Reforms：Consolidation and Expansion [R]. 2007. httpss://www.nonproliferation.org/russian-nuclear-industry-reforms-consolidation-and-expansion/

[13] Russia Nuclear Energy Regulation. King & Spalding.2012.

［14］Performance Results of the State Atomic Energy Corporation “Rosatom” . Public Annual Report – 2013 [R]. ROSATOM. 2014.
［15］http://www.nifhi.ru/ru/events/news/in/default.aspx
［16］2011 JSC Atomredmetzoloto Annual Report [R]. Atomredmetzoloto. 2012.
［17］V.Slivyak. Dreams and Reality of the Russian Reactor Export [R]. Ecodefense. 2019.
［18］Construction begins at Hungary’s Paks II.29 June 2019. httpss://www.neimagazine.com/news/newsconstruction-begins-at-hungarys-paks-ii-7279828
［19］Russia Law Increases Rosatom’s Political Authority.2017. httpss://www.world-nuclear-news.org/NP-Russian-law-increases-Rosatoms-political-authority-28121701.html
［20］State Atomic Energy Corporation Rosatom Performance in 2018 [R]. Rosatom. 2019.
［21］Products and Services. http://www.atomenergoprom.ru/en/corp/prod/
［22］Atomenergoprom Annual Report [R]. Atomenergoprom. 2018.
［23］History. httpss://ase-ec.ru/en/about/history/
［24］AEM Structure. https://www.aem-group.ru/en/about/affiliated/
［25］About us. httpss://www.rosenergoatom.ru/en/about-us/history/
［26］Развитие Атомного Энергопромышленного Комплекса.2020. httpss://programs.gov.ru/Portal/program/22/passport
［27］12 Main Directorate of the Russian Defence Ministry celebrates its 70th anniversary. https://eng.mil.ru/en/management/info/news/more.htm？id=12140937@egNews&g=newsPhoto
［28］12th Main Directorate. httpss://fas.org/nuke/guide/russia/agency/12gumo.htm
［29］12th Chief Directorate. httpss://en.wikipedia.org/wiki/12th_Chief_Directorate
［30］Указ Президента Российской Федерации—О Федеральных Ядерных Организациях.2014. https://pravo.gov.ru/proxy/ips/？docbody=&prevDoc=102113760&backlink=1&&nd=102354110
［31］Государственные Научные Центры. https://innovation.gov.ru/page/1121
［32］Hans M.Kristensen & Matt Korda. Russian nuclear forces 2020 [J]. Bulletin of the Atomic Scientists，2020(76)：102-117.
［33］Hans M.Kristensen & Matt Korda. Russian nuclear forces 2019[R]. Bulletin

of the Atomic Scientists. 2019(75): 73-84.

［34］P.Podvig.Russia’s nuclear modernization and the defense industry [R]. Russian Nuclear Posture and Policy Project. 2014.

［35］Russia’s 1st upgraded Tu-160M strategic bomber enters trials.2019. httpss://tass.com/defense/1093669

［36］A.Woolf.Russia’s Nuclear Weapons：Doctrine，Forces，and Modernization. Congressional Research Service[R]. CRS Report R45861. 2020.

［37］Soviet Atomic Program – 1946.Atomic Heritage Foundation. https://www.atomicheritage.org/history/soviet-atomic-program-1946

［38］H.Hawkins. History of the Russian Nuclear Weapon Program [R]. LA-UR-13-28910.Los Alamos National Laboratory. 2013.

［39］P.Podgiv Edited.Russian Strategic Nuclear Forces [C]. The MIT Press. 2004.

［40］V.Mikhailov & G.Goncharov. Kurchatov and the Development of Nuclear Weapons in the USSR.Atomic Energy [J]. 1999(86): 266-282.

［41］History of the Institute. https://vniitf.ru/en/article/history-of-the-institute

［42］E.N.Avrorin et al. History of the Nuclear Weapons Industry.Atomic Energy [J]. 1999(86): 402-410.

［43］Дальнейшие Разработки Атомного Оружия. https://www.vniief.ru/about/history/nextresearch/aae5e00049d8e18e8582cdd45060e5b0

［44］R.I.Il’kaev.60 years of Scientific Exploits [J]. Bulletin of the Russian Academy of Sciences：Physics，2007(71): 289-298.

［45］“Tsar Bomba”（“King of Bombs”）：The World’s Largest Bomb. http://nuclearweaponarchive.org/Russia/Sovwarhead.html

［46］Unique Charges. https://vniitf.ru/article/unikalnie-zaryadi

［47］M.B.Schneider.Is Russia Testing Nuclear Weapons Again？August 8，2019. httpss://nationalinterest.org/blog/buzz/russia-testing-nuclear-weapons-again-72101

［48］Science & Technology Highlights. https://www.vniief.ru/en/nuclearcentre/Sciencetechnology/

［49］Soviet Nuclear Test Summary.7 October 1997. https://nuclearweaponarchive.org/Russia/Sovtestsum.html

［50］P.Podgiv Edited.Russian Strategic Nuclear Forces [C]. The MIT Press. 2004.

［51］ I.D.Sofronov.Computer Simulation at VNIIEF [C]// Computational Science and High Performance Computing. Springer. 2005.

［52］ Key Achievements. https://www.vniief.ru/about/mainachivements/

［53］ S.G.Garanin. High-Power Lasers at the Russian Federal Nuclear Center [J]. Laser Physics.2008(18): 434-441.

［54］ R.I.Il'kaev and S.G.Garanin. Powerful Laser Facilities Probe into Thermonuclear Fusion Problems [J]. Herald of the Russian Academy of Sciences，2006(76): 282-291.

［55］ C.N.Danson et al.Petawatt and Exawatt Class Lasers Worldwide [J]. High Power Laser Science and Engineering. 2019. https://www.cambridge.org/core/journals/high-power-laser-science-and-engineering/article/petawatt-and-exawatt-class-lasers-worldwide/D85E3F002CBFC286C08076E127BB5F5C

［56］ Russian superlaser to be as good as H-bomb.2012. httpss://www.rt.com/news/russia-superlaser-thermonuclear-weapon-123/

［57］ M.B.Schneider.Is Russia Testing Nuclear Weapons Again？ August 8，2019. httpss://nationalinterest.org/blog/buzz/russia-testing-nuclear-weapons-again-72101

［58］ Совместный Эксперимент По Контролю（СЭК）. http://vniitf.ru/article/sovmestniy-eksperiment-po-kontrolyu-sek

［59］ Bureau of Arms Control，Verification，and Compliance.Treaty Between The United States of America and The Union of Soviet Socialist Republics on the Limitation of Underground Nuclear Weapon Tests（and Protocol Thereto）（TTBT）. https://2009-2017.state.gov/t/isn/5204.htm

［60］ Arms Control Association.U.S.-Russian Nuclear Arms Control Agreements at a Glance.Updated in August 2019. httpss://www.armscontrol.org/factsheets/USRussiaNuclearAgreements

［61］ Nuclear Center. https://www.vniief.ru/en/nuclearcentre/

［62］ S.N.Abramovich et al.Fundamental Nuclear Physics Research at RFNC VNIIEF over 60 Years [J]. Bulletin of the Russian Academy of Sciences：Physics. 2007(71): 299-313.

［63］ Company History. https://www.niiis.nnov.ru/about/history/

［64］ About Institute. https://www.vniia.ru/about/about.php

［65］ On the Institute. https://test.vniia.ru/eng/about/index.html

［66］O.Bukharin.The Changing Russian and US Nuclear Weapon Complexes [C].// N.Zarimpas. Transparency in Nuclear Warheads and Materials.Oxford University Press.2003.

［67］P.Podvig.Consolidating Fissile Materials in Russia's Nuclear Complex [R]. IPFM Research Report.May 2009.

［68］История. https://www.ehp-atom.ru/o-predpriyatii/istoriya/

［69］P.Podvig.Consolidating Fissile Materials in Russia's Nuclear Complex [R]. IPFM Research Report.May 2009.

［70］Историческая Справка. https://www.startatom.ru/about/istoricheskaya-spravka/

［71］"Росатом" Опроверг Сообщения О Взрыве На Заводе "Молния" В Москве.2017. httpss://ria.ru/20170330/1491105238.html

［72］История. https://www.posever.ru/histori

［73］A.Diakov.The History of Plutonium Production in Russia [J]. Science & Global Security. 2011(19): 28-45.

［74］A.Diakov.The History of Plutonium Production in Russia [J]. Science & Global Security. 2011(19): 28-45.

［75］История. https://ckbm.ru/about/istoriya.html

［76］Global Fissile Material Report 2010-Balancing the Books：Production and Stocks [R]. International Panel on Fissile Materials. 2010

［77］A.Kruglov. The History of the Soviet Atomic Industry[M]. London and New York: Taylor & Francis. 1994.

［78］V.I.Kostin et al. Reactor Systems Developed by OKBM in the Development of the Atomic Energy Indsutry，Nuclear Power，and the Nuclear-Powered Fleet in Russia [J]. Atomic Energy. 2007(102): 1-18.

［79］A.Diakov.The History of Plutonium Production in Russia [J]. Science & Global Security. 2011(19): 28-45.

［80］Small fire reported on site of reactor being built at Russia's Mayak facility. 2019. httpss://www.neimagazine.com/news/newssmall-fire-reported-on-site-of-reactor-being-built-at-russias-mayak-facility-7001445

［81］A.Kruglov. The History of the Soviet Atomic Industry[M]. London and New York: Taylor & Francis. 1994.

［82］A.Tatarinov & L.Polyakov. Russian ElectroKhimPribor Integrated Plant –

Producer and Supplier of Enriched Stable Isotopes. https://inis.iaea.org/collection/NCLCollectionStore/_Public/29/057/29057226.pdf?r=1
[83] History of NCCP. https://www.nccp.ru/en/about/history_of_nccp/
[84] IPFM.Countries：Russia. 2018. https://fissilematerials.org/countries/russia.html
[85] Ams Control and Proliferation Profile：Russia. August 2019. httpss://www.armscontrol.org/factsheets/russiaprofile
[86] Communication Received from the Russian Federation Concerning its Policies Regarding the Management of Plutonium [R]. INFCIRC/549/Add.9/21.5 Nov 2019.
[87] A.Diakov.The History of Plutonium Production in Russia [J]. Science & Global Security. 2011(19): 28-45.
[88] [90] P.Podvig.Consolidating Fissile Materials in Russia's Nuclear Complex [R]. IPFM Research Report.May 2009.
[89] K.Reif.Russia Suspends Plutonium Agreement.Arms Control Today. November 2016. httpss://www.armscontrol.org/act/2016-10/news/russia-suspends-plutonium-agreement
[90] Oleg Bukharin.The Future of Russia's Plutonium Cities.International Security，Vol.21，No.4（Spring，1997），pp.126-158
[91] Products and Services. httpss://www.po-mayak.ru/products_services/
[92] History in Dates. httpss://www.po-mayak.ru/en/about/history/history_in_dates/
[93] Russian Secure Storage Facility Commissioned. httpss://www.lanl.gov/orgs/nmt/nmtdo/AQarchive/04spring/russian.html
[94] P.Podvig.Consolidating Fissile Materials in Russia's Nuclear Complex [R]. IPFM Research Report.May 2009.
[95] O.Bukharin et al.New Perspectives on Russia's Ten Secret Cities.NRDC Nuclear Program.1999.
[96] Mining and Chemical Combine.Last updated May 13 2014. httpss://www.nti.org/learn/facilities/895/
[97] O.Bukharin et al.New Perspectives on Russia's Ten Secret Cities [R]. NRDC Nuclear Program.1999.
[98] History of SHK. https://atomsib.ru/история-схк

[99] P.Podvig.History of highly enriched uranium production in Russia [J]. Science and Global Security. 2011(19): 46-67.

[100] N. Polmar & K.J.Moore.Cold War Submarines – the Design and Construction of U.S.and Soviet Submarines [M]. Potomac Books Inc.2003.

[101] About Academician N.A.Dollezhal. httpss://www.nikiet.ru/index.php/2018-05-15-08-21-14/o-nikiet/ob-akademike-n-a-dollezhale

[102] Malakhit. httpss://fas.org/nuke/guide/russia/industry/malakhit.htm

[103] O.Reistad et al.Russian Nuclear Power Plants for Marine Applications [R]. NKS-138.2006.

[104] V.I.Kostin et al. Reactor Systems Developed by OKBM in the Development of the Atomic Energy Indsutry，Nuclear Power，and the Nuclear-Powered Fleet in Russia [J]. Atomic Energy. 2007(102): 1-18.

[105] Landmarks of OKBM History. https://www.okbm.nnov.ru/en/company/history-of-development/

[106] A.V.Zrodnikov et al.Use of Russian Technology of Ship Reactors with Lead-Bismuth Coolant in Nuclear Power [R]. XA0056274. 2000.

[107] Liquid Metal Cooled Reactors：Experience in Design and Operation [R]. IAEA-TECDOC-1569.2007.

[108] 1970 РАЗРАБОТАН ТЕХНИЧЕСКИЙ ПРОЕКТ РЕАКТОРНОЙ УСТАНОВКИ ВВЭР-440 （В-213）. http://www.gidropress.podolsk.ru/ru/history/70.php

[109] Soviet communications ship SSV-33. httpss://en.wikipedia.org/wiki/Soviet_communications_ship_SSV-33

[110] Jane's Fighting Ships [G]. Jane's. 2015 – 2016.

[111] V.I.Makarov，Experience in Building and Operating Reactor Systems for Civilian Ships [J]. Atomic Energy，2000(89): 691-700.

[112] D.I.Zverev et al. RITM-200：New-Generation Reactor for a New Nuclear Icebreaker[J]. Atomic Energy.2013(113): 404-409.

[113] D.I.Zverev et al. Reactor Installations for Nuclear Icebreakers: Origination Experience and Current Status [J]. Atomic Energy.2020(129): 18-26.

[114] A.Lanin.Chapter 1: History Creation of a Nuclear Rocket Engine Reactor [C].//Nuclear Rocket Engine Reactor.Springer Series in Materials Science 170.Springer-Verlag Berlin Heidelberg.2013.

［115］ G.Konyukhov et al.Prototype of a Nuclear Rocket Motor – the IRGIT Reactor [J]. Atomic Energy. 2004(97): 604-607.

［116］ V.Zakirov & V.Pavshook. Nuclear Rocket Engine Design for Mars Exploration [J]. Tsinghua Science and Technology. 2007(12): 256-260.

［117］ V.Pupko. Work on Nuclear Power Plants for Space[J]. Atomic Energy. 1996(80): 335-338.

［118］ V.P.Nikitin et al. "Yenisei" Space Nuclear Power System[J]. Atomic Energy. 2000(88): 98-110.

［119］ V.Zakirov et al.Feasibility of the recent Russian nuclear electric propulsion concept：2010 [J]. Nuclear Engineering and Design.2011(241): 1529-1537.

［120］ S. V. Alekseev et al. Promising Fuel Materials for Thermionic Nuclear Power Installations[J]. Atomic Energy. 2014(115): 391-401.

［121］ O.F.Kozlov et al.Thermionic Multielement Single-Channel Electrogenerating Assembly：Prospects of Development and Application[J]. High Temperature. 2017(55): 844-849.

［122］ B.Hendrickx.Ekipazh：Russia's top-secret nuclear-powered satellite.2019. httpss://www.thespacereview.com/article/3809/1

［123］ B.A.Gabaraev et al.Space Nuclear Power Systems with Turbomachine Energy Conversion[J]. Atomic Energy.2007(103): 543-546.

［124］ Atomic Energy，Vol.108，No.3，2010

［125］ Russian Space Agency confirms plans to launch nuclear-powered space tug by 2030.Jan 29 2020. httpss://www.spacedaily.com/reports/Russian_Space_Agency_confirms_plans_to_launch_nuclear_powered_space_tug_by_2030_999.html

［126］ E.C.格卢什科夫等.高温反应堆物理学.沙仁礼译.2015.

［127］ I.N.Golovin et al.From Laboratory No.2 of the USSR Academy of Sciences to the Russian Science Center "Kurchatov Institute".Atomic Energy.Vol.86.No.4.1999.

［128］ Кудрявцев В.Ф.Атомный самолет：будущее в прошедшем времени.（前苏联核飞机发展情况.吕品译）Авиация и Время.2004.

［129］ J.Hruby. Russia's New Nuclear Weapon Delivery Systems – An Open-Source Technical Review.Nuclear Threat Initiative.2019.

［130］ J.Hruby.2019.

［131］M.E.Ganin et al.Transportable NPP with Open and Closed Gas-Turbine Cycle.Atomic Energy.Vol.124.No.5.2018.

［132］Подводное Судно Обслуживания. https://www.malachite-spb.ru/223/

［133］Atomic Energy.Vol.124.2018

［134］Atomic Energy，Vol.126，2019

［135］Первые Шаги Самоходной Станции Луноход – 1. https://www.bochvar.ru/company/pervye-shagi-samokhodnoy-stantsii-lunokhod-1/

［136］V.I.Rachkov et al.From the First Nuclear Power Plant to Fourth Generation Nuclear Installations.Thermal Engineering，2014，Vol.61，No.5，pp.327-336.

［137］V.A.Sidorenko.Nuclear Power in the Soviet Union and in Russia.Nuclear Engineering and Design.Vol.173.1997.pp.3-20.

［138］A.A.Goverdovskii et al.From the First NPP to Large Scale Nuclear Power.Atomic Energy，Vol.116，No.4，August，2014

［139］V.A.Sidorenko.Nuclear Power in the Soviet Union and in Russia.Nuclear Engineering and Design.Vol.173.1997

［140］Rosatom.The VVER Today，Evolution，Design，Safety.2014.

［141］Status report 108 – VVER-1200（V-491）

［142］E.O.Admov et al.On the Development of a Reactor for the World's First NPP.Engineering and Automation Problems.No.1.2015.

［143］RBMK Reactors – Appendix to Nuclear Power Reactors.WNA. httpss://www.world-nuclear.org/information-library/nuclear-fuel-cycle/nuclear-power-reactors/appendices/rbmk-reactors.aspx

［144］O. Saraev et al. BN-800 design validation and construction status[J]. Atomic Energy，2010(108): 248-253.

［145］Быстрый энергетический реактор БН-800. httpss://www.ippe.ru/realized-projects/fast-neutrons-reactors/270-bn800

［146］V.V.Lemekhov et al.Present-day Status and Development Prospects of Fast-Neutron Lead-Cooled Reactors[C]. Innovative Design and Technologies of Nuclear Power. International Scientific and Technical Conference. October 2-5.2018.

［147］АЭС и АЭТС Блочно-Транспортабельные Энергоблоки. httpss://www.ippe.ru/nuclear-power/small-power-npp/117-block-transport-npp

［148］Историческая Справка（History Reference）. https://www.nikiet.ru/index.php/2018-05-15-08-21-14/o-nikiet/istoricheskaya-spravka
［149］Production Base of NIKIET JSC. httpss://www.nikiet.ru/index.php/2018-05-15-08-28-04/razrabotka-i-izgotovlenie-oborudovaniya-dlya-reaktornykh-ustanovok-razlichnogo-naznacheniya
［150］Лаборатория «В»（Laboratory V）. https://www.ippe.ru/history/ laboratoty-v
［151］Our Company. http://www.gidropress.podolsk.ru/en/about/about_org.php
［152］http://www.niti.ru/1_enterprise/1_1_about/about.html
［153］A.P.Aleksandrov Scientific Research Technological Institute. 2013. httpss://www.nti.org/learn/facilities/900/
［154］Стендовые испытания прототипов корабельных ядерных энергетических установок（Bench Tests of Prototypes of Ship Nuclear Power Plants）. http://www.niti.ru/1_enterprise/1_1_about/1_1_1_direction/stand.html
［155］Об изменении наименования ОАО «Красная Звезда».2018. https://www.redstaratom.ru/index.php/novosti/5-ob-izmenenii-naimenovaniya-oao-krasnaya-zvezda
［156］Red Star. httpss://www.atomic-energy.ru/organizations/krasnaya-zvezda
［157］История. https://ckbm.ru/about/istoriya.html
［158］Наши Предприятия. https://www.aemtech.ru/about/nashi-predpriyatiya/
［159］Nuclear Power Equipment. https://www.omz.ru/en/markets/gas-energy-equipment/
［160］О предприятии. https://jscnmz.ru/
［161］JSC NIAEP was renamed into ASE Engineering Company.2016. httpss://www.rosatom.ru/en/press-centre/news/jsc-niaep-was-renamed-into-ase-engineering-company/
［162］About us. httpss://www.rosenergoatom.ru/en/about-us/history/
［163］Rosenergoatom.2020. httpss://www.rosatom.ru/en/rosatom-group/power-generation/rosenergoatom/
［164］IAEA PRIS Power Reactor Information System. httpss://pris.iaea.org/PRIS/CountryStatistics/CountryDetails.aspx？current=RU
［165］Деятельность. https://www.rosatomflot.ru/o-predpriyatii/deyatelnost/
［166］Специализированные Суда. https://www.rosatomflot.ru/flot/specializirovannye-

suda/

［167］Spent Nuclear Fuel Unloaded from Decommissioned Icebreaker Service Ship Fills 50 Containers.2015. httpss://bellona.org/news/nuclear-issues/2015-07-spent-nuclear-fuel-unloaded-from-decommissioned-icebreaker-service-ship-fills-50-containers

［168］Breaking the Ice with Loads of Nuclear Waste.2017. httpss://thebarentsobserver.com/en/security/2017/04/breaking-ice-loads-nuclear-waste

［169］http://www.rosatomflot.ru/? lang=en

［170］Обращение с Оят и Рао. https://www.rosatomflot.ru/uslugi/obrashenie-s-oaya-i-rao/

［171］O.Bukharin & J.Handler. Russian Nuclear-Powered Submarine Decommissioning [J]. Science&Global Security.1995(5): 245-271.

［172］Russia Dismantled 195 Out of 201 Decommissioned Soviet，Russian Nuclear Subs — official.2015. httpss://tass.com/russia/799913

［173］2011 JSC Atomredmetzoloto annual report [R]. Atomredmetzoloto. Approved 29 June 2012.

［174］Russia's SCC in profit.2017. httpss://www.neimagazine.com/news/newsrussias-scc-in-profit-5904360/

［175］O.Bukharin. Russia's Gaseous Centrifuge Technology and Uranium Enrichment Complex [R]. Princeton University.2004.

［176］Russia 1st to test 10Gen uranium enrichment centrifuges.27 Apr.2015. httpss://www.rt.com/news/253245-rosatom-uranium-enrichment-centrifuge/

［177］The Nuclear Fuel Report – Global Scenarios for Demand and Supply Availability 2019 – 2040 [R]. World Nuclaer Association.Sep.2019.

［178］Nuclear Fuel and its Fabrication.WNA.Jan 2020. httpss://www.world-nuclear.org/information-library/nuclear-fuel-cycle/conversion-enrichment-and-fabrication/fuel-fabrication.aspx

［179］Nuclear Fuel. https://www.elemash.ru/en/products/bn.php

［180］A.V.Vatulin et al.Development of Fuel for Research Reactors[J]. Atomic Energy，2016(119): 304-312.

［181］H.Bairiot et al.Overview of Mox Fuel Fabrication Achievements[R]. IAEA-SM-358/VII. IAEA. 1999

［182］V.E.Morkovnikov et al.Continuous Process of Powder Production for Mox

Fuel Fabrication According to “Granat” Technology [C]. International Conference Scientific Research on the Back-End of The Fuel Cycle for the 21 Century. 2000.

［183］The first serial batch of mixed uranium-plutonium fuel was loaded into the fast reactor of the fourth power unit of the Beloyarsk NPP.4 Feb 2020. https://proryv2020.ru/en/news/v-bystryy-reaktor-chetvertogo-yenergob/

［184］Russia’s Nuclear Fuel Cycle[R]. WNA. 2015.

［185］V.M.Troyanov et al.Program and Results of Reactor Tests of Mixed Nitride Fuel for Fast Reactors[J]. Atomic Energy，2015(118)96-100.

［186］TVEL Outlines Innovation In Nuclear Fuel.April 2019. httpss://world-nuclear-news.org/Articles/TVEL-outlines-innovation-in-nuclear-fuel

［187］V.I.Rachkov.& A.I.Orlov.Fast Reactors with Closed Nuclear Fuel Cycle and Their Requirements to Solve Problems of the Old Technological Platform of Nuclear Power.Innovative Design and Technologies of Nuclear Power [C]. International Scientific and Technical Conference. October 2-5.2018.

［188］Experimental Assemblies with Nitride Fuel were Made at SCC.Jan 2020. httpss://www.tvel.ru/press-center/news/? ELEMENT_ID=7913

［189］N.V.Kovalev et al.A New Approach to Nuclear Fuel Recycling for LWR Remix-Fuel Concept：Status and Trends[R]. IAEA-CN-272/55.IAEA.2019.

［190］A.A.Talevlin et al.Radioactive Waste and Spent Nuclear Fuel Management in Russia：View of Non-Government Organizations[R]. DECOMMISSION International Network of NGOs. 2017.

［191］E.G.Kudryavtsev & A.V.Khaperskaya.Problems of spent nuclear fuel management in Russia and prospects for their solution[J]. Russian Journal of General Chemistry.2011(81): 1928-1931.

［192］A.Diakov.Status and Perspects for Russia’s Fuel Cycle[J]. Science & Global Security.2013(21): 167-188.

［193］A.Diakov.Status and prospects for Russia’s fuel cycle[J]. Science & Global Security.2013(21): 167-188.

［194］I.N.Seyelev.Closing The Nuclear Fuel Cycle At FNO FSUE “MCC” [R]. IAEA-CN-272/178.IAEA. 2019.

［195］A.Sheremetyev & D.Koulupaev.Experience And Prospects Of Spent

Nuclear Fuel Reprocessing At Mayak [R]. IAEA-CN-272/53.IAEA. 2019
[196] Научно-Исследовательские Работы. httpss://sibghk.ru/activity/research-efforts.html
[197] 马斯连尼科夫等. 俄罗斯采矿化学联合企业乏燃料后处理试验-示范中心的任务、技术和前景.（孙银峰译）[J]. 乏燃料管理及后处理. 2013(181):.
[198] I.N.Seyelev.Closing The Nuclear Fuel Cycle At FNO FSUE "MCC" [R]. IAEA- CN-272/178.IAEA. 2019.
[199] The Fifth National Report of the Russian Federation – On Compliance with the Obligations of the Joint Convention on the Safety of Spent Fuel Management and the Safety of Radioactive Waste Management[R]. ROSATOM. 2017.
[200] Back-end. httpss://www.rosatom.ru/en/rosatom-group/back-end/
[201] The third national report of the Russia Federation on compliance with the obligations of the joint convention on the safety of spent fuel management and the safety of radioactive waste management [R]. ROSATOM. 2012.
[202] New vitrification furnace for Russia's Mayak.2016. httpss://www.neimagazine.com/news/newsnew-vitrification-furnace-for-russias-mayak-4977506
[203] Подземная Исследовательская Лаборатория В Нижнеканском Массиве. https://www.norao.ru/about/underground/
[204] Last Cold War reactor lifted onshore.2019. httpss://thebarentsobserver.com/en/ecology/2019/08/last-cold-war-reactor-lifted-water
[205] Прикладная Радиохимия. https://khlopin.ru/？ page_id=3438
[206] Centrotech-SPb. httpss://clever-geek.github.io/articles/4277703/index.html
[207] История. https://nrdc.ru/company/istoriya/
[208] История Предприятия. httpss://centrotech.ru/about/istoriya-predpriyatiya/
[209] Dalur（Kurgan Region）. http://www.dalur.armz.ru/en/
[210] Краткая Историческая Справка. https://www.ecp.ru/o-predpriyatii/ kratkaya-istoricheskaya-spravka
[211] Годовой отчет АО «СХК» 2018 [R]. SHK. 2019.
[212] History of SHK. https://atomsib.ru/история-схк
[213] Депутаты Госдумы намерены оказать поддержку развитию ядерных

энерготехнологий нового поколения. https://atomsib.ru/proekt-proryv/7239-deputaty-gosdumy-namereny-okazat-podderzhku-razvitiyu-yadernykh-energotekhnologij-novogo-pokoleniya

［214］ Proryv – About Us. https://proryv2020.ru/en/o-proekte/

［215］ 俄罗斯乏燃料后处理概况[J]. 乏燃料管理及后处理. 2013(182).

［216］ Applied and Fundamental Science. httpss://www.rosatom.ru/production/science/

［217］ R.I.Ilkaev et al.RFNC-VNIIEF Tritium Technologies for Fundamental Science[J]. Hyperfine Interactions. 2001(138): 373-380.

［218］ I.M.Russkikh. IVV-2M Nuclear Research Reactor[J]. Atomic Energy，2017(121): 235-239.

［219］ G.Brumfiel.Russian Physicists Protest Government Consolidation.2012. httpss://www.nature.com/news/russian-physicists-protest-government-consolidation-1.9921

［220］ N.Tyurin.Particle Physics in Russia[C]. Plenary ECFA Meeting.2012.

［221］ Новый исследовательский реактор МБИР. httpss://www.ippe.ru/nuclear-power/fast-neutron-reactors/121-fast-neutron-research-reactor

［222］ International Research Center Based on MBIR. https://mbir-rosatom.ru/en/about/

［223］ IAEA.RRDB Research Reactor Database. httpss://nucleus.iaea.org/RRDB/RR/ReactorSearch.aspx

［224］ L.Andreeva-Andrievskaya.Nuclear R&D Activities in Russia[C]. NI2050 Workshop.2015.

［225］ V.P.Smirnov.Tokamak Foundation in USSR/Russia 1950 – 1990[OL]. Nuclear Fusion. 2010(50).

［226］ The Soviet Magnetic Confinement Fusion Program – An International Future[R]. CIA.1990.

［227］ V.Pershukov. Development of fusion technology in Russia[R]. Rosatom. 2013.

［228］ R.Arnoux.The Second Life of Tokamak T-15.2010. httpss://www.iter.org/newsline/152/477

［229］ A.Romannikov. Medium Size Tokamak T-15MD as a Base for Experimental Fusion Research in Russian Federation[OL].EPJ Web of

Conferences. 2017(149). DOI: 10.1051/epjconf/201714901007

[230] Russia develops a fission-fusion hybrid reactor.2018. httpss://www.neimagazine.com/news/newsrussia-develops-a-fission-fusion-hybrid-reactor-6168535

[231] B.Kuteev.Russian Federation DEMO Program[R]. IAEA DEMO-6.IAEA. 2019.

[232] V.T.Tolok.A History of Stellarators in the Ukraine[J]. Journal of Fusion Energy，2001(20): 117-129.

[233] E.Velikhov & K.Kartashev.The USSR Fusion Program.Fusion Engineering and Design. 1989(8): 23-26.

[234] S.V.Ryzhkov & A.Yu.Chirkov. Alternative Fusion Fuels and Systems[M]. CRC Press.2019.

[235] A.Beklemishev et al. Novosibirsk Project Of Gas-Dynamic Multiple-Mirror Trap [J]. Transactions Of Fusion Science And Technology. 2013(63): 46-51.

[236] B.Zhuikov. Production of Medical Radionuclides in Russia：Status and Future-a Review[J]. Applied Radiation and Isotopes.2014(84): 48-56.

[237] Isotopes for Export[OL]. Rosatom Newsletter.No.228.April 2020.

[238] A.P.Chernyaev et al.Prospects of Development of Radiation Technologies in Russia [J]. Physics of Atomic Nuclei. 2019(82): 513-527.

[239] P.Dyachenkov et al.Problem of nuclear-laser power engineering and methods of their solution [J]. Nuclear Energy and Technology. 2019(5): 257-263.

[240] Russia Proposes New Closed Fuel Cycle.2017. httpss://www.world-nuclear-news.org/UF-Russia-proposes-new-closed-fuel-cycle-2309177.html

[241] Rosatom postpones fast reactor project，report says.2019. httpss://www.world-nuclear-news.org/Articles/Rosatom-postpones-fast-reactor-project-report-say

[242] A.Diakov & P.Podvig.Construction of Russia’s BN-1200 fast-neutron reactor delayed until 2030s.2019. https://fissilematerials.org/blog/2019/08/the_construction_of_the_b.html